圖解 Linux 核心工作原理

增訂版

在參閱本書之前

本書所記載的內容，目的僅限於提供資訊給各位讀者。因此，各位依照本書內容所進行的各種應用，請務必要在自身責任之下、在各自判斷之下進行。各位依據書中提供的資訊進行各種應用，對於其運用結果，技術評論社及作者是無法承擔任何責任的。

本書所記載的資訊，是按照 2022 年 8 月當下的版本進行刊登的，各位在實際嘗試的時候，可能會遇到與書中所敘述版本有不同之處。

本書中關於軟體的敘述，有可能會無法套用在於序章記載的版本之外的版本上。

希望各位可以在同意以上的注意事項之後，再來應用本書。如果各位在沒有詳讀這些注意事項，而提出各種詢問的話，技術評論社及作者是無法協助處理的。關於這個部分，需要各位讀者的諒解。

本書中所記載的產品名稱，均為各間公司的商標或註冊商標。本書並不會一一標示 ™、®、©。

本書為了呈現資料的數量，會使用到 KiB（二進位，千位元組＝ 2^{10} 位元組＝ 1,024 位元組）、MiB（二進位，百萬位元組＝ 2^{20} 位元組）、GiB（二進位，十億位元組＝ 2^{30} 位元組）、TiB（二進位，兆位元組＝ 2^{40} 位元組）等單位。而這些與 KB（千位元組＝ 10^{3} 位元組＝ 1,000 位元組）、MB（百萬位元組＝ 10^{6} 位元組）、GB（吉位元組＝ 10^{9} 位元組）、TB（兆位元組＝ 10^{12} 位元組）是不同的單位。就電腦業界的慣例來說，有時候會將 1000 位元組或 1024 位元組都標記為 1KB（MB 等單位也是如此），本書為了避免模稜兩可，一律採用 KiB 等單位。

實驗程式的原始碼，都依照各自的實際用途刊登在各頁面上。此外，另有相同內容公開於下述網址。

https://github.com/satoru-takeuchi/linux-in-practice-2nd

TAMESHITE RIKAI LINUX NO SHIKUMI :
JIKKEN TO ZUKAIDE MANABU OS, KASO MACHINE, CONTAINER NO KISOCHISHIKI
[ZOUHO KAITEIBAN] by Satoru Takeuchi

Original Japanese edition published by Gijutsu-Hyoron Co., Ltd., Tokyo

This Complex Chinese edition is published by arrangement with
Gijutsu-Hyoron Co., Ltd., Tokyo in care of Tuttle-Mori Agency, Inc., Tokyo

關於本書

武內先生，恭喜您發行改訂版。老實說，當我接獲到您的增補改訂版的委託時，真的非常驚訝。與 Linux 這個領域相關的技術書籍，發行改版的機會實在很少呢。

OS 本身除了具有「沒有足夠的硬體運作原理知識就會無法理解」的難度之外，多半還需要說明書中各處用以提高效能而加入的複雜機制，因此要簡明扼要的解說它是一件很困難的事。就是因為這樣，通常在以初學者為對象的書籍之中，免不了會為了簡略化而使用「假的」內容，結果造成 OS 教科書的敘述與實際 OS 的運作有所不同。

初版發行時，本書以豐富圖表及簡潔易懂的說明，詳盡地敘述其運作原理，同時還使用了豐富的效能數據，以不用虛假蒙混的方式，針對艱深、難理解的效能相關部分，做出詳盡的說明，實為一本罕見的書，我身邊的人們都對本書抱持著相當地好評。我所屬的公司也是如此，在針對新進員工所準備的訓練教材中，一開始就有提到本書的書名，特別值得一提的是，本書在快取等效能表現的精闢講解，據我所知市面上還沒有可以與其相提並論的書籍存在。

沒想到此書籍會在大幅進化之後改版，這實在讓我非常雀躍。相信對於本書標題：「圖解 LINUX 核心工作原理」想要更進一步了解的人、想自己編寫 OS 的人、想對自己的程式進行效能微調的人來說，本書一定會帶來很大的幫助。

2022 年 8 月 31 日

Linux 核心 hacker、Ruby committer

小崎 資廣

關於改訂版

本書是 2017 年出版的拙著：「圖解 LINUX 核心工作原理」的增補改訂版。聽說初版深受好評，常被大學或企業作為參考書使用。本書是將初版的內容，加上於「Software Design」雜誌的同名連載內容，以及根據來自初版與該雜誌連載的讀者回饋意見所增添的新的內容。在這邊我們會針對有閱讀過初版的讀者，說明本書與初版之間主要的差異。

首先，書籍整體由黑白變成了全彩。如此一來，期望各位能夠對於以圖解為主的本書內容有更進一步的理解。關於實驗碼的部分，以初版來說，當初是以讀者比較不熟悉的 C 語言撰寫的，而且幾乎沒有加上註解，當時收到很多表示難以理解之類的意見，所以改訂版我們以 Go 或 Python 等語言來重新編寫，並在各處加上了註解。此外，我們接獲了許多讀者意見，表示不知道如何將實驗碼的結果圖表化，所以我們把圖表的輸出方式增添於實驗碼之中。

至於具體的書籍內容，我們新增了針對裝置操作（包含裝置驅動程式）來進行描述的「裝置存取」章節，以及講到現代的軟體系統時不可或缺的「虛擬化功能」、「容器」、「cgroup」等章節。針對既有的章節，我們根據各位讀者對於初版的意見回饋，除了大幅增添與修正內容之外，還在書中各處添加了用來講解稍微偏門題材的專欄。在聽到許多來自讀者們「不知道讀完本書之後該怎麼辦才好」的聲音之後，我們將「參考文獻／網站介紹」等可供讀者們「邁向下一步」的指引充實了不少。

如上述所提，本書相較於初版已經大幅提昇威力。希望對這些內容有興趣的讀者，請務必人手一冊。

致謝

本書是在眾人的協助下完成的。首先，我要對擔任初版及本改訂版編輯的風穴江先生、技術評論社的細谷謙吾先生，以及成為本書的血肉在「SoftwareDesign」連載的作者池本公平先生，獻上我最深厚的謝意。如果沒有各位的協助，相信本書是沒有問世的機會的。

在本書的原稿完成後的一個月內，榮獲來自各界翹楚的書評。Keita Mochizuki 先生、laysakura 先生、mac 先生、mattn 先生、Yuka Moritaka 小姐、阿佐志保小姐、伊藤雅典先生、宇夫陽次朗先生、大堀龍一先生、小林隆浩先生、近藤宇智朗先生、清水智弘先生、白山文彥先生、關谷雅宏先生、平松雅巳先生、真壁徹先生、山岡茉莉小姐、山田高大先生、LINE 株式會社 KUBOTA Yuji 先生、LINE 株式會社 市原裕史先生、LINE 株式會社 五反田正太郎先生、LINE 株式會社 川上 KENTO 先生、LINE 株式會社 久慈泰範先生、LINE 株式會社 谷野光宏先生、LINE 株式會社 古川勇志郎先生，誠摯地感謝您們。多虧各位犀利的指教，使得本書的品質得以大幅提昇。

在編輯流程完成之後，讓本書內容更加去無存箐，擔任校正的小川彩子小姐，以及給予初版與本書各種各樣協助的小崎資廣先生，真的是太感謝您們了。除了以上所列舉的諸位之外，也要謝謝所有參與到本書出版的各位。

前言

本書的目的在於，讓讀者透過實際動手操作組成電腦系統之作業系統（以下簡稱「OS」）與硬體的方式，在確認其特性的同時一併學習。本書的說明對象 OS 是 Linux。

Linux 系統，分為 Kernel 這個屬於系統的核心部分的程式，以及這之外的部分。正確來說，Linux 一詞，僅單指核心，不過本書對運作於 Linux 核心上的具有類似 UNIX 界面的 OS，為求方便，也統稱其為 Linux。至於 Kernel 的部分，則會標示為「Linux 核心」或是「核心」。

現代的電腦系統已被階層化、細分化，使用者也越來越不會意識到 OS 或硬體。Linux 也是一樣的情形。關於階層化，常常會用到如圖 00-01 這類「理想的結構」來描繪，並以「處理某一階層的人，只需要對下一個階層的部分有所了解即可」做說明。

圖 00-01 電腦系統的階層（理想的結構）

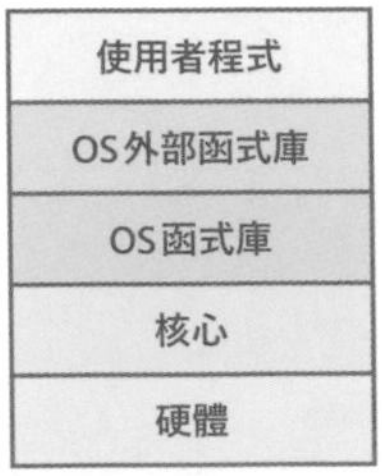

使用者程式
OS外部函式庫
OS函式庫
核心
硬體

舉例來說，營運管理工程師只需要了解應用程式的外部規格即可，應用程式開發人員只需要了解函式庫即可等等。

但是實務上的系統，是像圖 00-02 所示，各個階層複雜地彼此連接在一起，有很多問題不是只知曉一部分就可以解決的。而且，像這類會大幅橫跨階層的知識，實際上大多都得透過長時間的實務經驗來自行學習。

圖 00-02 電腦系統的階層（現實）

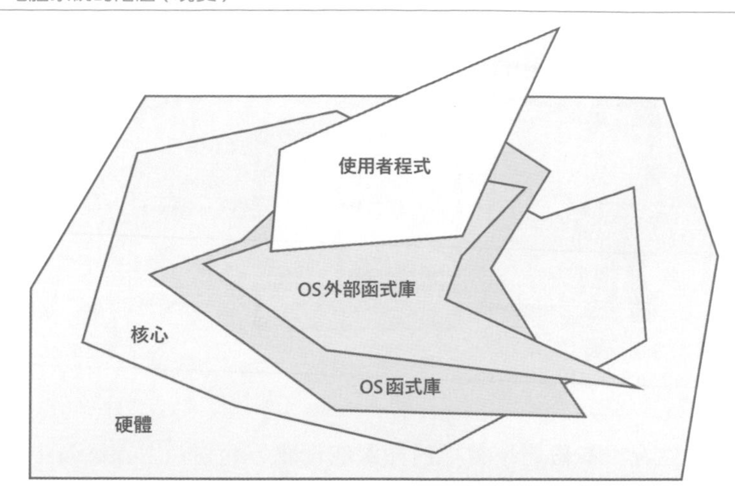

期望各位讀者可以透過本書，對於 Linux 與其中的核心、甚至硬體與其上層直接連接在一起的部分，能夠有充分的理解。如此一來，各位就會有能力處理如下所示的項目。

- 原因屬於核心或硬體等低階層的故障分析
- 考量到效能的編碼方式
- 對系統的各種統計數據／微調參數所代表意義有所理解

市面上有一些以 OS 的工作原理為主題的書籍／文章。明明知道這個事實，那麼為什麼我還是要撰寫新的書籍呢？這是因為現存的書籍／文章大多都不是針對特定某個 OS，而是只有針對其背後的理論進行解說或針對如 Linux 等特定 OS 的實作部份的原始碼進行解說這兩個類型。以這些書籍的編寫方式來說，會使得各位需要繞遠路才能達到上述的目標。如果讀者們在閱讀本書之前就已經對於 OS 有超出常人興趣的話影響不大，但是這對於並非如此的大多數的讀者來說，學習的門檻卻非常地高。因此，不論是對於新手還是老手來說，都很容易陷入「OS 是個充滿神祕與困難的東西」的困境。

筆者實際上親眼目睹過很多次，對 OS 很了解的人跟不了解的人之間，發生了如圖 00-03 所呈現的溝通不良，筆者也曾經是當事人之一。說不定各位讀者也曾經有過類似經驗吧。

圖 00-03 OS 專家與外行人之間的溝通不良

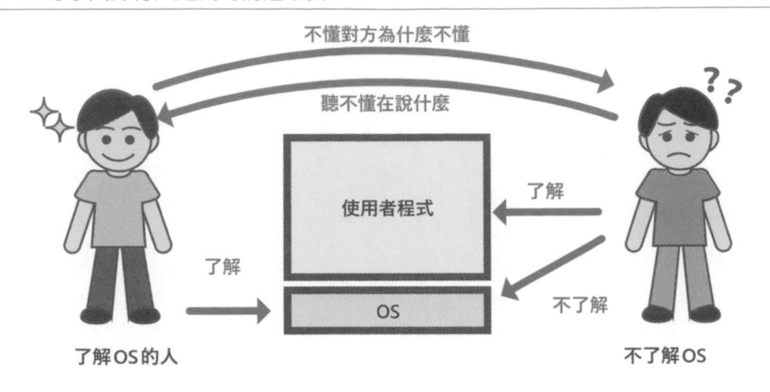

為了改善這個狀況，本書將不會探討艱深的理論，而是以 Linux 為中心，在進到實作階段前就對 Linux 的工作原理進行解說。如本書的書名「圖解 LINUX 核心工作原理」所示，本書整體的結構是以圖 00-04 所示流程，針對 Linux 個別的功能以淺顯易懂的方式來編寫而成的。

圖 00-04 本書內容的學習、理解流程

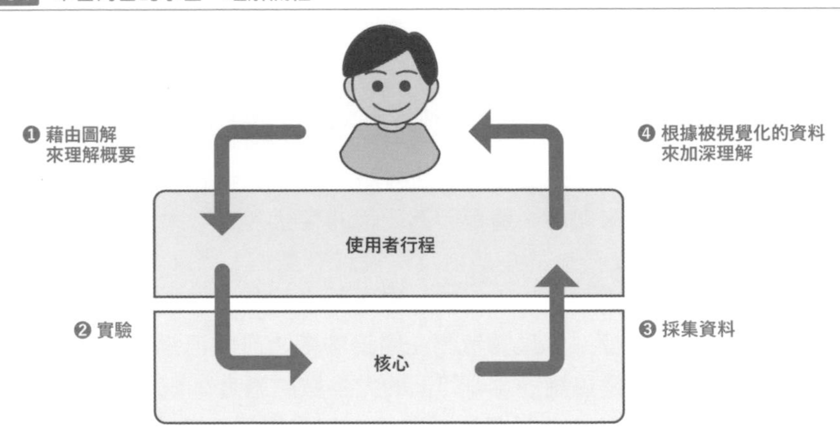

本書所刊載的實驗，雖然它們是以不用親自嘗試也可以看得懂內容的方式撰寫，但還是強烈建議各位讀者在各自的環境上，試著實際操作並確認其結果。這是因為「只閱讀書」跟「閱讀後實際嘗試看看」的理解程度相較之下，後者的學習效果絕對遠高於前者。

本書將實驗程式所有的原始碼，依照使用的場合彙整於各個頁面上。

除此之外，GitHub 上面也公開了相同的內容[*1]。

以腳本語言編寫而成的實驗程式，並非是指定如`python3 foo.py`的直譯器（interpreter）來執行的，而是直接以`./foo.py`執行。如果各位是從 GitHub 下載並執行的話，實驗程式一開始就會具有執行權限了，但如果各位是想要自行鍵入原始碼的話，請在執行之前使用`chmod +x <原始碼檔案名稱>`來賦予它們執行權限。

實驗程式是根據運作於實體機器上的 Ubuntu 20.04/x86_64 來編寫的。因此，在這之外的環境上，有可能會遇到實驗程式無法運作、無法達到預期的效能特性等異常狀況，所以不推薦使用在其他環境上。

當各位讀者要在各自的環境上執行實驗程式的時候，請在事前安裝好必要套件，並將平常所使用的使用者新增到特定的群組裡面。

```
$ sudo apt update && sudo apt install binutils build-essential golang sysstat python3-matplotlib
python3-pil fonts-takao fio qemu-kvm virt-manager libvirt-clients virtinst jq docker.io containerd
libvirt-daemon-system
$ sudo adduser `id -un` libvirt
$ sudo adduser `id -un` libvirt-qemu
$ sudo adduser `id -un` kvm
```

在執行實驗程式的時候，如果可以注意到下述事項的話，相信可以降低出錯的可能性。

- 在系統沒被添加其他較大負載（譬如遊戲、文書編輯、程式建構等）的狀態下執行實驗程式。不這麼做的話，實驗的結果有可能會受到其他程式的運作影響
- 盡可能地將程式執行 2 次，查看第 2 次的數據。這個方式是根據第 8 章：「快取記憶體」章節中所敘述的為了排除快取記憶體的影響所必須要採取的步驟

最後，跟各位分享以下筆者在執行實驗程式時所使用的環境。

- 硬體
  - CPU: AMD Ryzen 5 PRO 2400GE（4 核心、8 執行緒[*2]）
  - 記憶體：16GiB PC4-21300 DDR4 SO-DIMM（8GiBx2）
  - NVMe SSD: Samsung PM981 256GB
  - HDD: ST3000DM001 3TB

＊1　https://github.com/satoru-takeuchi/linux-in-practice-2nd/

＊2　在這邊所提到的執行緒，就是指硬體的執行緒。詳情請參考第 8 章的「Simultaneous Multi Threading（SMT）」小節。

- 軟體
  - OS: Ubuntu 20.04/x86_64
  - 檔案系統：ext4

目 錄

第 10 章 虛擬化功能

■ 本書實驗程式的原始碼均公開於
https://github.com/satoru-takeuchi/linux-in-practice-2nd
其內容僅供合法持有本書的讀者使用，不得抄襲、轉載或任意散佈。

第 1 章

Linux 概要

本章將針對 Linux 以及屬於 Linux 的一部分核心（kernel），以及就系統整體當中 Linux 與其他的系統有什麼不同之處等部分來進行說明。除此之外，還會針對像是程式或行程等，常常會被使用在同一上下文之中的名詞來做說明。

程式與行程

Linux 上可運作各式各樣的程式。所謂程式，就是將可在電腦上運作的一系列命令及資料彙整而成的工具。就 Go 語言等編譯語言來說，將原始碼進行建構之後的執行檔，就可稱為程式。而對於 Python 等腳本語言，原始碼本身就可被稱為程式。核心也是程式的一種。

按下機器的電源之後，最先被啟動的就是核心[*1]。核心以外的所有程式，會在核心啟動之後才被啟動。

可在 Linux 上運作的程式，有以下各式各樣的種類。

- 網頁瀏覽器：Chrome、Firefox 等
- 辦公室套件：LibreOffice 等
- 網路伺服器：Apache、Nginx 等
- 文字編輯器：Vim、Emacs 等
- 程式語言處理方面：C 編譯器、Go 編譯器、Python 直譯器等
- shell：bash、zsh 等
- 系統整體的管理軟體：systemd 等

啟動後處於運作中的程式，便稱為行程。有時候我們會稱運作中的行程為程式，因此程式可說是個比行程還要廣義的名詞。

＊1 正確來說，在這之前尚有韌體或開機啟動程式（bootloader）等程式會先運作。關於這個部分，我們將會在第 2 章「行程的父子關係」章節說明。

核心

本節將針對什麼是核心、為什麼需要核心，藉由存取與系統相連的 HDD 或 SSD 等儲存裝置為題材來進行說明。

首先，先讓我們來查看行程可以直接對儲存裝置進行存取的系統（圖 01-01）。

圖 01-01 行程對儲存裝置進行直接存取

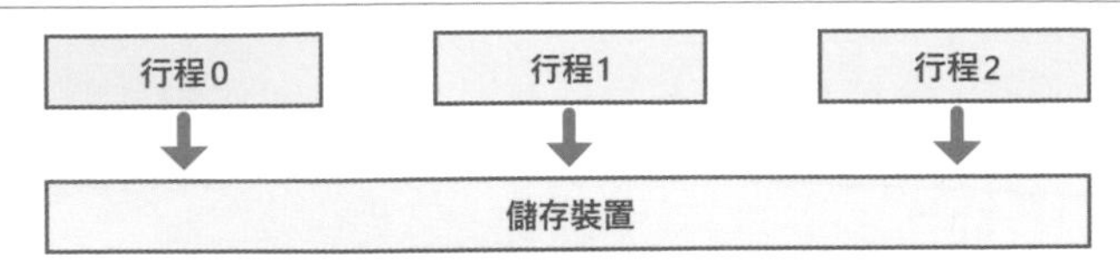

在這情況下，舉例來說如果同時有複數個行程對裝置進行操作的話，將會發生問題。

假設我們為了要從儲存裝置來進行資料的讀寫時，需要發出以下的 2 個命令。

- 命令 A：指定資料的讀寫位址
- 命令 B：從命令 A 所指定的位置來進行資料的讀寫

在這樣的系統之下，行程 0 所進行的資料寫入，與行程 1 所進行的從別的位址將資料進行讀取，如果同時發生的話，有可能就會以下述的順序發出命令。

❶ 行程 0 指定資料的寫入位置（行程 0 發出「命令 A」）
❷ 行程 1 指定資料的讀取位置（行程 1 發出「命令 A」）
❸ 行程 0 將資料寫入（行程 0 發出「命令 B」）

關於❸的部分，我們原本是想將資料寫入到的地方是❶所指定的位置，但是因為有了❷，導致資料的寫入被執行於不是我們想要的地方（❷所指定的位置），而使得該位置原有的資料損毀了。像這樣，對儲存裝置進行存取這件事，如果不正確地對命令的執行順序加以管控的話，是非常危險的＊2。

除上述情形之外，另外還有可能會發生「本來不應該能夠進行存取的程式卻對裝置進行了存取」問題產生。

＊2 最壞的情形，有時候甚至會導致裝置損壞而再也無法使用了。落得這般田地的裝置，俗稱「文鎮」，或者是英文的「brick（磚塊）」。

為了避免這個問題發生，核心是借助於硬體的力量，使得行程無法直接對裝置進行存取。具體來說，就是使用 CPU 所具備被稱為「模式（mode）」的功能。

電腦及伺服器所使用的一般 CPU，具備有核心模式與使用者模式這兩個模式。正確來說，視 CPU 架構的不同，有些甚至會有三個以上的模式，這邊就加以省略[*3]。當行程是以使用者模式來執行的時候，我們有時會說「行程是在使用者區（userland）（或稱為使用者空間）被執行的」。

當 CPU 處於核心模式下就毫無任何限制，相較於此，使用者模式則被加上了在執行中會無法執行特定的命令的限制。

就 Linux 來說，只有 Linux 核心是在這個核心模式下運作的，而且能夠對裝置進行存取。相較之下，行程則是以使用者模式來運作的，所以無法對裝置進行存取。

因此，行程要透過核心以間接的方式來對裝置進行存取（圖 01-02）。

圖 01-02 透過核心對儲存裝置進行間接存取

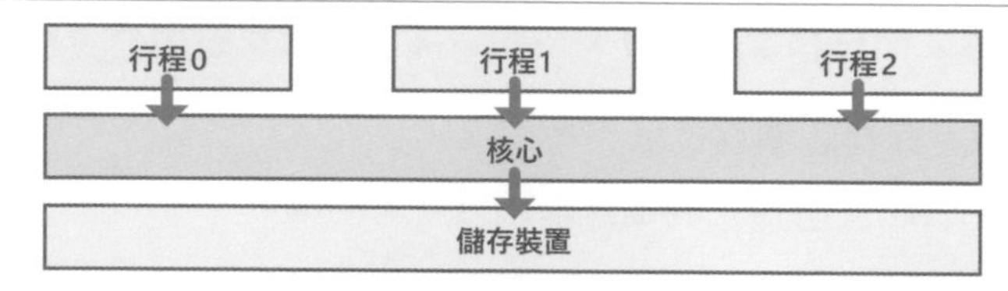

關於透過核心對儲存裝置以及其他裝置進行存取的功能，將於第 6 章詳述。

不單是上述的裝置控制，將系統內所有行程所共用的資源進行集中管理，分配給在系統上運作的行程，為了達到這個目的而以核心模式運作的程式，便是核心。

系統呼叫（system call）

所謂的系統呼叫，就是行程用以委託核心進行處理的方法。一般會用在新行程的建立或硬體的操作等需要核心幫忙的狀況下。

＊3　譬如說，在 x86_64 架構下雖然有 4 個 CPU 模式，但是 Linux 核心只能使用 2 個。

舉例來說，系統呼叫有下列這些項目。

- 行程建立、刪除
- 記憶體確保、釋放
- 通訊處理
- 檔案系統操作
- 裝置操作

系統呼叫，是藉由執行 CPU 的特殊命令來實現的。行程如先前所述，是在使用者模式下執行的，一旦向核心委託處理，也就是發出系統呼叫的時候，CPU 端就會產生名為例外的事件（event）（關於例外的部分，會在第 4 章的「分頁表」小節做說明）。以此為契機，CPU 的模式便會從使用者模式轉換到核心模式，因應委託內容開始進行核心的處理。一旦核心內的系統呼叫處理結束，就會再次回到使用者模式繼續行程的運作（圖 01-03）。

圖 01-03 系統呼叫

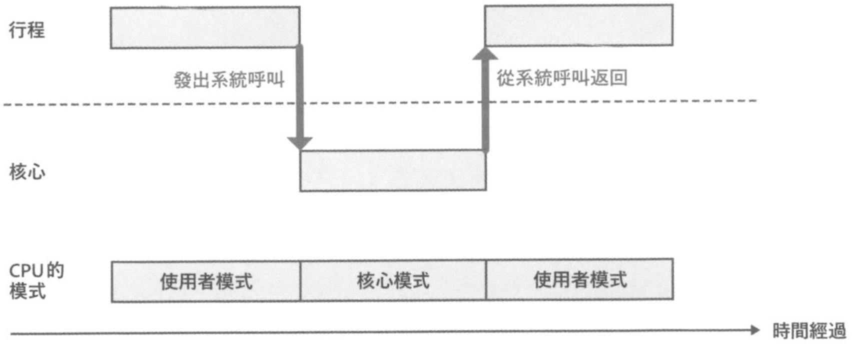

行程
發出系統呼叫
從系統呼叫返回
核心
CPU的模式
使用者模式
核心模式
使用者模式
時間經過

在系統呼叫處理的開頭，核心會針對來自行程的要求是否正當（譬如說核心會去確認記憶體被要求的量是否不存在於系統內等）。只要是不正確的要求就會讓系統呼叫失敗。

我們沒有辦法讓行程以不發出系統呼叫的方式直接去變更 CPU 的模式。如果有辦法的話，核心便會失去存在的意義。舉例來說，如果帶有惡意的使用者可以從行程去變更 CPU 為核心模式並直接操作裝置的話，其他使用者的資料就會遭到竊取或是破壞。

系統呼叫發出的視覺化

為了確認行程所發出的系統呼叫是哪種，我們可以使用 strace 指令來確認。讓我們將僅會輸出 `hello world` 字串的 hello 程式（列表 01-01）透過 strace 執行看看吧。

列表 01-01 hello.go

```
package main

import (
	"fmt"
)

func main() {
	fmt.Println("hello world")
}
```

首先在建構後沒有 strace 的情況下來執行看看。

```
$ go build hello.go
$ ./hello
hello world
```

如預期地顯示出 `hello world`。接著，透過 strace，讓我們來看看這個程式是如何發出系統呼叫的。Strace 的輸出目的地可透過 -o 選項指定。

```
$ strace -o hello.log ./hello
hello world
```

程式會輸出跟剛才一樣的內容後結束。接下來，就讓我們來看看藉由 strace 輸出到 hello.log 的內容吧。

```
$ cat hello.log
...
write(1, "hello world\n", 12)            = 12 ←❶
...
```

strace 的輸出內容，1 行是對應到 1 個系統呼叫的發出。我們在這邊先忽略瑣碎的數值等部分，只要看到❶這一行即可。從❶這行內容，我們可以得知這是夠透過將數據以畫面或檔案等方式輸出的 write() 系統呼叫，來顯示 `hello world\n` 這字串（\n 代表換行碼）。

在筆者的環境下，系統呼叫總共發出了 150 次。由於這些大多都在 hello.go 中 main() 函數的前後被執行的，程式的開始處理與結束處理（這些也是 OS 所提供的功能之一）所發出的，可以不用太過在意。

這不單只有 Go 語言是這樣，不論是以什麼樣的程式語言編寫的程式，在委託核心進行處理的時候都會發出系統呼叫。我們來確認看看吧。

hello.py（列表 01-02）是一個與以 Go 語言編寫的 hello 程式之執行結果相同的，以 Python 編寫的程式。

列表 01-02 hello.py

```
#!/usr/bin/python3
print("hello world")
```

讓我們將 hello.py 這個程式，透過 strace 來執行吧。

```
$ strace -o hello.py.log ./hello.py
hello world
```

確認一下追蹤資訊。

```
$ cat hello.py.log
...
write(1, "hello world\n", 12)          = 12 ●——❷
...
```

由❷可得知，這與以 Go 語言編寫的 hello 程式一樣，有發出 write() 系統呼叫。各位讀者也可以用自己喜好的語言編寫相同的程式，做各種測試看看。此外，還可以在更為複雜的程式上，透過 strace 執行看看也是挺有趣的。但是，strace 的輸出通常都非常的大，請各位要注意檔案系統容量的枯竭。

處理系統呼叫所花費的時間百分比

我們只需要使用 sar 指令，就可以得知系統所搭載的邏輯 CPU[*4] 所執行命令的比例。首先讓我們透過 `sar -P 0 1 1` 指令，來對 CPU 核心 0 執行了什麼種類的處理進行資訊的採集吧。-P 0 選項所代表的是採集邏輯 CPU0 的資料，其後的 1

＊4　指被核心視為 CPU 的部分。CPU 如果是單核（core）就是 1 個 CPU，多核 CPU 的話就是單核（core），如果是在 SMT（參照第 8 章的「Simultaneous Multi Threading（SMT）」小節）功能為開啟中的系統的話，會顯示出 CPU 核心內的執行緒。本書為了簡化，會統稱為邏輯 CPU。

代表每 1 秒採集一次，而最後 1 則代表僅採集 1 次資料。

```
$ sar -P 0 1 1
Linux 5.4.0-66-generic (coffee)          2021年02月27日  _x86_64_        (8 CPU)
09時51分03秒     CPU     %user     %nice   %system   %iowait    %steal     %idle ←❶
09時51分04秒       0      0.00      0.00      0.00      0.00      0.00    100.00
Average:           0      0.00      0.00      0.00      0.00      0.00    100.00
```

讓我們來說明一下這個輸出的閱讀方法。❶是標頭行（header row），下一行所輸出的是從標頭行的第 1 欄位（09 時 51 分 03 秒）到下一行的第 1 欄位（09 時 51 分 04 秒）的這 1 秒之中，於第 2 欄所顯示的邏輯 CPU 是被用在什麼用途上的資訊。

用途共有從第 3 欄位（%user）到第 8 欄位（%idle）的 6 個種類，都是以 % 單位表示，全部加總起來會是 100。以使用者模式執行行程的時間百分比可從 %user 與 %nice 的加總計算得到（%user 與 %nice 之間的差異，將於第 3 章的「時間片（time slice）的工作原理」專欄說明）。%system 是核心在處理系統呼叫所花費的時間百分比，%idle 則是沒做任何事的空閒（idle）狀態下的比例。其他部分的說明就在此省略。

就以上的輸出來看，%idle 為 100.00。看來 CPU 幾乎沒有執行任何處理。

接下來，讓我們將執行無限迴圈（loop）的 inf-loop.py 程式（列表 01-03），以背景模式運作並觀察看看 sar 的輸出結果吧。

列表 01-03 inf-loop.py

```
#!/usr/bin/python3
while True:
    pass
```

接著利用 OS 所提供的 taskset 指令，讓 inf-loop.py 程式在 CPU0 上運作。執行 `taskset -c <邏輯 CPU 編號> <指令>` 之後，就可以讓以 <指令> 參數所指定的指令，在以 -c <邏輯 CPU 編號> 參數所指定的 CPU 上執行。讓我們利用 `sar -P 0 1 1` 指令，採集當這個指令在背景執行狀態下的統計數據吧。

```
$ taskset -c 0 ./inf-loop.py &
[1] 1911
$ sar -P 0 1 1
Linux 5.4.0-66-generic (coffee)        2021年02月27日  _x86_64_        (8 CPU)
09時59分57秒     CPU     %user     %nice   %system   %iowait    %steal     %idle
09時59分58秒       0    100.00      0.00      0.00      0.00      0.00      0.00  ←❷
Average:           0    100.00      0.00      0.00      0.00      0.00      0.00
```

我們可由❷得知，由於 inf-loop.py 程式先前是持續地在邏輯 CPU0 上運作的，所以 %user 是 100。此時邏輯 CPU0 的狀態，如圖 01-04 所示。

圖 01-04 inf-loop.py 程式執行的狀態

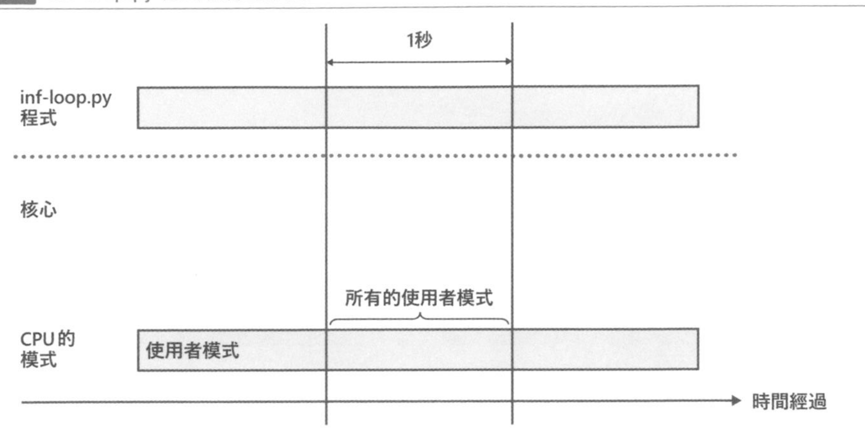

實驗結束後，讓我們以 `kill <loop 程式的行程 ID>` 來關掉 inf-loop.py 程式吧。

```
$ kill 1911
```

接下來，讓我們對會無限地持續發出「擷取父行程的行程 ID 這種單純的系統呼叫 getppid()」的 syscall-inf-loop.py 程式（列表 01-04）進行相同的處理吧。

列表 01-04 syscall-inf-loop.py

```
#!/usr/bin/python3
import os
while True:
    os.getppid()
```

```
$ taskset -c 0 ./syscall-inf-loop.py &
[1] 2005
$ sar -P 0 1 1
```

```
Linux 5.4.0-66-generic (coffee)         2021年02月27日  _x86_64_        (8 CPU)
10時03分58秒      CPU     %user     %nice   %system   %iowait    %steal     %idle
10時03分59秒        0     35.00      0.00     65.00      0.00      0.00      0.00
Average:            0     35.00      0.00     65.00      0.00      0.00      0.00
```

這次的結果，因為系統呼叫被改為不停地發出，所以 %system 變大了。此時 CPU 的狀態如圖 01-05 所示。

監控、警告、儀表板

Column

使用 sar 指令這些工具採集系統統計數據的這個做法，對於確認系統是否有依照我們所預期地運作來說，是非常重要的。一般來說，商務系統大多都會持續地採集這類的統計數據。這類的機制被稱為監控。有名的監控工具有「Prometheus[*a]」、「Zabbix[*b]」、「Datadog[*c]」等。

以統計數據為主的監控方式，由於以人類肉眼去確認所有數據會太過辛苦，所以一般都會透過事先由人類去定義「在什麼狀態下是正常的」，當發生異常時則會通知營運管理人員等具有警告功能的工具，來與監控工具搭配使用。有時候也會將警告工具與監控工具合在一起，像「Alert Manager[*d]」這種獨立軟體。

當系統陷入異常狀態的時候，最後還是需要由人類來排除故障，但是如果在這當下我們只能盯著龐大的數值查看的話，效率實在是太差了。有鑑於此，我們一般都會使用可將蒐集到的資料視覺化的儀表板（Dashboard）功能。這功能有時也會與監控工具或警告工具結合在一起，如「Grafana Dashboards[*e]」這類可獨立使用的軟體。

＊a　https://github.com/prometheus/prometheus
＊b　https://github.com/zabbix/zabbix
＊c　https://www.datadoghq.com/ja/
＊d　https://github.com/prometheus/alertmanager
＊e　https://github.com/grafana/grafana

圖 01-05 syscall-inf-loop.py 執行的狀況

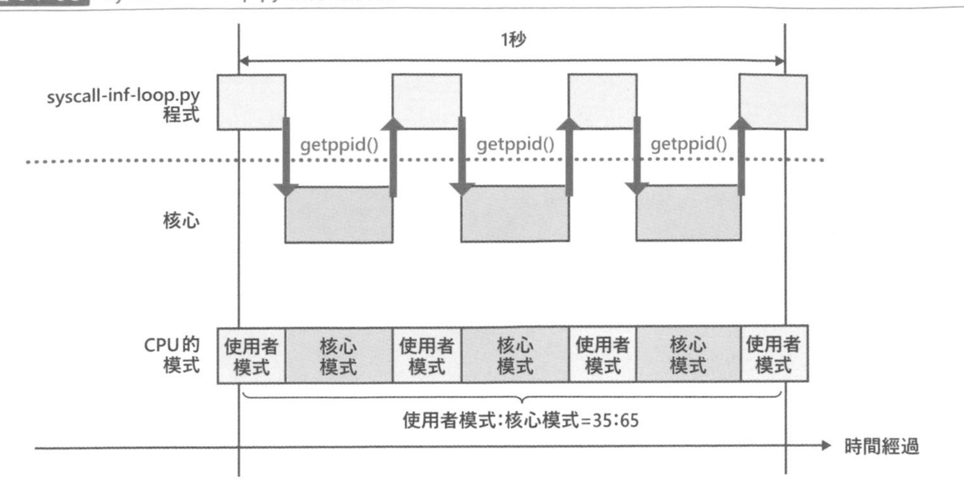

實驗結束後，請關掉 syscall-inf-loop.py 程式。

系統呼叫的所需時間

在 strace 加上 -T 選項之後，我們就能夠以微秒的精準度來採集各種系統呼叫的處理所花費的時間。這是一個當 %system 非常高的時候，可用來具體確認是哪個系統呼叫耗費了最多時間的便利功能。以下是對 hello 程式執行 `strace -T` 的結果。

```
$ strace -T -o hello.log ./hello
hello world
$ cat hello.log
...
write(1, "hello world\n", 12)          = 12 <0.000017>
...
```

從這裡可以看出，輸出 `hello world\n` 這字串的處理，花費了 17 微秒。

除此之外，strace 還有可將系統呼叫的發出時間以微秒單位顯示的 -tt 選項等。各位可以視需求來使用。

函式庫

本節將針對 OS 所提供的函式庫做說明。大多的程式語言，都具備有可將複數程式的共通處理彙整成函式庫的功能。藉由這個功能，程式設計師就可從先人所製作的大量函式庫中，選擇自己喜歡的來使用，以達成有效率的程式開發。在為數眾多的函式庫當中，像大多數的程式都一定會使用到的函式庫，有時候會由 OS 提供。

當行程正在使用函式庫狀態下的軟體階層，如圖 01-06 所示。

圖 01-06 行程的軟體階層

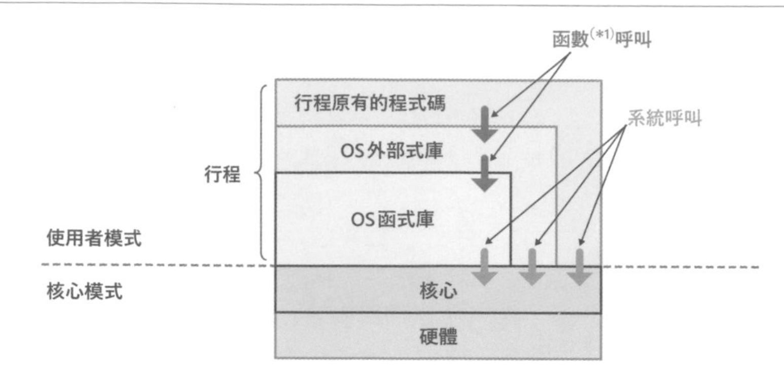

*1 若是物件導向程式語言的話，也包含方法（method）

標準C函式庫

C 語 言 中， 有 提 供 由 國 際 標 準 化 組 織（International Organization for Standardization、ISO）*5 所制定的標準函式庫。在 Linux 上也具備有這個標準 C 函式庫。通常是藉由 GNU 計畫*6 所提供的 glibc *7 作為標準 C 函式庫使用。本書在這之後提到 glibc 時都會以「libc」標示。

幾乎所有以 C 語言所編寫而成的 C 程式，都會連結到 libc。

我們可以使用 `ldd` 指令，來確認程式是連結到哪個函式庫。讓我們嘗試確認看看 echo 指令的 `ldd` 執行結果。

*5 https://www.iso.org/home.html

*6 https://www.gnu.org/gnu/thegnuproject.ja.html

*7 https://www.gnu.org/software/libc/

```
$ ldd /bin/echo
        linux-vdso.so.1 (0x00007ffef73a9000)
        libc.so.6 => /lib/x86_64-linux-gnu/libc.so.6 (0x00007f2925ebd000)
        /lib64/ld-linux-x86-64.so.2 (0x00007f29260d1000)
$
```

以上結果中，libc.so.6 就是代表標準 C 函式庫。此外，ld-linux-x86-64.so.2 是一個用來載入共用函式庫的特別函式庫。這也是 OS 所提供的函式庫之一。

讓我們查看 cat 指令吧。

```
$ ldd /bin/cat
        linux-vdso.so.1 (0x00007ffc3b155000)
        libc.so.6 => /lib/x86_64-linux-gnu/libc.so.6 (0x00007fabd1194000)
        /lib64/ld-linux-x86-64.so.2 (0x00007fabd13a9000)
$
```

這邊也同樣與 libc 連結。接下來讓我們看到屬於 Python3 編寫環境的 python3 指令。

```
$ ldd /usr/bin/python3
        linux-vdso.so.1 (0x00007ffc91126000)
        libc.so.6 => /lib/x86_64-linux-gnu/libc.so.6 (0x00007f5fb7206000)
  ...
        /lib64/ld-linux-x86-64.so.2 (0x00007f5fb740f000)
$
```

這也同樣連結到 libc。也就是說，Python 程式在執行的時候，內部是使用到標準 C 函式庫的。最近在一般的情形下應該沒多少人會直接使用 C 語言，但是就 OS 層級來看，C 語言還是一個如幕後功臣般重要的語言。

如果我們對於其他各種存在於系統的程式執行 ldd 指令的話，就會發現這些程式大多都是與 libc 連結在一起的。還請各位務必嘗試看看。

除了這個之外，Linux 中還提供了 C++ 等各式各樣程式語言的標準函式庫。有些不屬於標準函式庫，但也有程式設計師在編寫時可能會使用到的函式庫。以 Ubuntu 來說，其函式庫檔案大多都是以 lib 這個開頭的，在筆者的環境上執行：

```
$ dpkg-query -W | grep ^lib
```

之後，顯示出 1000 個以上的套件。

系統呼叫的包裝函數（Wrapper function）

libc 不只提供我們標準的 C 函式庫，還提供了系統呼叫的包裝函數。系統呼叫跟一般的函數呼叫不同，無法直接從 C 語言等高階語言進行呼叫。必須要使用架構依存的組合程式碼（assembly code）進行呼叫。

舉例來說，在 x86_64 架構的 CPU 上，`getppid()` 系統呼叫就組合程式碼層級來說，發出了以下內容。

```
mov    $0x6e,%eax
syscall
```

在第 1 行，是將 `getppid()` 的系統呼叫編號「`0x6e`」代入 eax 暫存器（register）。這是由 Linux 系統呼叫的呼叫規約所訂定的規則。然後第 2 行，透過 `syscall` 命令發出系統呼叫，轉換成核心模式。在這之後，處理 `getppid()` 的核心的程式碼被執行了。平常沒什麼機會使用到組合語言的讀者，不需要對這些原始碼的細節太過在意。只要能體會到「這跟平常自己所接觸的原始碼是不同事物」這個氛圍即可。

就主要用在智慧型手機或平板電腦的 arm64 架構來說，是如下述這樣以組合程式碼層級來發出 getppid() 系統呼叫。

```
mov     x8, <系統呼叫編號>
svc     #0
```

還真的完全不一樣呢。如果沒有 libc 的幫助的話，每當要發出系統呼叫時，都不得不編寫架構依存的組合程式碼，再從高階語言呼叫它（圖 01-07）。

圖 01-07　如果沒有 OS 幫助的話

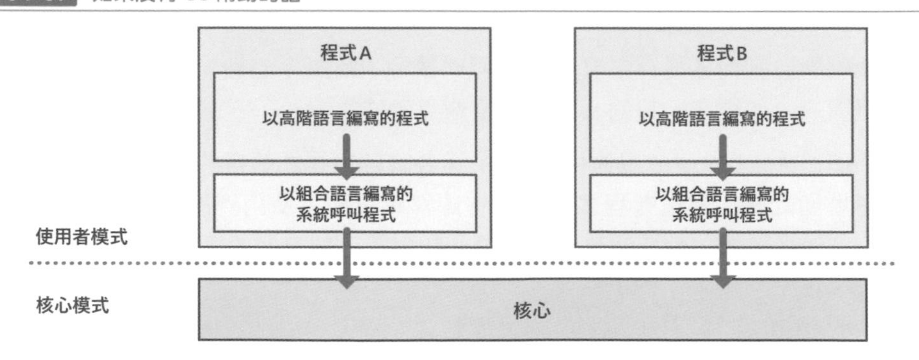

如此一來，不單是要耗費很多功夫在程式撰寫上，還會缺乏移植到其他架構的可移植性。

為了要解決這類的問題，libc 提供了一系列專門對內部的系統呼叫進行呼叫的包裝函數。包裝函數存在於每個架構上。我們只需要從以高階語言所編寫好的使用者程式，對各個語言所具備的系統呼叫的包裝函數，進行呼叫即可（圖 01-08）。

圖 01-08 使用者程式，只需要呼叫包裝函數即可

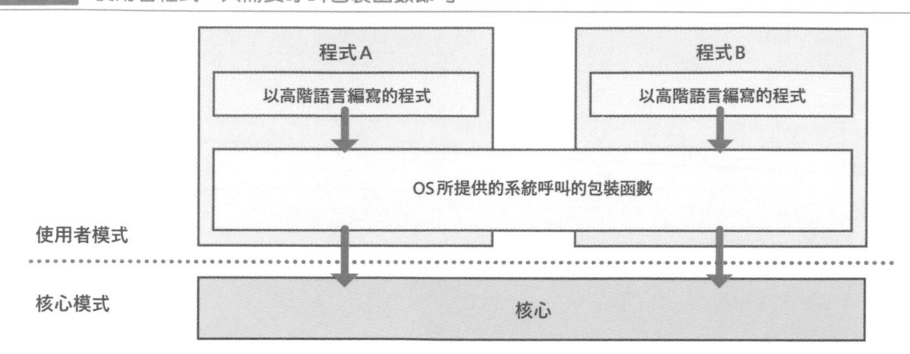

靜態函式庫與共用函式庫

函式庫可被分類為「靜態函式庫」與「共用（或稱為動態）函式庫」這 2 個種類。雖然這 2 種函式庫都可以提供相同的功能，但是它們嵌入程式的方式不同。

在建立程式的時候，首先要編譯原始碼，建立名為物件檔案的檔案。在這之後，連結物件檔案所使用的函式庫，建立執行檔案。靜態函式庫在連結的時候，會將函式庫內的函數嵌入至程式中。對此，共用函式庫在連結時會只將「要呼叫這個函式庫的這個函數」這個資訊嵌入到執行檔案中。其後，程式在啟動時，或者是執行中，會將函式庫載入到記憶體上，程式則會呼叫其中的函數。

關於僅用來呼叫「什麼都不做只等待的 pause() 系統呼叫」的 pause.c 程式（列表 01-05），兩者之間的差異如圖 01-09 所示。

圖 01-09 靜態函式庫與共用函式庫

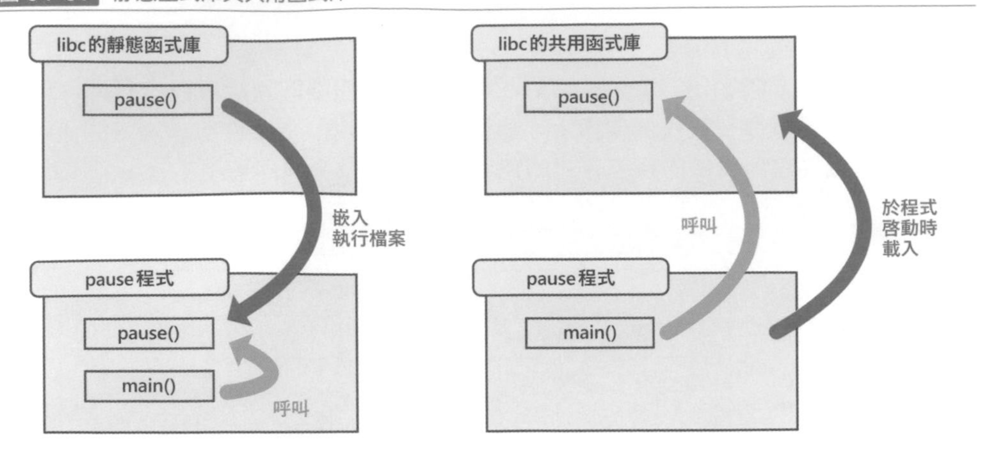

列表 01-05 pause.c

```
#include <unistd.h>
int main(void) {
        pause();
        return 0;
}
```

讓我們依照下述觀點，來確認真的是像圖 01-09 所呈現的那樣嗎。

- 大小
- 與共用函式庫的連結狀態

讓我們以「將 libc 連接到程式」為例子來查看。首先，確認一下使用 libc 的靜態函式庫的 `libc.a`＊8 的情形。

```
$ cc -static -o pause pause.c
$ ls -l pause
-rwxrwxr-x 1 sat sat 871688  2月 27 10:29 pause ●──❶
$ ldd pause
        not a dynamic executable ●──❷
$
```

從執行結果可得知以下事項。

❶ 程式大小略少於 900KiB

❷ 共用函式庫並未被連結

＊8　就 Ubuntu 20.04 版本來說，是以 `libc6-dev` 套件的形式提供。

因為 libc 已經被嵌入這個程式內了，所以就算將 libc.a 刪除也還是可以運作。但是，在那之後，其他的程式會無法與 libc 建立靜態連結，這是非常危險的狀態，請各位不要嘗試。

接下來讓我們介紹共用函式庫 libc.so [*9] 的使用情形。

```
$ cc -o pause pause.c
$ ls -l pause
-rwxrwxr-x 1 sat sat 16696  2月 27 10:43 pause
$ ldd pause
        linux-vdso.so.1 (0x00007ffc18a75000)
        libc.so.6 => /lib/x86_64-linux-gnu/libc.so.6 (0x00007f64ad4e9000)
        /lib64/ld-linux-x86-64.so.2 (0x00007f64ad6f7000)
$
```

從這結果，我們可得知下列事項。

- 其大小約 16KiB，是將 libc 進行靜態連結時的數十分之一的大小
- 有對 libc（/lib/x86_64-linux-gnu/libc.so.6）建立動態連結

動態連結到 libc 的 pause 程式，如果將 libc.so 刪除的話，就會變得無法執行。不只是這樣，如果我們做了這種嘗試的話，連結到 libc.so 的所有程式都會變得無法執行，這會比刪除 libc.a 來得更加危險。如果不慎誤刪的話，會需要採取複雜的手段才能將它復原，或是會陷入需要將整個 OS 重新安裝的窘境。所以請絕對不要嘗試。

程式大小會這麼小，是因為 libc 並沒有被嵌入到程式裡面，執行時會被載入到記憶體的緣故。各個程式所使用的，並不是個別被複製到各個程式的 libc 的程式碼，而是所有使用到 libc 的程式，會共用相同的程式碼。

由於靜態函式庫與共用函式庫各有長短，所以也不能說哪個比較好，不過，基於以下的理由，共用函式庫比較常會被用到。

- 系統整體的大小可控制得較小。
- 當函式庫發生問題的時候，只需要將共用函式庫置換成修正版，所有使用到該函式庫的程式的問題都會被修正。

各位讀者也可以對所使用程式的執行檔執行 ldd 指令，查看是連結到哪個共用函式庫，應該也是挺有趣的。

*9　就 Ubuntu 20.04 版本來說，是由 libc6 套件所提供的。

靜態連結的捲土重來

Column

我們在前面有提到共用函式庫被廣泛使用一事，但是最近局勢稍有變化。舉例來說，這幾年來相當有人氣的 Go 語言，基本上函式庫都是採用靜態連結。結果，一般的 Go 程式是沒有依存到任何的共用函式庫。

讓我們對 hello 程式執行 ldd，來確認一下這個事實。

```
$ ldd hello
        not a dynamic executable
```

會變成這樣的可能理由如下列所示。

- 記憶體與儲存裝置的大容量化而使得程式大小的問題，相對地沒這麼重要了。
- 程式只需要 1 個執行檔案就可以運作，只要複製該檔案到其他的環境上就可以運作，處理上較為輕鬆。
- 執行時不須連結到共用函式庫，所以可以高速啟動。
- 可迴避共用函式庫中被稱為「DLL 地獄[*a]」的問題發生。

這也印證了做事的方法本來就不只一種，而且，最理想的方法是會隨著時代變遷的。

＊a　原則上，共用函式庫就算版本升級了，也應該要能維持其向下相容性的。但是，有時候會遇到莫名地失去了相容性的情況，使得在版本升級之後有部分的程式變得無法運作。而通常這類的問題是相當難以解決的，所以被稱為「DLL 地獄」。

第 2 章

行程管理（基礎篇）

一個系統上大多存在複數個行程。我們只需要執行 `ps aux` 指令，就可將存在於系統中的全部行程給列舉出來。

```
$ ps aux
USER       PID %CPU %MEM    VSZ   RSS TTY      STAT START   TIME COMMAND ──❶
...
sat      19261  0.0  0.0  13840  5360 ?        S    18:24   0:00 sshd: sat@pts/0
sat      19262  0.0  0.0  12120  5232 pts/0    Ss   18:24   0:00 -bash
...
sat      19280  0.0  0.0  12752  3692 pts/0    R+   18:25   0:00 ps aux
$
```

❶這行是用來標示以下被輸出各行所代表意義的標頭行。這之後所列出的 1 行代表 1 個行程。上述之中 COMMAND 欄位代表指令名稱。在這邊我們不會做詳細的說明，不過 ssh 伺服器 sshd（PID=19261）在 bash（PID=19262）啟動之後，在這狀態下執行 `ps aux`。

ps 指令所輸出的標頭行，只需要使用 `--no-header` 選項就能夠刪除。接著讓我們來查看在筆者環境上行程的數量是多少吧。

```
$ ps aux --no-header | wc -l
216
$
```

共有 216 個行程存在。這 216 個行程各自在處理什麼呢？它們是如何受到管理的呢？本章將針對 Linux 用於管理這些行程的行程管理系統進行說明。

行程的建立

建立新行程的目的，可分為以下這兩種。

a. 將同一個程式的處理分成複數的行程來進行處理（例：網路伺服器當收到複數請求（request）時的受理）。

b. 建立其他的程式（例：從 bash 建立各種新程式）。

為了實現以上的內容，在 Linux 上會使用到 `fork()` 函數與 `execve()` 函數[*1]。

[*1] 我們只需要執行 `man 3 exec`，就可以查看到很多 `execve()` 函數的變種。

就內部來說，是各自對 clone()、execve() 這些系統呼叫進行呼叫。就前述 a. 來說，只使用到 fork() 函數；就 b. 來說，則是使用到 fork() 函數與 execve() 函數這兩種。

可將相同行程分裂成2個行程的fork()函數

當我們發出 fork() 函數後，會對已發出行程進行複製，雙方都可從 fork() 函數返回。被進行複製的原始行程則被稱為「父行程（parent process）」，因複製而新建立的行程便稱為「子行程（child process）」。這時候所經歷的流程如下（圖 02-01）。

❶ 父行程呼叫 fork() 函數。

❷ 確保子行程用記憶體區域，將父行程複製到該區域的記憶體中。

❸ 父行程與子行程雙方都從 fork() 函數返回。如後續會說明到的，由於父行程與子行程的 fork() 函數的傳回值是不同的，所以可讓處理分支（後續說明）。

圖 02-01 以 fork() 函數建立行程

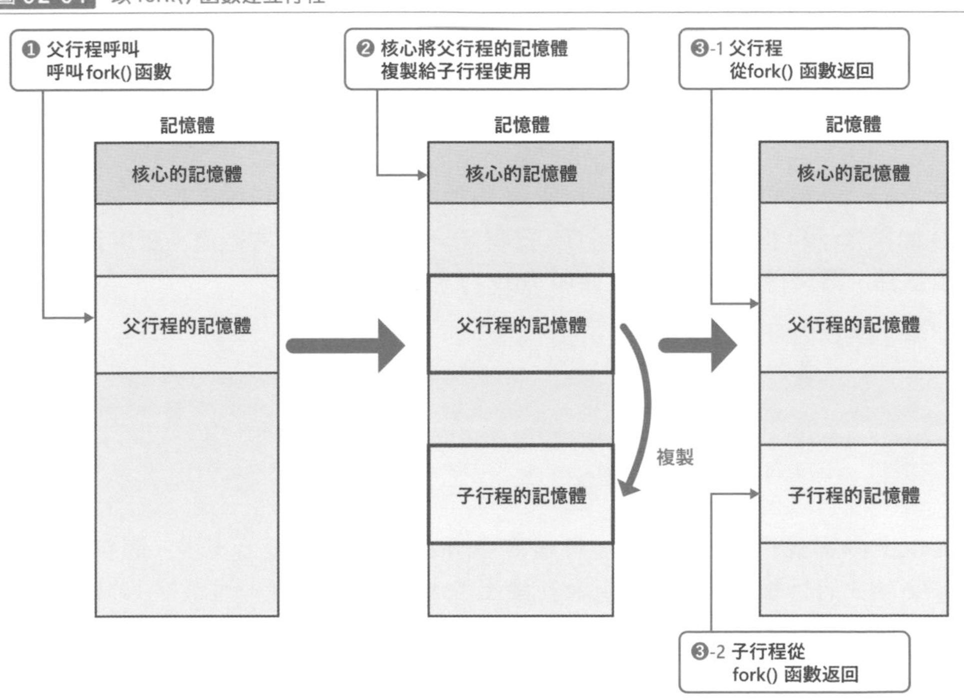

但是，實際上從父行程的記憶體複製到子行程的這個處理，會使用到於第 7 章介紹的寫入時複製（Copy-on-Write）這個功能，以非常小的負擔來完成處理。因此，在 Linux 上將相同程式的處理分成複數行程來處理時，多餘負載（overhead）是非常小的。

讓我們透過製作以下規格的 fork.py 程式（列表 02-01），來查看以 fork() 函數建立行程的狀況吧。

❶ 呼叫 fork() 函數讓行程的流程分支。

❷ 父行程在輸出自己的行程 ID 以及子行程的行程 ID 之後終止。子行程在輸出自己的行程 ID 之後終止。

列表 02-01 fork.py

```
#!/usr/bin/python3
import os, sys
ret = os.fork()
if ret == 0:
        print("子行程：pid={}, 父行程的pid={}".format(os.getpid(), os.getppid()))
        exit()
elif ret > 0:
        print("父行程：pid={}, 子行程的pid={}".format(os.getpid(), ret))
        exit()
sys.exit(1)
```

就 fork.py 程式來說，當返回 fork() 函數的時候，以父行程來說，子行程的行程 ID 如果是子行程的話就會返回 0。行程 ID 一定是 1 以上的數值，所以我們可以利用這點，讓父行程與子行程在呼叫 fork() 函數後處理分支。

那麼，讓我們來執行看看吧。

```
./fork.py
父行程：pid=132767, 子行程的pid=132768
子行程：pid=132768, 父行程的pid=132767
```

從以上內容我們可得知的是，行程 ID 為 132767 的行程分支了，而新行程 ID 為 132768 的行程被建立了，以及在發出 fork() 函數之後，可根據 fork() 函數的傳回值來判斷各自的處理是分支的。

關於 fork() 函數，剛接觸時實在很難馬上理解它到底是在做什麼的，希望各位可以透過重複閱讀本節內容及範例程式碼來融會貫通。

啟動其他程式的 execve() 函數

透過 fork() 函數建立行程的複製之後，會在子行程上發出 execve() 函數。藉著這個步驟，子行程會被置換成其他的程式。這一連串處理的流程如下。

❶ 呼叫 execve() 函數

❷ 從 execve() 函數的參數所指定的執行檔讀取程式，讀取用以配置到記憶體上（這稱為記憶體映射（memory map））所需要的資訊。

❸ 將目前行程的記憶體以新行程的資料進行覆寫。

❹ 將行程從新行程建立後首先必須執行的命令（入口點 (Entry Point)）來開始執行。

也就是說，對 fork() 函數而言，相較於行程數的增加，當要去建立其他的程式時，並不是採取增加行程數的方式，而是採用將某個行程以其他東西做置換的方式（圖 02-02）。

圖 02-02 透過 execve() 函數來置換成其他行程

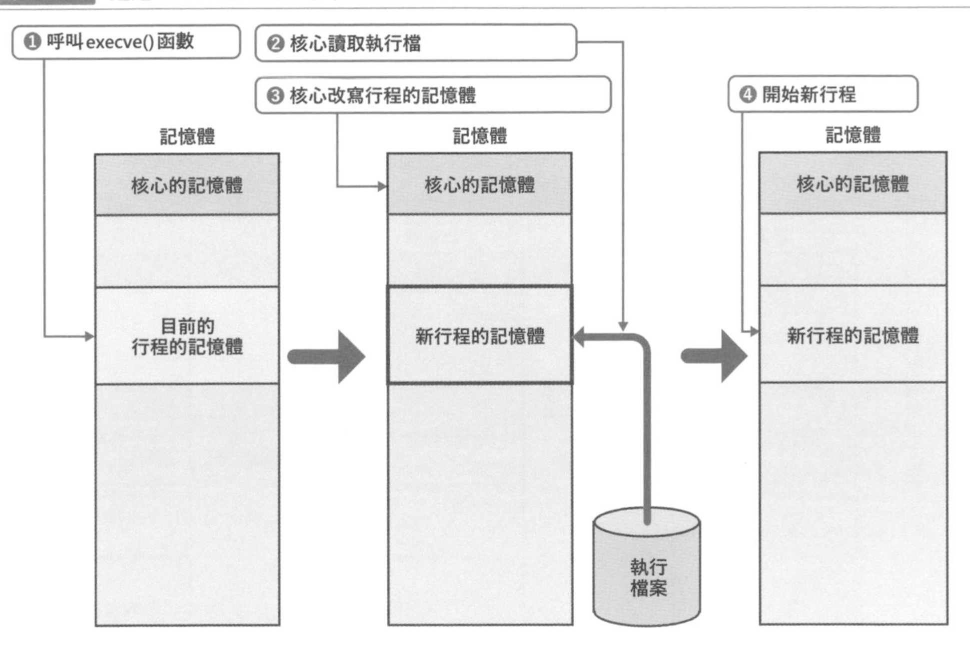

將這個以程式形式呈現的就是 fork-and-exec.py 程式（列表 02-02）。在呼叫 fork() 函數後，子行程會透過 execve() 函數置換成 echo <pid> 大家好指令。

列表 02-02 fork-and-exec.py

```
#!/usr/bin/python3
import os, sys
ret = os.fork()
if ret == 0:
        print("子行程：pid={}, 父行程的pid={}".format(os.getpid(), os.getppid()))
        os.execve("/bin/echo", ["echo", "pid={} 大家好".format(os.getpid())], {})
        exit()
elif ret > 0:
        print("父行程：pid={}, 子行程的pid={}".format(os.getpid(), ret))
        exit()
sys.exit(1)
```

執行結果如下所示。

```
$ ./fork-and-exec.py
父行程：pid=5843, 子行程的pid=5844
子行程：pid=5844, 父行程的pid=5843
pid=5844 大家好
```

將此結果圖示化之後，就如圖 02-03 所示。為了降低難度，我們會將以核心讀取程式的方式，以及將所讀取的程式複製到記憶體等方式給省略。

圖 02-03 fork-and-exec.py 程式的行動

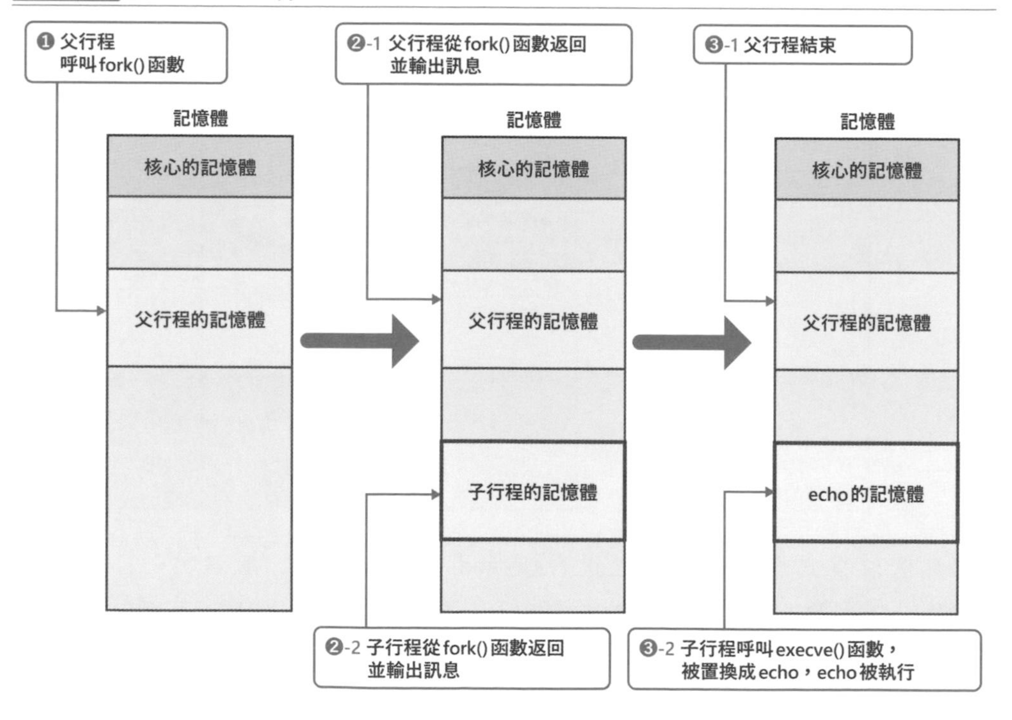

為了讓 execve() 函數可以運作，執行檔除了程式碼及資料之外，還需要保有下述有關啟動程式所必要的資料。

- 程式碼區的檔案上的偏移量（offset）、大小，以及記憶體映射開始位址
- 資料區的與前項相同的資訊
- 首先執行的命令的記憶體位址（入口點）

接著，讓我們來查看 Linux 的執行檔案是如何持有這些資訊的。Linux 的執行檔案通常都是採用「Executable and Linking Format」（ELF）這種格式的。ELF 的各種資訊我們可透過 readelf 這個指令來取得。

讓我們把之前在第 1 章使用過的 pause 程式（p.16）拿到這裡再使用一次。首先讓我們從建構開始。

```
$ cc -o pause -no-pie pause.c
```

在這裡，讓我們對 pause 程式加上 -no-pie 選項來進行建構（這個選項的意義會在後面說明）。

程式的開始位址可透過 `readelf -h` 來取得。

```
$ readelf -h pause
  Entry point address:               0x400400
...
```

`Entry point address` 這行的 0x400400 的值，就是這個程式的入口點。

程式碼與資料的檔案內偏移量、大小、開始位址等，可使用 `readelf -S` 指令來取得。

```
$ readelf -S pause
There are 29 section headers, starting at offset 0x18e8:
Section Headers:
  [Nr] Name              Type             Address           Offset
       Size              EntSize          Flags  Link  Info  Align
...
  [13] .text             PROGBITS         0000000000400400  00000400
       0000000000000172  0000000000000000  AX       0     0     16
...
  [23] .data             PROGBITS         0000000000601020  00001020
       0000000000000010  0000000000000000  WA       0     0     8
...
```

我們獲得了大量的輸出項目，不過在這邊各位只需要理解到以下內容就夠了。

- 執行檔案被分成複數的區域，各個區域被稱為區段（section）
- 區段所顯示的資訊是以 2 行為 1 組
- 所有數值都是 16 進位
- 區段內主要的資訊如下所示：
    - 區段名稱：第 1 行的第 2 欄位（Name）
    - 記憶體映射開始位址：第 1 行的第 4 欄位（Address）
    - 檔案內偏移量：第 1 行的第 5 欄位（Offset）
    - 大小：第 2 行的第 1 欄位（Size）
- 區段名稱上帶有 `.text` 的便是程式碼區段，帶有 `.data` 的便是資料區段

將這些資料彙整之後，就如表 02-01 所示內容。

表 02-01 執行 pause 程式所必要的資訊

名稱	值
程式碼的檔案內偏移量	0x400
程式碼的大小	0x172
程式碼的記憶體映射開始位址	0x400400
資料的檔案內偏移量	0x1020
資料的大小	0x10
資料的記憶體映射開始位址	0x601020
入口點	0x400400

由程式建立的行程，其記憶體映射可藉由 `/proc/<pid>/maps` 這個檔案來取得。接下來讓我們實際去查看 pause 程式的記憶體映射吧。

```
$ ./pause &
[3] 12492
$ cat /proc/12492/maps
00400000-00401000 r-xp 00000000 08:02 788371                    .../pause ●——❶
00600000-00601000 r--p 00000000 08:02 788371                    .../pause
00601000-00602000 rw-p 00001000 08:02 788371                    .../pause ●——❷
...
```

❶為程式碼區，❷則是資料區。從這裡我們可以得知它們彼此都有落在表 02-01 所示記憶體映射範圍內。

完成之後就讓我們終止 pause 行程吧。

```
$ kill 12492
```

以ASLR強化安全

本節將會針對於前面章節所提到的，在建構 pause 程式時所加上 -no-pie 選項的意義來做說明。

這與 Linux 核心所具備的名為「位址空間配置隨機化（Address Space Layout Randomization）」（ASLR）的安全功能有所關聯。ASLR 是一個每次當程式執行時，會將各個區段映射到不同位址的功能。多虧這個功能，像這種針對存在於特定位址的程式碼或資料的攻擊，變得很難成功。

使用這個功能的前提條件如下。

- 核心的 ASLR 功能處於開啟狀態。Ubuntu 20.04 版本的話是預設為開啟的[*2]。
- 程式本身能對應 ASLR 功能。能夠對應的程式，被稱為「生成地址無關可執行文件（Position Independent Executable，PIE）」。

在 Ubuntu 20.042 版本的 gcc[*3]（本書中的範例為 cc 指令）中，所有程式在初始的狀況下都是以 PIE 形式建構的，不過我們可以使用 -no-pie 選項來關閉 PIE。

在前面章節會用到 pause 程式來關閉 PIE，是為了讓範例簡單易懂。如果當時我們沒有關閉 PIE 的話，/proc/<pid>/maps 的值有可能會跟執行檔案那邊寫的不一樣，或是每次都會不一樣。這樣一來，對一個用作確認 ELF 資訊的範例來說，實在是不太理想。

程式是否為 PIE，我們可以透過 file 指令來做確認。如果有對應該功能的話，將會輸出以下結果。

```
$ file pause
pause: ELF 64-bit LSB shared object, ...
$
```

如果沒對應到 PIE 的話，將會輸出以下結果。

＊2　僅供參考，在這邊補充一下，在核心上為了要讓 ASLR 關閉化，需要將 sysctl 的 kernel.randomize_va_space 參數設定為 0。

＊3　https://gcc.gnu.org/

```
$ file pause
pause: ELF 64-bit LSB executable, ...
$
```

作為參考，讓我們將沒加上 -no-pie 選項而建構而成的 pause 程式執行 2 次，來確認這兩個的程式碼區段各將記憶體映射到哪吧。

```
$ cc -o pause pause.c
$ ./pause &
[5] 15406
$ cat /proc/15406/maps
559c5778f000-559c57790000 r-xp 00000000 08:02 788372                    .../pause
...
$ ./pause &
[6] 15536
$ cat /proc/15536/maps
5568d2506000-5568d2507000 r-xp 00000000 08:02 788372                    .../pause
...
$ kill 15406 15536
```

由以上結果可知，第 1 次與第 2 次的記憶體映射的位置完全不一樣。

實際上，Ubuntu 20.04 內含的程式，都極盡可能地採用 PIE 功能。在使用者或是程式設計師還沒注意到之前，就預先幫我們做好安全的強化，這真是太美好了。

接下來所要提及的，是在剛讚美完之後難以啟齒的事實。實際上，目前已經存在有繞過 ASLR 的安全攻擊了。所謂資訊安全技術的歷史，真是個永無休止你追我跑的歷史。

行程的父子關係

在前節我們有提到為了建立新行程，會由父行程去建立子行程。那麼，父行程的父行程的……不斷地追查下去，最後的源頭會是什麼呢？本節便會針對這點來做說明。

當我們將電腦的電源開啟之後，系統就會依照下述順序執行初始化。

以 fork() 函數與 execve() 函數之外行程的建立方式 Column

從某個行程之中，為了建立其他的程式而依序呼叫 fork() 函數與 execve() 函數來達成目的的方式，會讓人感覺很冗長。在這個時候，只要使用到被定義於 UNIX 系列 OS 的 C 語言界面規格：「POSIX」中的 posix_spawn() 這個函數，就可以將處理簡略化。

列表 02-03，是透過 posix_spawn() 函數將 echo 指令以子行程的形式來建立的 spawn.py 程式。

列表 02-03 spawn.py

```
#!/usr/bin/python3
import os
os.posix_spawn("/bin/echo", ["echo", "echo", "由 posix_spawn() 建立 "], {})
print(" 建立了 echo 指令 ")
```

```
$ ./spawn.py
建立了 echo 指令
由 echo posix_spawn() 建立
```

能夠達成與 fork() 函數及 execve() 函數相同功能的，就是 spawn-by-fork-andexec.py 程式（列表 02-04）。

列表 02-04 spawn-by-fork-and-exec.py

```
#!/usr/bin/python3
import os
ret = os.fork()
if ret == 0:
        os.execve("/bin/echo", ["echo", "由 fork() 與 execve() 建立 "], {})
elif ret > 0:
        print(" 建立了 echo 指令 ")
```

```
$ ./spawn-by-fork-and-exec.py
建立了 echo 指令
由 fork() 與 execve() 建立
```

如各位所見，原始碼的閱讀性還是 spawn.py 程式較佳。

使用 posix_spawn() 函數來進行行程的建立雖然比較直覺，但是對於想做點如 shell 的實作等特別事情的人來說，則會遭遇到比使用 fork() 函數與 execve() 函數還要來得複雜許多的難題。

筆者只有在呼叫 fork() 函數之後什麼都不做，僅呼叫 execve() 函數的情況下有用過 posix_spawn() 函數，除此之外都是使用 fork() 函數與 execve() 函數。這僅僅是個人的做法，供各位讀者參考。

❶ 打開電腦的電源。

❷ 啟動 BIOS 或 UEFI 等韌體，對硬體進行初始化。

❸ 韌體啟動 GRUB 等開機啟動程式。

❹ 開機啟動程式啟動 OS 核心。在這邊我們會使用 Linux 核心。

❺ Linux 核心啟動 init 行程。

❻ init 行程啟動子行程，然後該子行程再啟動它的子行程……，不斷地繼續，形成行程的樹狀結構。

那麼，就讓我們來確認看看實際是否是這個樣子。

我們只要使用 pstree 指令，就可將行程的父子關係以樹狀結構顯示出來。pstree 在預設的情況下只會顯示出指令名稱，不過只要加上 -p 選項之後，連 PID 也會被顯示出來，真的很方便。在筆者環境上的結果如下。

```
$ pstree -p
systemd(1)-+-ModemManager(688)-+-{ModemManager}(723)
           |                   `-{ModemManager}(728)
...
           ├─sshd(960)───sshd(19191)───sshd(19261)───bash(19262)───pstree(19638)
...
$
```

我們可以從此得知，所有行程的祖先就是 pid=1 的 init 行程（pstree 指令上是顯示為 systemd）。除此之外，我們還可以得知從 bash(19262) 執行了 pstree(19638)。

行程的狀態

本節我們將針對行程的狀態這個概念來做說明。

如先前所說明過的，Linux 的系統之中總是存在著大量的行程。那麼，難道這些行程都在不斷地使用著 CPU 嗎？實際上並非如此。

關於系統上運作中的行程所啟動的時間，以及已使用 CPU 的時間總和，我們可在 ps aux 的 START 欄位，以及 TIME 欄位做確認。

```
$ ps aux
USER       PID %CPU %MEM    VSZ   RSS TTY      STAT START   TIME COMMAND
...
sat      19262  0.0  0.0  12888  6144 pts/0    Ss   18:24   0:00 -bash
...
```

根據這個輸出結果，可以得知 bash(19262) 是在 18:24 啟動的，而在啟動之後幾乎沒有使用到 CPU 時間。由於筆者撰寫本書原稿的時間是在 20 點左右，在啟動之後已經經過了 1 個小時以上的時間了，然而這個行程有使用到 CPU 的時間幾乎連 1 秒都不到。雖然在這邊已被省略了，但是許多的其他行程也是處於一樣的狀態。

那麼，各行程自從啟動之後主要在做些什麼呢？在不使用 CPU 的狀態下等待事件的發生，也就是進入了睡眠（sleep）狀態。就 bash(19262) 來說，在收到來自使用者的輸入之前因為沒有事情做，就在等待來自使用者的輸入。這可從 ps 的輸出結果的 STAT 這個欄位得知。STAT 欄位的第 1 字元為 S 的行程，就代表這個行程處於睡眠狀態。

另一方面，想要使用 CPU 的行程所處的狀態，稱之為「可執行狀態」。這個時候，STAT 的第 1 字元就會變成 R。而實際正在使用 CPU 的狀態，稱為「執行狀態」。至於行程是如何在執行狀態與可執行狀態之間轉換的，將會在第 3 章的「時間片」小節與「上下文交換（context switch）」小節做說明。

行程結束之後就會變成殭屍狀態（STAT 欄位為 Z），在這之後就會消失。關於殭屍狀態的意義，將會在後續介紹。

我們將行程的狀態，彙整於圖 02-04。

圖 02-04 行程的狀態

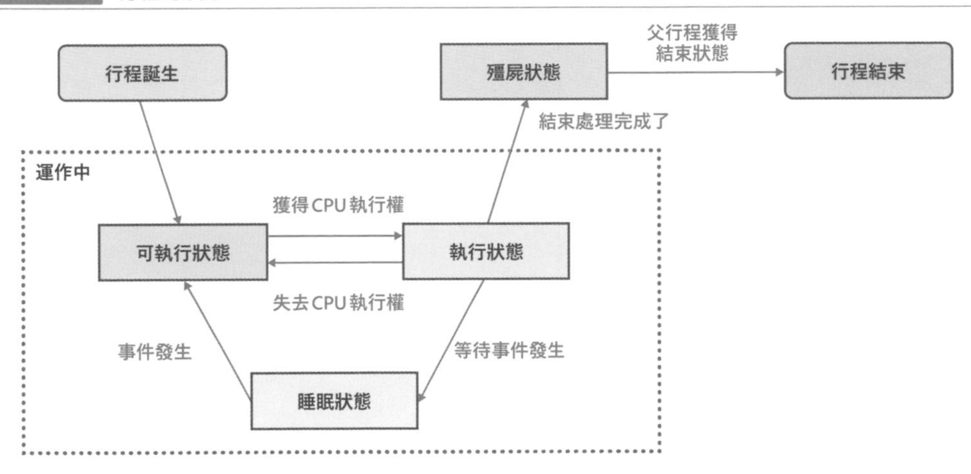

我們可以從上圖得知，行程在它們存活的過程中會經歷各式各樣的狀態轉換。

當系統的全部行程都處於睡眠狀態的話，邏輯 CPU 上到底會發生什麼事呢？其實，這時候的邏輯 CPU 上，有一個被稱為「空閒（idle）行程」的「什麼都不做」的特殊行程正在運作中。空閒行程是無法從 ps 查看的。

空閒行程的最單純的實作方式，不外乎是建立新的行程，或者是在進入睡眠狀態的行程醒來之前不斷地去執行沒有意義的迴圈，大概就這些方式。但是，這只會白白浪費電力，一般人是不會做這種事的。因此，我們會藉由 CPU 的特殊命令讓邏輯 CPU 進入休眠（hibernate）狀態，如此一來便可讓 1 個以上的行程，在變成可執行狀態之前，都可以在處於抑制電力消費的狀態下待機。

至於各位讀者所持有的筆記型電腦或是智慧型手機等裝置，在沒有執行任何程式的狀態下電池持久力會比較好，很大的原因在於邏輯 CPU 處於空閒狀態的時間很長，而消費電力很少。

行程的結束

當我們想要結束行程時可呼叫 exit_group() 這個系統呼叫。如果像 fork.py 或 fork-and-exec.py 這樣去呼叫 exit() 函數的話，內部會呼叫這個函數。就算程式本身不進行呼叫，像 libc 等會內部進行呼叫。在 exit_group() 函數之中，核心會將記憶體等行程的資源加以回收（圖 02-05）。

圖 02-05　程式結束時核心會將行程的記憶體回收

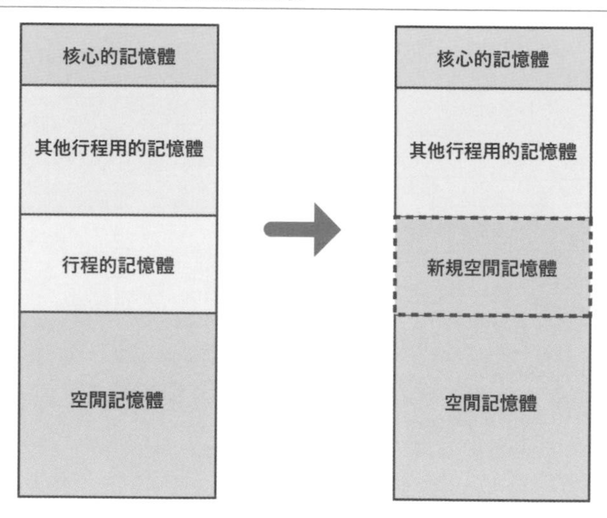

行程結束之後，父行程可以透過呼叫 wait() 或 waitpid() 這些系統呼叫，來取得以下的資訊。

- 行程的傳回值。這值會等於「將 exit() 函數的參數除以 256 之後所得餘數」。簡單來說，當我們在 exit() 的參數指定 0～255 的時候，參數的值就會是傳回值。
- 是否透過訊號（後述）結束行程。
- 行程結束為止使用了多少 CPU 時間。

只要利用這個機制，比方說我們可以根據行程的傳回值，當發現異常終止的時候將結果輸出到錯誤日誌等，以便日後處理。

只要是從 bash 中，我們可以透過會在內部呼叫 wait() 系統呼叫的 wait 內建指令，讓背景執行的行程獲得結束狀態。以下，讓我們執行用以取得「絕對會傳回 1 的 false 指令」的傳回值，並進行輸出的 wait-ret.sh 程式（列表 02-05）」。

列表 02-05 wait-ret.sh

```
#!/bin/bash
false &
wait $! # false 互相等待行程的結束。false 指令的 PID 是從 $! 變數取得的
echo "false 指令結束了： $?" # wait 之後 false 行程的傳回值是從 $? 變數取得的。
```

```
$ ./wait-ret.sh
false 指令結束了： 1
```

殭屍行程（zombie processes）與孤兒行程（orphan process）

既然父行程可以透過呼叫 wait() 系列的系統呼叫得知子行程的狀態，反過來說，子行程結束之後在父行程呼叫這些系統呼叫之前，結束的子行程會以某種的形式存在於系統上。處於這種明明已經結束但父行程卻沒有獲得結束的狀態，被稱為殭屍行程。這個名稱，可能是來自這種「亦死亦活，半死不活」狀態而來的，還真是鮮明的命名方式呢。

父行程以一般來說，為了避免系統充斥著殭屍行程而使得資源被蠶食鯨吞，需要適度地將子行程的結束狀態進行回收，將剩下的資源釋放到核心。如果遇到系統啟動中有大量殭屍行程存在情形的話，最好要懷疑負責處理父行程的程式是否有錯誤（bug）存在會比較好。

父行程如果在 wait() 系列的系統呼叫執行前就結束的話，該行程就會變成孤兒行程。核心會將 init 指定為孤兒行程的新父行程。而且在殭屍行程的父行程結束後，殭屍行程會攻擊 init。這對 init 來說還真是難以承受呢。還好 init 很聰明，會定期地發出 wait() 系列的系統呼叫的執行，將系統的資源進行回收。這真的是個很棒的機制。

訊號

行程基本上是順著一串執行流程持續地執行。至於與條件分支指令相關的討論，這也只是依照事先所定義好的條件句等順著流程移動罷了。相較於此，訊號則是一個某行程對其他行程發出某種通知，從外部來強制地改變執行流程所需的機制。

訊號雖然有很多種類，最常被用到的可說是 SIGINT 吧。這個訊號，只需要在 bash 等的 shell 上按下 Ctrl+c 可以送出。收到 SIGINT 的行程，在預設的狀態下會直接結束。不論具有什麼樣結構的程式，只要發出訊號就可立刻將行程結束，真的很方便，而這個訊號的效力不論各位知不知道，很多的 Linux 使用者都在使用這個訊號。

除了從 bash 發出之外，訊號也可以透過 kill 指令來送出。舉例來說，想送出 SIGINT 的時候，就要執行 `kill -INT <pid>`。訊號之中除了 SIGINT 之外，還有以下這幾種。

- SIGCHLD：子行程結束時會被送出至父行程。在這個訊號處理程式（signal handler），一般都會呼叫 wait() 系統的系統呼叫的執行。
- SIGSTOP：暫時停止行程的執行。在 bash 上按下 Ctrl+z 的話，就可以停止執行中的程式，這個時候 bash 是對行程傳送這個訊號。
- SIGCONT：將藉由 SIGSTOP 等訊號而停止的行程恢復執行。

關於訊號的一覽清單，只需要執行 `man 7 signal` 就可以查看。

如先前所提到的「收到 SIGINT 的行程在預設的狀態下會直接結束」，收到 SIGINT 訊號的行程也不見得一定要讓它結束。行程對於各種訊號，可以事先登錄好名為「訊號處理程式」的處理。如此一來，之後的行程在執行中只要接收到該訊號，就會暫停執行中的處理，去運作訊號處理程式，當訊號處理程式結束後便會回到原本的地方並恢復運作（圖 02-06）。或者，我們也可以將訊號處理程式設定成忽略訊號。

圖 02-06 訊號接收時行程的舉動

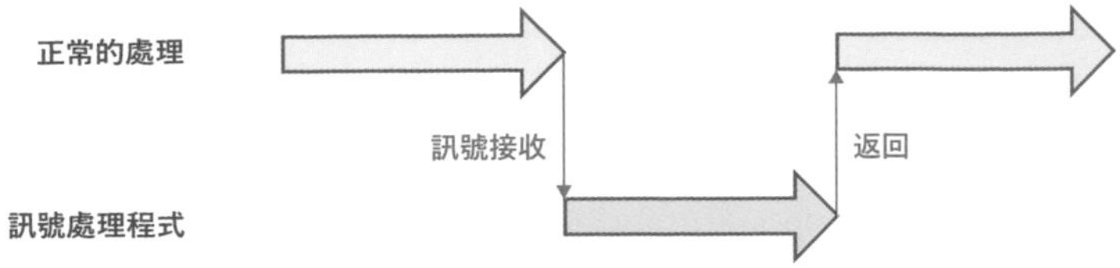

正常的處理
訊號接收
返回
訊號處理程式

我們還可以透過訊號處理程式，來製作出「就算按下 Ctrl+c 也不會結束」這種讓人傷腦筋的程式。以 Python 來說，就可以用列表 02-06 的方式來製作。

列表 02-06 intignore.py

```
#!/usr/bin/python3
import signal
# 設定為忽略 SIGINT 訊號。
# 在第 1 參數指定設定處理程式訊號的編號 ( 在這邊是指 signal.SIGINT)，
# 在第 2 參數指定訊號處理程式 ( 在這邊是指 signal.SIG_IGN)。
signal.signal(signal.SIGINT, signal.SIG_IGN)
while True:
      pass
```

執行此程式後所得結果如下。

```
$ ./intignore.py
^C^C^C
```

^C 所代表的就是按下 Ctrl+c 這件事。這真的很讓人傷腦筋呢。

當各位在實際嘗試這個指令的時候，請在試完之後，可透過 Ctrl+z 將 intignore.py 推到背景之後再以 kill 將它終止。這時候預設的 SIGTERM 便會送出來，所以可以結束。

絕對必殺的SIGKILL訊號與絕對不死的行程 

訊號當中有一個叫做 SIGKILL 的訊號。這個訊號，是當我們透過 SIGINT 等訊號還是無法結束行程的時候，可以拿來使用的最後武器。

SIGKILL 在所有的訊號當中算是很特別的存在，接收到這個訊號的行程絕對會結束。這是沒辦法透過訊號處理程式來變更其舉動的。我們可以從這個訊號名稱中帶有 KILL 這點，感受到這個訊號所抱持著絕對要將行程給「殺死」的強烈意志。

話雖如此，但是我們偶爾會遭遇到連 SIGKILL 都無法結束的「兇惡」行程。這種行程是因為某種原因，進入了一種長時間不接收訊號，名為 uninterruptible sleep 的特別狀態。這種狀態的行程，ps aux 的 STAT 欄位的第 1 字元會是 D。這種情形常見於磁碟 I/O 耗費太長時間的情況下。偶而也會出現在當核心發生了某種問題的情況下。不管是發生在哪種情況下，大多都不是使用者所可以解決的。

實現 shell 的工作（job）管理

本節將針對為了實現 shell 的工作管理而存在的 session 與行程群組等概念來做說明。

在這邊要跟對於工作不太熟悉的讀者說明的是，所謂工作就是如 bash 這類的 shell 用來控制在背景執行的行程的機制。以下為使用的案例。

```
$ sleep infinity &
# [1] 6176 [1] 為工作編號
$ sleep infinity &
# [2] 6200 [2] 為工作編號
$ jobs 列出所有的工作
[1]-  Running                 sleep infinity &
[2]+  Running                 sleep infinity &
$ fg 1 # 將 1 號的工作設為前景工作
sleep infinity
# ^Z 按下 Ctrl+z 之後控制權再次回到 bash
[1]+  Stopped                 sleep infinity
```

session

session 是使用者透過像 gterm 的終端模擬器或 ssh 等，登入系統時的對應到 login session 的機制。所有的 session，都與用來控制 session 的終端[*4] 綁定在一起。

當我們想操作 session 內的行程時，透過終端對包含 shell 等行程下指示，以及接收那些行程的輸出。一般來說，名為 pty/<n> 的虛擬終端會被分配到各個 session。

舉例來說，讓我們查看當有下述 3 個 session 存在的情形。

- A 的 session：login shell 為 bash。在這情況下透過 vim 進行 Go 程式的開發，目前在 go build 上建構某種程式。
- B 的 session1：login shell 為 zsh。在這情況下使用 ps aux 將存在於系統的全部行程產生列表，結果以 less 來接收。
- B 的 session2：login shell 為 zsh。在這情況下執行 calc 這個自製計算程式。

此狀況如圖 02-07 所示。

圖 02-07 session 的範例

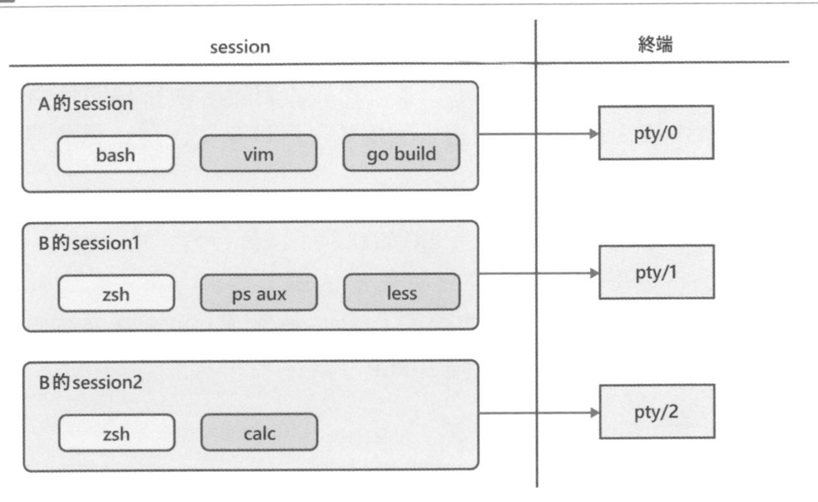

session 會被分配到 session ID 或被稱為 SID 的唯一值。

＊4 雖然這很難定義，不過在這邊我們可以把用來透過 bash 等執行 shell 指令的，只有文字黑白的畫面，想像成視窗即可。

session之中，有一個被稱為session leader的行程存在，一般會是bash等的shell。session leader的PID等同於session的ID。session的相關資訊，可透過`ps ajx`取得。筆者的環境上所得結果如下所示。

```
$ ps ajx
   PPID     PID    PGID      SID TTY         TPGID STAT   UID   TIME COMMAND
...
  19261   19262   19262   19262 pts/0       19647 Ss     1000   0:00 -bash
...
  19262   19647   19647   19262 pts/0       19647 R+     1000   0:00 ps ajx
...
```

從這裡我們可得知存在一個bash（19262）屬於session leader的session（SID=19262），以及`ps ajx`（PID=19647）也所屬於此。從bash（19262）啟動的指令，通常會屬於這個session。就`ps ajx`及先前章節所使用的`ps aux`指令來看，寫在TTY這欄位的就是終端的名稱。在這個session被分配到的`pts/0`這個虛擬終端。

當與session綁定在一起的終端陷入假當機（hang up）狀態時，`SIGHUP`就會被送給session leader。當我們關掉終端模擬器的視窗時就會發生這個狀況。在這個時候，bash會在終止自己所管理的工作後，也終止自己。執行時間較費時的行程如果在執行中bash被終止的話是很讓人困擾的，所以為了因應這種情況，我們可以採取以下的便利手段。

- nohup指令：以設定好忽略`SIGHUP`的狀態下啟動行程。這之後，session結束後就算收到`SIGHUP`，行程也不會結束。
- bash的`disown`內建指令：將執行中的工作從bash的管理下剔除。藉此，bash結束後該工作就不會收到`SIGHUP`了。

行程群組

行程群組是一個可用來同時控制複數行程的機制。session中有複數行程群組存在。基本上我們只要想成shell所建立的工作等同於行程群組即可[*5]。

＊5　正確來說，shell也具有自己的行程群組，不過怕說明會太過複雜，所以在這邊省略。

那就讓我們來看到行程群組的範例吧。假設有一個如下所示的 session 存在。

- login shell 是 bash。
- 已從上述 bash 執行 `go build <原始碼名> &`。
- 已從上述 bash 執行 `ps aux | less`。

在這情況下，bash 會建立對應到 `go build <原始碼名> &` 與 `ps aux | less` 的 2 個行程群組（工作）。

我們只需要使用行程群組，就可以將訊號丟給所屬於該行程群組的全部行程。shell 就是利用這個功能來進行工作控制的。各位讀者也可以在用來指定 `kill` 指令的行程 ID 的參數中，指定負值，就可以對行程群組丟訊號了。舉例來說，當我們想對 PGID 為 100 的行程群組丟訊號時，只需要指定 `kill -100` 即可。

session 內的行程群組分為 2 個種類。

- 前景行程群組：支援 shell 的前景工作。在 session 中僅存在 1 個，能夠對 session 的終端直接進行存取。
- 背景行程群組：支援 shell 的背景工作。當背景行程想要對終端進行操作時，就會像收到 SIGSTOP 時執行被暫時中斷，這個狀態會持續到藉由 fg 內建指令使其變成前景行程群組（或是前景工作）。

能夠直接對終端進行存取的，便是後者的前景行程群組（前景工作）。請參照圖 02-08。

圖 02-08 session 的行程群組（工作）的關聯

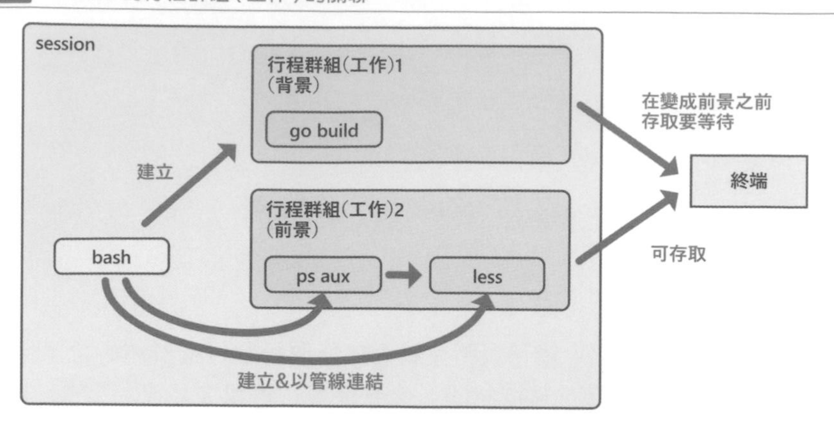

行程群組被分配到一個名為 PGID 的原有的 ID。我們可以透過 `ps ajx` 的 PGID 欄位去確認這個值。在筆者的環境上所得到的結果如下。

```
$ ps ajx | less
   PPID     PID    PGID      SID TTY        TPGID STAT   UID   TIME COMMAND
...
  19261   19262   19262   19262 pts/0      19653 Ss    1000   0:00 -bash
...
  19262   19653   19653   19262 pts/0      19653 R+    1000   0:00 ps ajx
  19262   19654   19653   19262 pts/0      19653 S+    1000   0:00 less
...
```

我們可以從輸出結果得知，有一個將 bash（19262）作為 session leader 的 login session，這之中有個 PGID 為 19653 的行程群組，以及其構成要素為 ps ajx（19653），將它與以管線命令連接的 less（19654）。

還有一點要補充的就是前景行程群組的分辨方法。在 ps ajx 的輸出結果的 STAT 欄位中有「+」的部分就是屬於前景行程群組的行程。

雖然 session 與行程群組的概念有點難懂，不過我們只要個別置換從 shell 開始的 login session 與工作，並仔細查看、比較 `ps ajx` 的輸出結果，相信就能夠稍微看出個端倪了。

常駐程式

各位讀者也許曾經從 UNIX 或 Linux 相關文章，多次看到常駐程式（daemon）這名詞。本節將針對常駐程式是什麼，又與一般的行程有什麼不同來做說明。

簡單來說，常駐程式就是指常駐行程。一般的行程在被使用者建立之後會進行一連串的處理後結束行程。但是常駐程式卻不是這樣，在某些情況下會從系統開始，持續存在到系統結束為止。

常駐程式具有以下的特徵。

- 因為不需要從終端進行輸入輸出，不會被分配到終端。
- 為了避免受到來自任何 login session 結束的影響，所以具有獨自的 session。
- 建立常駐程式的行程不需在意常駐程式的結束，init 為其父行程。

這上述內容彙整如圖 02-09 所示。

圖 02-09 常駐程式

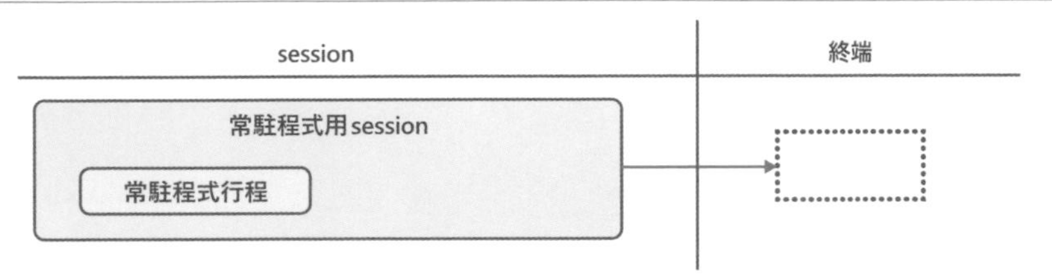

但是，我們有時候也會將不符合上述條件，但只要是常駐行程的話，為了方便還是會稱它們為常駐程式。

某個行程是否為常駐程式，我們可從 `ps ajx` 的結果來辨識。讓我們來查看以下用作 ssh 伺服器運作的 sshd 吧。

```
$ ps ajx
   PPID     PID    PGID     SID TTY        TPGID STAT   UID   TIME COMMAND
...
      1     960     960     960 ?             -1 Ss       0   0:00 sshd: /usr/sbin/sshd -D [lis
tener] 0 of 10-100 startups
...
```

父行程的確是 init（PPID 為 1），而 sessionID 與 PID 的值是相同的。而且，TTY 欄位的值，的確是用以顯示並沒有跟終端連結的 "?"。

由於常駐程式是不具有終端的，所以代表終端的假當機的 SIGHUP 可以使用在別的用途上。就慣例來說，多半會被用作常駐程式重新讀取設定檔案的訊號來使用。

第 3 章

行程排程器（process scheduler）

在第 2 章，我們有提到存在於系統的行程，大多處於睡眠狀態這點。接著，當系統中有複數個可執行的行程存在時，核心是以什麼樣的方式讓各行程在 CPU 上執行的呢？

本章將針對擔任將 CPU 資源分配給行程的 Linux 核心的功能：「行程排程器」（以下簡稱「排程器」）來做說明。

在電腦相關的教科書之中，是依照以下的說明來介紹排程器的。

- 在單一邏輯 CPU 上能夠同時運作的行程只有一個。
- 可執行複數的行程，是藉由被稱為時間片的單位依序去使用 CPU。

譬如說，以下有 p0、p1、p2 這三個行程存在，如圖 03-01 所示。

圖 03-01 教科書上對於排程器的運作說明

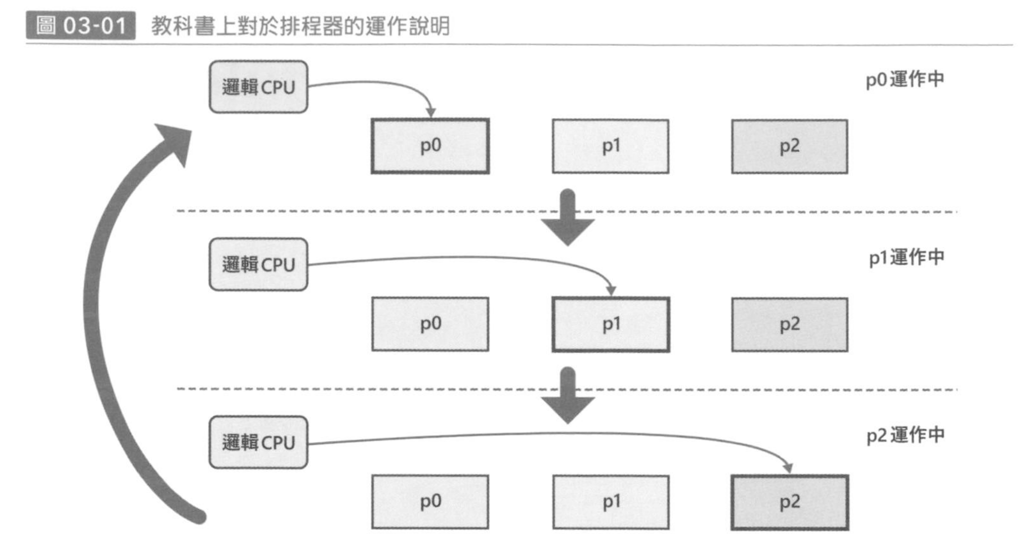

那麼，讓我們在 Linux 上，透過實驗來確認看看排程器是否也是這樣在運作的吧。

前提知識：經過時間與使用時間

為了讓讀者們理解本章的內容，也需要加深各位對於與行程相關的經過時間與使用時間等這些概念的理解。本節將針對這些的時間方面做說明。其個別的定義如下所示。

- 經過時間：從行程的開始到結束為止的經過時間。可以想像成用碼表去記錄行程開始時到結束時這之間的值。
- 使用時間：行程實際使用到邏輯 CPU 的時間。

想必各位光看說明是不太容易理解的，讓我們透過實驗來加深對這些用語的理解度吧。

只要使用 `time` 指令來運作行程的話，就可取得對象行程從開始到結束為止的經過時間與使用時間。譬如說，執行這個使用規定量的 CPU 資源後就結束的 load.py 程式（列表 03-01）的結果，如下所示。

列表 03-01 load.py

```
#!/usr/bin/python3
# 調整負載量的值。請讀者在各自的環境上調整這個數值，以便讓透過 time 指令執行時會長達數秒左右，這樣一來結果會比較容易查看。
NLOOP=100000000
for _ in range(NLOOP):
    pass
```

```
$ time ./load.py
real    0m2.357s
user    0m2.357s
sys     0m0.000s
```

輸出內容共有以 `real`、user，以及 sys 為開頭的 3 行。當中的 `real` 代表經過時間，user 與 sys 則是代表使用時間。user 所代表的是行程在使用者區運作的時間。

相較於此，sys 所代表的是行程所發出的系統呼叫的延伸，當時核心在運作的時間。

`load.py` 程式會從執行開始到結束為止不斷地使用 CPU，而且，在這段期間內，並不會發出系統呼叫，所以 `real` 與 user 幾乎是相同的結果，而 sys 幾乎是 0。至於為什麼是「幾乎」呢？那是因為行程的開始時與結束時，Python 直譯器有對系統呼叫發出幾個呼叫。

接下來，讓我們在透過一個幾乎不會使用到 CPU 的 `sleep` 指令來做實驗看看吧。

```
$ time sleep 3
real    0m3.009s
user    0m0.002s
sys     0m0.000s
```

開始後等待了 3 秒就結束了，所以 real 的值幾乎是 3 秒。另一方面，這個指令在執行開始之後立刻釋放 CPU 進入了睡眠狀態，而 3 秒後才又開始使用到 CPU 卻只執行了結束處理而已，所以 user 與 sys 都幾乎為 0。我們將經過時間與使用時間這兩者觀點的不同之處彙整於圖 03-02。

圖 03-02 「經過時間」與「使用時間」

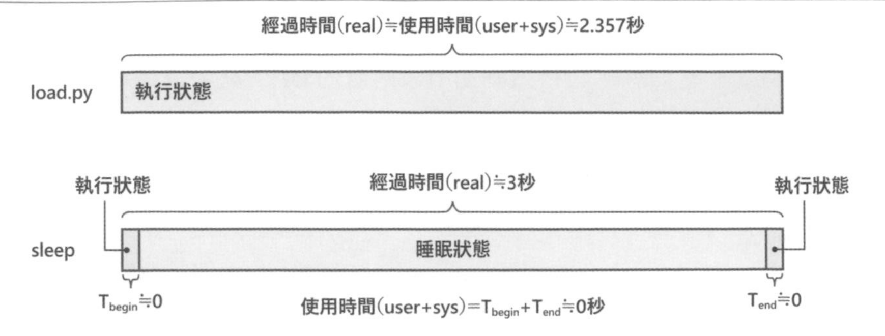

使用單一邏輯CPU的情形

首先，為了簡化說明的內容，讓我們先考慮到邏輯 CPU 為「1」的情形。實驗會用到 multiload.sh 程式（列表 03-02）。

列表 03-02 multiload.sh

```
#!/bin/bash
MULTICPU=0
PROGNAME=$0
SCRIPT_DIR=$(cd $(dirname $0) && pwd)
usage() {
    exec >&2
    echo "使用方式：$PROGNAME [-m] <行程數>
    讓依指定時間運作的負載處理行程，按照在<行程數>所指定的數量來運作，等待所有行程的結束。
    將各行程所花費的時間輸出。
    預設為所有行程是在單一邏輯 CPU 上運作。
選項的意義：
    -m: 讓各行程可在複數 CPU 上運作。"
    exit 1
}
while getopts "m" OPT ; do
    case $OPT in
        m)
            MULTICPU=1
```

```
            ;;
        \?)
            usage
            ;;
    esac
done
shift $((OPTIND - 1))
if [ $# -lt 1 ] ; then
    usage
fi
CONCURRENCY=$1
if [ $MULTICPU -eq 0 ] ; then
    # 使得負載處理僅能在 CPU0 上執行
    taskset -p -c 0 $$ >/dev/null
fi
for ((i=0;i<CONCURRENCY;i++)) do
    time "${SCRIPT_DIR}/load.py" &
done
for ((i=0;i<CONCURRENCY;i++)) do
    wait
done
```

這個程式的運作如下所示。

使用方式 **./multiload.sh [-m] <行程數>**

- 讓依指定時間運作的負載處理行程，按照在 <行程數> 所指定的數量來運作，並等待所有行程的結束。
- 將各行程所花費的時間輸出。
- 預設為所有行程是在單一邏輯 CPU 上運作。

選項的意義

- -m: 讓各行程可在複數 CPU 上運作。

首先讓我們將 <行程數> 設定為 1 來執行看看吧。這跟單獨運作 load 程式的時候幾乎相同。

```
$ ./multiload.sh 1
real    0m2.359s
user    0m2.358s
sys     0m0.000s
```

在筆者的環境上經過時間是 2.359 秒。讓我們來看看當平行度為 2 跟 3 時會如何。

```
$ ./multiload.sh 2
```

```
real    0m4.730s
user    0m2.360s
sys     0m0.004s
real    0m4.739s
user    0m2.374s
sys     0m0.000s
$ ./multiload.sh 3
real    0m7.095s
user    0m2.360s
sys     0m0.004s
real    0m7.374s
user    0m2.499s
sys     0m0.000s
real    0m7.541s
user    0m2.676s
sys     0m0.000s
```

隨著平行度變成 2 倍、3 倍，我們可以發現使用時間並沒有太大的變化，不過經過時間增加成 2 倍、3 倍了。這就是在本章開頭有說明到的，在單一邏輯 CPU 上同時只運作 1 個處理，是由排程器將各個處理按照順序去給予 CPU 資源。

使用複數邏輯CPU的情形

接下來，讓我們來看看當邏輯 CPU 為複數的情形吧。

當我們將 multiload.sh 程式加上 -m 選項執行後，排程器便會將複數的負載處理平均分配到所有的邏輯 CPU 上。如此一來，假設邏輯 CPU 與負載處理各有 2 個的話，便會像圖 03-03 所示，2 個負載處理各自都可獨占一個邏輯 CPU 的資源。

圖 03-03 排程器的負載分散處理（邏輯 CPU 2 個、負載處理 2 個）

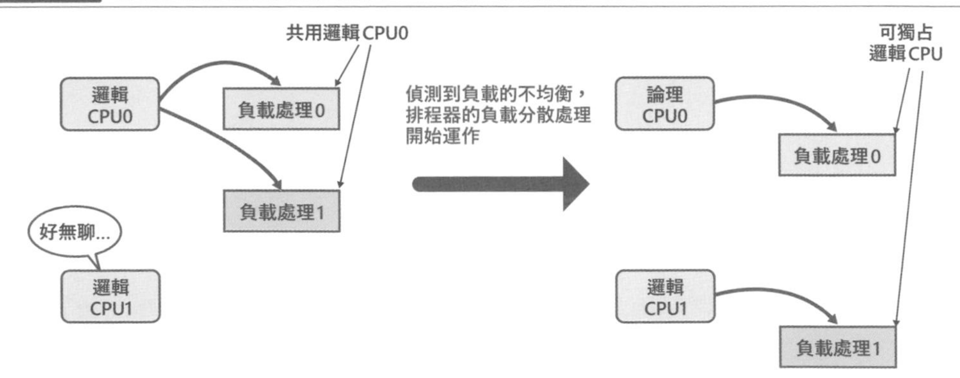

由於負載分散處理的運作原理是非常複雜的，所以在本書中會省略過於細部的說明。

那麼就讓我們來實際確認看看吧。將 -m 選項加到 multiload.sh 程式，以平行度 1～3 所執行的結果如下所示。

```
$ ./multiload.sh -m 1
real    0m2.361s
user    0m2.361s
sys     0m0.000s
$ ./multiload.sh -m 2
real    0m2.482s
user    0m2.482s
sys     0m0.000s
real    0m2.870s
user    0m2.870s
sys     0m0.000s
$ ./multiload.sh -m 3
real    0m2.694s
user    0m2.693s
sys     0m0.000s
real    0m2.857s
user    0m2.853s
sys     0m0.004s
real    0m2.936s
user    0m2.935s
sys     0m0.000s
```

所有行程的 real 與 user+sys 的值變成幾乎相同了。也就是說，它們各自都可以獨占到邏輯 CPU 的資源。

user+sys 比 real 還要大的案例

很直覺地，我們會覺得 real >= user ＋ sys，但實際上有時候 user ＋ sys 的值，會稍微大於 real 的值。這是由於各自的時間測量方法不同，以及測量的精準度並不太高所產生的。請各位讀者不需要太在意，只要抱持著「有這種情形」的認知即可。

更進一步來說，有時候我們還可能會遇到 user ＋ sys 遠比 real 還要大很多的情形。譬如說將 -m 選項加在 multiload.sh 程式上且將行程數設定為 2 以上的時候，就會這樣。那麼，就讓我們透過 time 指令來執行 `./multiload.sh -m 2` 看看吧。

```
$ time ./multiload.sh -m 2
real	0m2.510s
user	0m2.502s
sys	0m0.008s
real	0m2.725s
user	0m2.716s
sys	0m0.008s
real	0m2.728s
user	0m5.222s
sys	0m0.016s
```

第 1 項與第 2 項的 entry，是有關 multiload.sh 程式的負載處理行程的數據。第 3 項的 entry 是有關 multiload.sh 程式本身的數據。

如各位所見，user 的值幾乎是 real 的值的兩倍。其實以 time 指令所得到的 user 與 sys 的值，是將資訊取得對象行程的值，以及它已結束的子行程的值給加總而得來的。因此，當行程建立子行程，並個別在不同的邏輯 CPU 上運作的時候，user ＋ sys 的值就有可能會比 real 還要來得大。multiload.sh 程式就正好符合這個條件。

時間片

在前一節，我們學習到在 1 個 CPU 上能夠同時運作的行程數量是 1 個。但是，具體來說是如何去分配 CPU 資源的部分，這在前一節的實驗當中是無法得知的。所以我們將在本節透過實驗來確認一下，排程器是如何讓可執行的行程以時間片單位來使用 CPU 的。

實驗的部分會使用 sched.py 這個程式（列表 03-03）。

列表 03-03 sched.py

```
#!/usr/bin/python3
import sys
import time
import os
import plot_sched
def usage():
    print(""" 使用方式： {} < 行程數 >
        * 在邏輯 CPU0 上啟動 < 行程數 > 所指定的數量的同時消耗 CPU 資源約 100 毫秒左右的負載處理行程後
，等待所有的行程結束。
        * 會將執行結果以圖表形式輸出到 "sched-< 行程數 >.jpg" 這檔案內。
        * 圖表的 x 軸是從負載處理行程開始後的經過時間 [ 毫秒 ]，y 軸是進度 [%]""".format(progname,
```

```
file=sys.stderr))
    sys.exit(1)
# 為了估算出適合實驗的負載而在事前處理加上負載。
# 如果在這個程式的執行上耗費太多時間的話，請把值減少。
# 相反的如果太快就結束了的話，請把值加大。
NLOOP_FOR_ESTIMATION=100000000
nloop_per_msec = None
progname = sys.argv[0]
def estimate_loops_per_msec():
      before = time.perf_counter()
      for _ in  range(NLOOP_FOR_ESTIMATION):
                pass
      after = time.perf_counter()
      return int(NLOOP_FOR_ESTIMATION/(after-before)/1000)
def child_fn(n):
    progress = 100*[None]
    for i in range(100):
        for j in range(nloop_per_msec):
            pass
        progress[i] = time.perf_counter()
    f = open("{}.data".format(n),"w")
    for i in range(100):
        f.write("{}\t{}\n".format((progress[i]-start)*1000,i))
    f.close()
    exit(0)
if len(sys.argv) < 2:
    usage()
concurrency = int(sys.argv[1])
if concurrency < 1:
    print(" 請在 < 平行度 > 填入 1 以上的整數： {}".format(concurrency))
    usage()
# 強制在邏輯 CPU0 上執行
os.sched_setaffinity(0, {0})
nloop_per_msec = estimate_loops_per_msec()
start = time.perf_counter()
for i in range(concurrency):
    pid = os.fork()
    if (pid < 0):
        exit(1)
    elif pid == 0:
        child_fn(i)
for i in range(concurrency):
    os.wait()
plot_sched.plot_sched(concurrency)
```

這程式是一個會將不斷地消耗 CPU 時間去處理負載的行程，同時運作 1 個或複數個，並採集下述的統計數據的程式。

- 在哪個時間點上，邏輯 CPU 上有哪個行程在運作。
- 各個行程的進度是多少。

藉著分析這些資料，我們就可以確認在開頭所提到有關排程器的說明是否正確了。實驗程式 sched.py 的規格如下所示。

使用方式 **./sched.py <行程數>**

- 在邏輯 CPU0 上依照 <行程數> 所指定的數量，同時啟動會消耗 CPU 資源約 100 毫秒的負載處理行程後，等待所有的行程結束。
  - 會將執行結果以圖表形式輸出到「sched-<行程數>.jpg」這檔案內。
  - 圖表的 x 軸是從負載處理行程開始後的經過時間 [毫秒]，y 軸是進度 [%]。

我們也可以使用 plot_sched.py（列表 03-04）來繪製圖表，當要執行 sched.py 程式的時候，請將 plot_sched.py 配置在同一個目錄下。

列表 03-04 **plot_sched.py**

```
#!/usr/bin/python3

import numpy as np
from PIL import Image
import matplotlib
import os

matplotlib.use('Agg')

import matplotlib.pyplot as plt

plt.rcParams['font.family'] = "sans-serif"
plt.rcParams['font.sans-serif'] = "TakaoPGothic"

def plot_sched(concurrency):
    fig = plt.figure()
    ax = fig.add_subplot(1,1,1)
    for i in range(concurrency):
        x, y = np.loadtxt("{}.data".format(i), unpack=True)
        ax.scatter(x,y,s=1)
    ax.set_title(" 時間片的視覺化 ( 平行度 ={})".format(concurrency))
    ax.set_xlabel(" 經過時間 [ 毫秒 ]")
    ax.set_xlim(0)
    ax.set_ylabel(" 進度 [%]")
    ax.set_ylim([0,100])
    legend = []
    for i in range(concurrency):
        legend.append(" 負載處理 "+str(i))
```

```
    ax.legend(legend)

    # 為了迴避 Ubuntu 20.04 的 matplotlib 的程式錯誤，先存成 png 檔之後再轉換成 jpg 檔
    # https://bugs.launchpad.net/ubuntu/+source/matplotlib/+bug/1897283?comments=all
    pngfilename = "sched-{}.png".format(concurrency)
    jpgfilename = "sched-{}.jpg".format(concurrency)
    fig.savefig(pngfilename)
    Image.open(pngfilename).convert("RGB").save(jpgfilename)
    os.remove(pngfilename)

def plot_avg_tat(max_nproc):
    fig = plt.figure()
    ax = fig.add_subplot(1,1,1)
    x, y, _ = np.loadtxt("cpuperf.data", unpack=True)
    ax.scatter(x,y,s=1)
    ax.set_xlim([0, max_nproc+1])
    ax.set_xlabel(" 行程數 ")
    ax.set_ylim(0)
    ax.set_ylabel(" 平均往返時間 [ 秒 ]")

    # 為了迴避 Ubuntu 20.04 的 matplotlib 的程式錯誤，先存成 png 檔之後再轉換成 jpg 檔
    # https://bugs.launchpad.net/ubuntu/+source/matplotlib/+bug/1897283?comments=all
    pngfilename = "avg-tat.png"
    jpgfilename = "avg-tat.jpg"
    fig.savefig(pngfilename)
    Image.open(pngfilename).convert("RGB").save(jpgfilename)
    os.remove(pngfilename)

def plot_throughput(max_nproc):
    fig = plt.figure()
    ax = fig.add_subplot(1,1,1)
    x, _, y = np.loadtxt("cpuperf.data", unpack=True)
    ax.scatter(x,y,s=1)
    ax.set_xlim([0, max_nproc+1])
    ax.set_xlabel(" 行程數 ")
    ax.set_ylim(0)
    ax.set_ylabel(" 吞吐量 [ 行程 / 秒 ]")

    # 為了迴避 Ubuntu 20.04 的 matplotlib 的程式錯誤，先存成 png 檔之後再轉換成 jpg 檔
    # https://bugs.launchpad.net/ubuntu/+source/matplotlib/+bug/1897283?comments=all
    pngfilename = "avg-tat.png"
    jpgfilename = "throughput.jpg"
    fig.savefig(pngfilename)
    Image.open(pngfilename).convert("RGB").save(jpgfilename)
    os.remove(pngfilename)
```

將這程式各以平行度 1、2、3 來個別執行。

```
for i in 1 2 3 ; do ./sched.py $i ; done
```

結果如圖 03-04、圖 03-05、圖 03-06 所示。

圖 03-04 平行度 1 的情形

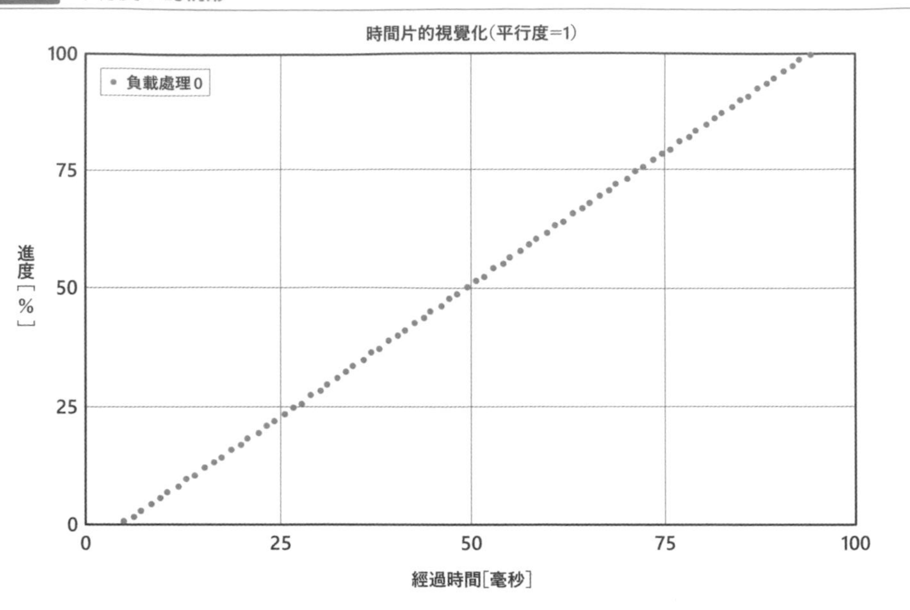

圖 03-05 平行度 2 的情形

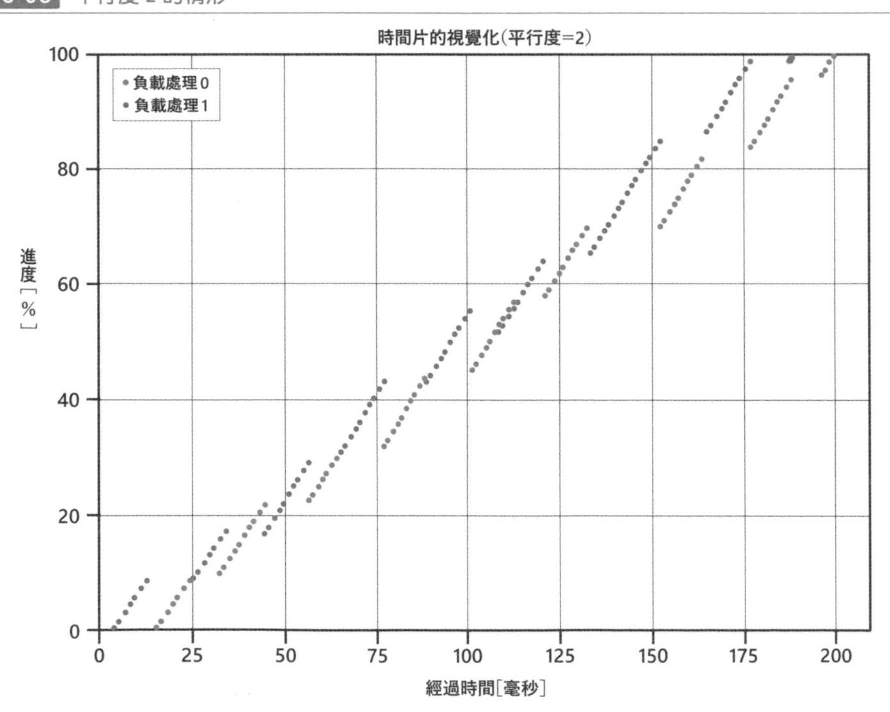

圖 03-06 平行度 3 的情形

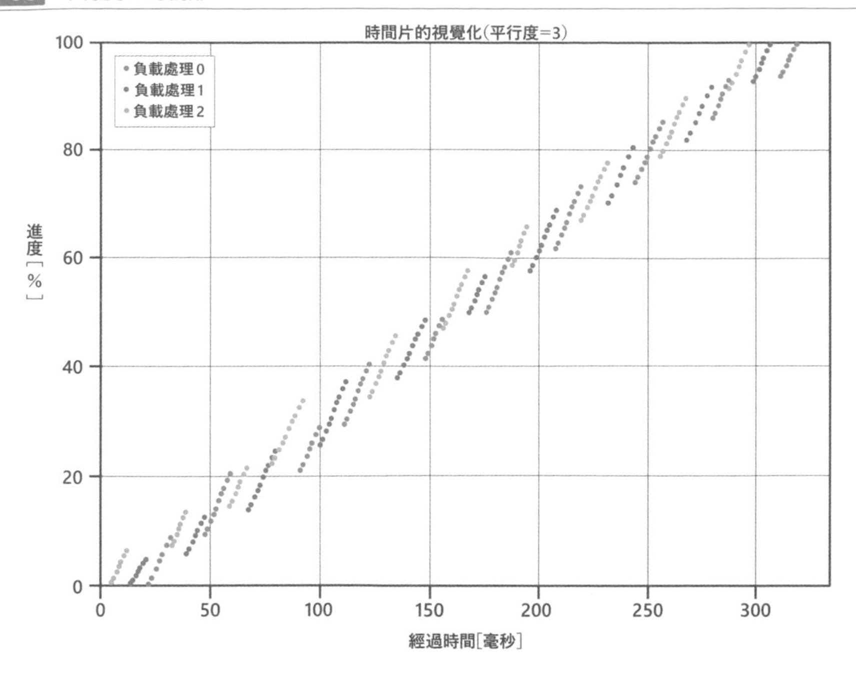

藉由這些圖表，我們可以得知在 1 個邏輯 CPU 上運作複數處理的時候，個別的處理是依照數毫秒單位的時間片，交互地使用 CPU 的。

時間片的構造

仔細查看圖 03-06，就會發現比起平行度為 2 的時候，當平行度為 3 的時候各個行程的時間片是比較短的。其實 Linux 的排程器，是可以在 sysctl 的 kernel.sched_latency_ns 參數*a 的值（奈秒單位）所顯示的延遲時間目標的週期內取得一次 CPU 時間。

在筆者的環境上該參數會是下述的值。

```
$ sysctl kernel.sched_latency_ns
kernel.sched_latency_ns = 24000000  # 24000000/1000000 = 24 毫秒
```

各行程的時間片是 kernel.sched_latency_ns / <在邏輯 CPU 上執行中或處於可執行狀態的行程數量>[奈秒]。

邏輯 CPU 上的可執行行程為 1～3 個的情況下的延遲時間目標與時間片的關聯性，如圖 03-07 所示。

*a　kernel.sched_latency_ns 參數於核心 v5.13 版本中並不存在。如果是使用 v5.13 之後的版本的話，只有 root 可進行存取的 /sys/kernel/debug/sched/latency_ns 就是具有相同意義的檔案。

圖 03-07 延遲時間目標

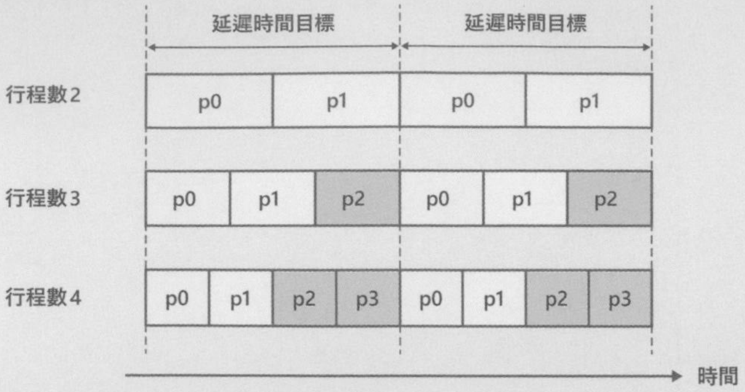

	延遲時間目標				延遲時間目標			
行程數 2	p0	p1			p0	p1		
行程數 3	p0	p1	p2		p0	p1	p2	
行程數 4	p0	p1	p2	p3	p0	p1	p2	p3

時間

對 Linux 核心 2.6.23 版本之前的排程器來說，當時的時間片是固定值（100 毫秒），因為這樣而曾經導致過行程數增加後各個行程會久久等不到 CPU 時間的問題產生。為了改善這個問題，現在的排程器是可以因應行程數量來變更時間片的。

延遲時間目標或時間片的值的計算，會隨著行程數量的增加或使用到多核心 CPU 等情形而變得稍微複雜，會依下列要素而變動。

- 系統所搭載的邏輯 CPU 數量
- 在超過規定值的邏輯 CPU 上執行中 / 等待被執行的行程數
- 顯示行程的優先度的 nice 值

接著讓我們來對 nice 值所帶來影響做說明。nice 值，可為設定「-20」到「19」之間用以表示行程執行優先度的值（預設為「0」）。-20 代表最高的優先度，19 則代表最低。降低優先度這件事是誰都可以執行的，但是能夠提高優先度的，只有持有 root 權限的使用者而已。

nice 值可透過 `nice` 指令、`renice` 指令、`nice()` 系統呼叫、`setpriority()` 系統呼叫等進行變更。排程器會對低 nice 值（即為高優先度）的行程給予較多的時間片。

那就讓我們來運作以下規格的 `sched-nice` 程式（列表 03-05）看看吧。

使用方式 `./sched-nice.py <nice 值>`

- 在邏輯 CPU0 上啟動 2 個會耗費 100 毫秒左右 CPU 資源的負載處理行程後，等待雙方行程的結束。
  - 負載處理 0,1 的 nice 值，各設為 0（預設）與 <nice 值>。
  - 將執行結果以圖表形式輸出至 `sched-2.jpg` 這個檔案。
  - 圖表的 x 軸是行程開始之後的經過時間 [毫秒]、y 軸是進度 [%]。

讓我們在這邊將 `<nice 值>` 指定為 5 吧。

```
$ ./sched-nice.py 5
```

結果如圖 03-08 所示。

圖 03-08 改變 nice 值的情形

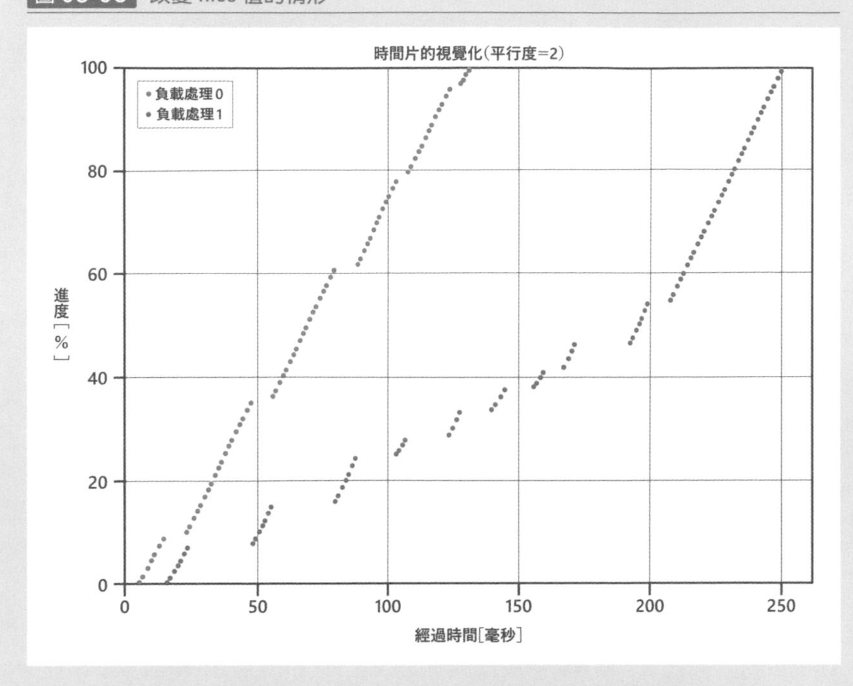

如我們所預測的，負載處理 0 會比負載處理 1 有更多的時間片。

附帶一提，sar 的輸出結果中的 %nice 欄位，會顯示將優先度從預設值 0 調高後的行程，在使用者模式上執行的時間百分比（%user 為 nice 值為 0 的情形）。讓我們在降低第 1 章所使用的 inf-loop.py 程式優先度（在這邊指定為 5）的狀態下執行，以 sar 來查看其 CPU 使用率吧。

```
$ nice -n 5 taskset -c 0 ./inf-loop.py &
[1] 168376
$ sar -P 0 1 1
Linux 5.4.0-74-generic (coffee)         2021年12月04日  _x86_64_        (8 CPU)
05時57分58秒     CPU     %user     %nice   %system   %iowait    %steal     %idle
05時57分59秒       0      0.00    100.00      0.00      0.00      0.00      0.00
Average:          0      0.00    100.00      0.00      0.00      0.00      0.00
$ kill 168376
```

從這結果我們可得知並非 %user 而是 %nice 變為 100 了。

此外，在本專欄所說明到的排程器的實作細節，並沒有被制定於 POSIX 等規格之中，所以可能會隨著核心版本的不同而有所不同。譬如說 kernel.sched_latency_ns 的預設值，到目前為止已經歷過多次的變更了。像我們在這邊所提到的根據行為來對系統進行微調的方式，將來有可能會變得行不通了，還請多注意。

對於排程器的實作有更進一步理解需求的讀者，可以參閱以下的文章。

- Linux 行程排程器的相關 sysctl 參數
  https://zenn.dev/satoru_takeuchi/articles/08b8d0fdf4e711f47b2e
- Linux 行程排程器的歷史
  https://speakerdeck.com/sat/linux-sched-history
- 圖解 Linux 行程排程器工作原理
  https://speakerdeck.com/sat/shi-siteli-jie-linuxfalsepurosesusukeziyurafalsesikumi

列表 03-05 sched-nice.py

```
#!/usr/bin/python3

import sys
import time
import os
import plot_sched

def usage():
    print("""使用方式：{} <nice 值>
        * 在邏輯 CPU0 上啟動 2 個會耗費 100 毫秒左右 CPU 資源的負載處理行程後，等待
雙方行程的結束。
        * 負載處理 0,1 的 nice 值各為 0（預設），作為 <nice 值>。
        * 將執行結果以圖表形式輸入至 sched-2.jpg 這個檔案。
        * 圖表的 x 軸是行程開始之後的經過時間 [ 毫秒 ]、y 軸是進度 [%]""".format(pr
ogname, file=sys.stderr))
    sys.exit(1)

# 為了估算出適合實驗的負載而在事前處理加上負載。
# 如果在這個程式的執行上耗費太多時間的話，請把值減少。
# 相反的如果太快就結束了的話，請把值加大。
NLOOP_FOR_ESTIMATION=100000000
nloop_per_msec = None
progname = sys.argv[0]

def estimate_loops_per_msec():
        before = time.perf_counter()
        for _ in  range(NLOOP_FOR_ESTIMATION):
                pass
```

```
        after = time.perf_counter()
        return int(NLOOP_FOR_ESTIMATION/(after-before)/1000)

def child_fn(n):
    progress = 100*[None]
    for i in range(100):
        for _ in range(nloop_per_msec):
            pass
        progress[i] = time.perf_counter()
    f = open("{}.data".format(n),"w")
    for i in range(100):
        f.write("{}\t{}\n".format((progress[i]-start)*1000,i))
    f.close()
    exit(0)

if len(sys.argv) < 2:
    usage()

nice = int(sys.argv[1])
concurrency = 2

if concurrency < 1:
    print("<平行度>請填入1以上的整數：{}".format(concurrency))
    usage()

# 強制在邏輯CPU0上執行
os.sched_setaffinity(0, {0})

nloop_per_msec = estimate_loops_per_msec()

start = time.perf_counter()

for i in range(concurrency):
    pid = os.fork()
    if (pid < 0):
        exit(1)
    elif pid == 0:
        if i == concurrency - 1:
            os.nice(nice)
        child_fn(i)

for i in range(concurrency):
    os.wait()

plot_sched.plot_sched(concurrency)
```

上下文交換

在邏輯 CPU 上運作的行程被進行切換一事，就稱為「上下文交換」。圖 03-09 所表示的，就是在行程 0 與行程 1 存在的狀態下，發生上下文交換的情形。

圖 03-09 上下文交換的發生

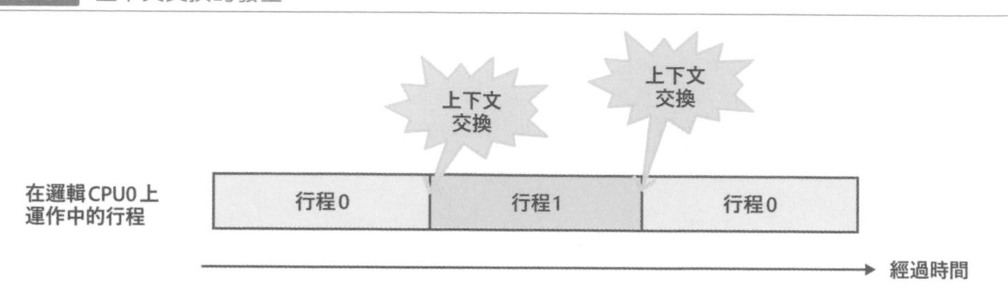

不論行程正在執行任何的程式碼，時間片一旦用盡就會強制發生上下文交換。如果沒有理解到這點的話，就很容易會產生如圖 03-10 所示誤解。

圖 03-10 不對上下文交換有所認識而會產生的誤解

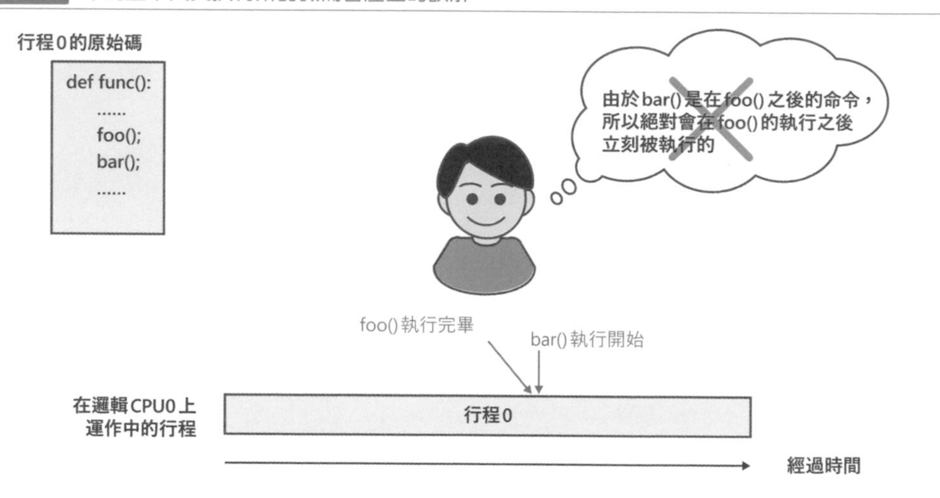

但是實際上，在 foo() 的後面 bar() 會被執行這件事是無法被保證的。如果遇到執行 foo() 之後時間片就立刻用盡的情況，bar() 的執行就有可能會在稍後才會被進行（圖 03-11）。

圖 03-11 對上下文交換有正確認識的情形

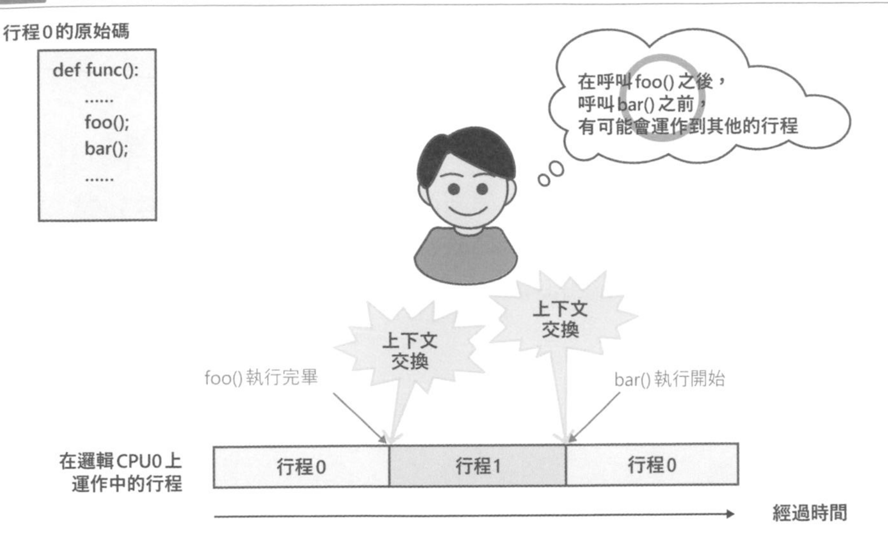

我們只要能夠理解這些，當遇到某個處理在完成之前耗費了比預期還要多時間的情形時，就不會草率地下了「絕對是那個處理本身發生了問題」這樣的結論，而是可以具備像「處理中有可能發生了上下文交換使得其他行程開始運作」這類的其他觀點。

關於效能

說到系統的運用，就不得不提到需要遵守系統所被制定的效能需求。為此，我們會使用到下述指標。

- 往返時間（turnaround time）：委託系統進行處理後到各個處理完成為止的時間
- 吞吐量（throughput）：單位時間內可完成處理的數量

讓我們來測量這些值吧。讓我們針對 `multiload.sh` 程式來得以下的效能資訊吧。

- 平均往返時間：全負載處理的 `real` 的值的平均值
- 吞吐量：行程數 /`multiload.sh` 程式的 `real` 的值

為了要能取得這些資訊，我們會使用到 `cpuperf.sh` 程式（列表 03-06）與 `plot-perf.py` 程式（列表 03-07）。

使用方式 `./cpuperf.sh [-m] <最大行程數>`

❶ 將效能資訊儲存到 cpuperf.data 這個檔案。

- entry 數為 <最大行程數>
- 各行的格式為 <行程數> <平均往返時間 [秒]> <吞吐量 [行程 / 秒]>

❷ 根據效能資訊，製作平均往返時間的圖表並儲存於 avg-tat.jpg。

❸ 根據效能資訊，製作吞吐量的圖表並儲存於 throughput.jpg。

❹ -m 選項就直接交給 multiload.sh 程式。

列表 03-06 **cpuperf.sh**

```
#!/bin/bash

usage() {
    exec >&2
    echo "使用方式: $0 [-m] <最大行程數>
    1. 將效能資訊儲存到 'cpuperf.data' 這個檔案
        * entry 數為 <最大行程數>
        * 各行的格式為 '<行程數> <平均往返時間 [秒]> <吞吐量 [行程 / 秒]>'
    2. 根據效能資訊，製作平均往返時間的圖表並儲存於 'avg-tat.jpg'
    3. 同樣地，製作吞吐量的圖表並儲存於 'throughput.jpg'

    -m 選項就直接交給 multiload.sh 程式"
    exit 1
}

measure() {
    local nproc=$1
    local opt=$2
    bash -c "time ./multiload.sh $opt $nproc" 2>&1 | grep real | sed -n -e 's/^.*0m\([.0-9]*\)
s$/\1/p' | awk -v nproc=$nproc '
BEGIN{
    sum_tat=0
}
(NR<=nproc){
    sum_tat+=$1
}
(NR==nproc+1) {
    total_real=$1
}
END{
    printf("%d\t%.3f\t%.3f\n", nproc, sum_tat/nproc, nproc/total_real)
}'
```

```
}

while getopts "m" OPT ; do
    case $OPT in
        m)
            MEASURE_OPT="-m"
            ;;
        \?)
            usage
            ;;
    esac
done

shift $((OPTIND - 1))

if [ $# -lt 1 ]; then
    usage
fi

rm -f cpuperf.data
MAX_NPROC=$1
for ((i=1;i<=MAX_NPROC;i++)) ; do
    measure $i $MEASURE_OPT  >>cpuperf.data
done

./plot-perf.py $MAX_NPROC
```

列表 03-07 plot-perf.py

```
#!/usr/bin/python3

import sys
import plot_sched

def usage():
    print("""使用方式：{} <最大行程數>
    * 根據儲存有 cpuperf 程式的執行結果的 "perf.data" 檔案來製作效能資訊的示意圖表。
    * 將平均往返時間的圖表儲存於 "avg-tat.jpg" 檔案。
    * 將吞吐量的圖表儲存於 "throughput.jpg" 檔案。""".format(progname, file=sys.stderr))
    sys.exit(1)

progname = sys.argv[0]

if len(sys.argv) < 2:
    usage()

max_nproc = int(sys.argv[1])
```

```
plot_sched.plot_avg_tat(max_nproc)
plot_sched.plot_throughput(max_nproc)
```

首先，讓我們將負載處理行程的執行限制在 1 個邏輯 CPU 上，而最大行程數量為 8 的時候，也就是 `./cpuperf.sh 8` 的執行結果，呈現在圖 03-12、圖 03-13 上吧。

圖 03-12 在 1 個邏輯 CPU 上最大行程數量為 8 的情況下的平均往返時間

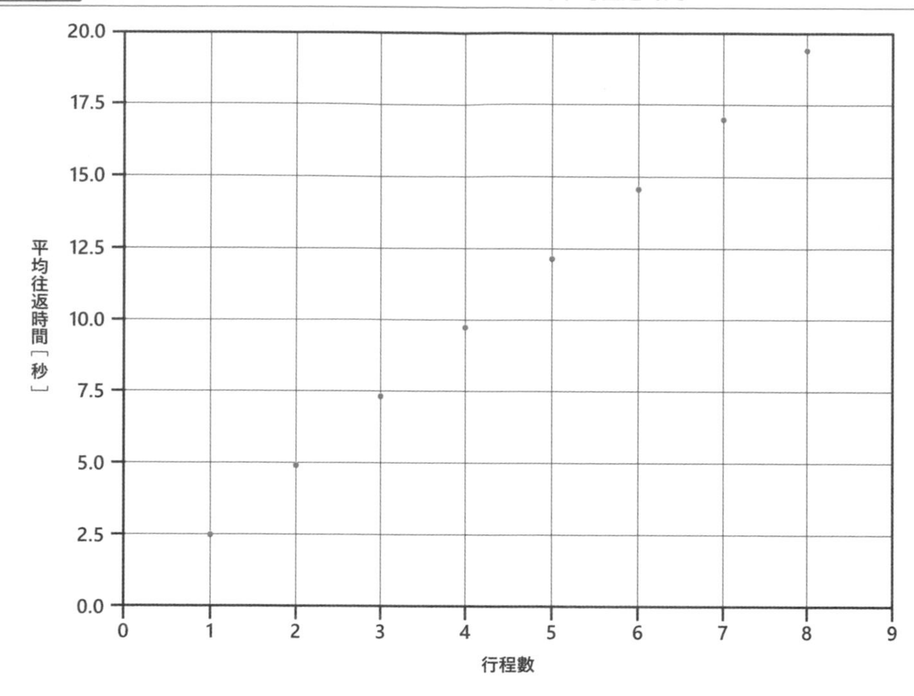

圖 03-13 在 1 個邏輯 CPU 上最大行程數為 8 的情況下的吞吐量

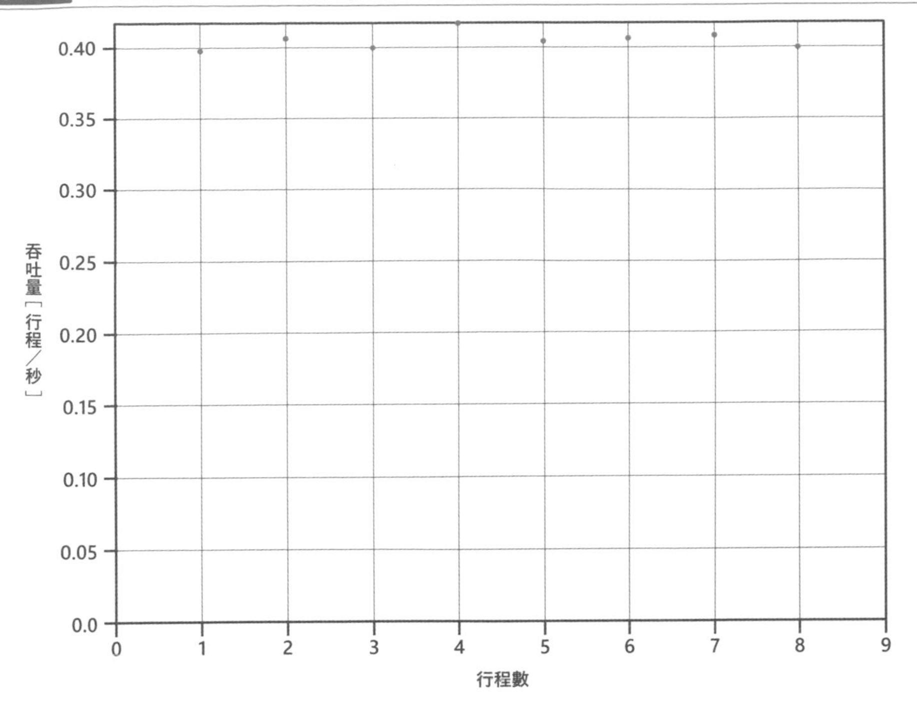

從這裡我們便可得知，在行程數量大於邏輯 CPU 數量的情形下，只會讓平均往返時間變長而已，並且吞吐量是不會增加。

之後，更進一步增加行程數的話，我們會發現由排程器所產生的上下文交換會使得平均往返時間逐漸地變長，以及吞吐量會越變越低。就效能的觀點來說，在 CPU 資源用盡的狀態下增加行程並不是個好主意。

讓我們進一步探討往返時間的部分。假設以系統運作的處理中，有可用來進行下述處理的網路應用程式存在。

1. 透過網路接收來自使用者的請求
2. 因應請求建立 html 檔案
3. 將結果經由網路交還給使用者

在邏輯 CPU 的負載很高的狀況下如果收到像這樣新的處理的話，平均往返時間將會越變越長。這對使用者來說，是直接關係到網路應用程式的回應時間的，所以會造成使用者體驗下滑。重視回應效能的系統，會比重視吞吐量的系統，更要有降低構成系統的各個機器的 CPU 使用率的必要。

接下來讓我們針對可使用所有邏輯 CPU 的情形來採集數據吧。邏輯 CPU 的數量可透過 `grep -cprocessor /proc/cpuinfo` 指令來取得。

```
# grep -c processor /proc/cpuinfo
8
```

由於筆者的環境上有 4 核心 2 執行緒，所以邏輯 CPU 共有 8 個。

關於這個實驗，如果各位系統的 Simultaneous Multi Threading（SMT）功能是開啟的話，請先依照以下方式來關掉 SMT＊1。至於為什麼要將它關掉，將在第 8 章進行說明。

```
# cat /sys/devices/system/cpu/smt/control
on
# echo off >/sys/devices/system/cpu/smt/control
# cat /sys/devices/system/cpu/smt/control
off
# grep -c processor /proc/cpuinfo
4
```

在這狀態下，將最大行程數設為 8 來採集效能資訊時，也就是執行 `./cpuperf.sh-m 8` 的時候，其結果如圖 03-14 與圖 03-15 所示。

圖 03-14 能夠使用所有的邏輯 CPU，而且最大行程數為 8 的情形下的平均往返時間

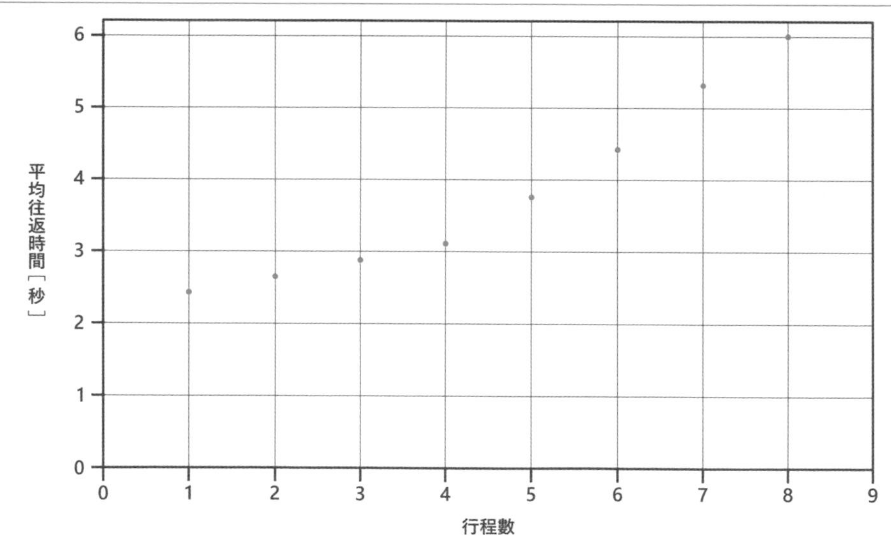

＊1 輸出如果為 on，則 SMT 是被開啟的。如果檔案並不存在的話，就代表 CPU 原本就不支援 SMT 功能。

圖 03-15 能夠使用所有的邏輯 CPU，而且最大行程數為 8 的情形下的吞吐量

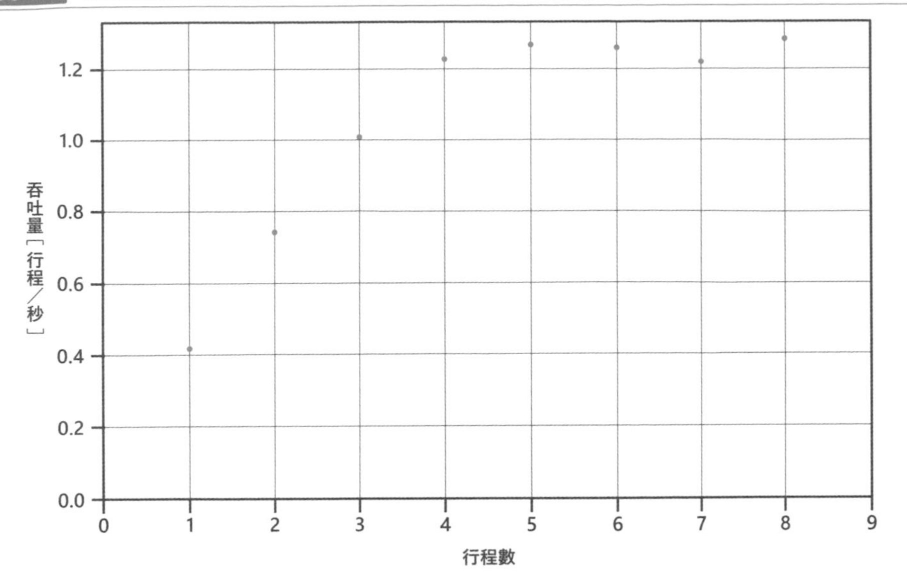

我們從圖 03-14 可得知，直到行程數與邏輯 CPU 數（在此為 4）相同為止，平均往返時間在緩緩地變長之後，一口氣變得更長了。

接著讓我們看到圖 03-15 吧。平行度在與邏輯 CPU 數相同為止是向上提昇的，而在這之後就達到極限了。從此結果，我們可以說：

- 就算我們有一台搭載很多個邏輯 CPU 的機器，只要在這機器上執行足夠數量的行程，吞吐量就會提昇
- 不加思考地增加行程數量，也無法提昇吞吐量

實驗前如果 SMT 是開啟的話，請依照以下的方式再次將其開啟。

```
# echo on >/sys/devices/system/cpu/smt/control
```

程式的平行執行的重要性

程式的平行執行的重要性可說是一年比一年重要。這是因為用來達成 CPU 效能提昇的手法變了。

以往，每當推出新的 CPU 時，整個邏輯 CPU 的效能（這稱為單執行緒效能）會有顯著的提昇。在這情況下，完全不需要對程式進行變更，處理速度就會越來越快。但是，在這十數年之間情況變了。有各種各樣原因導致單執行緒的效能難以獲得提昇。因此，就算推出新一代的 CPU，其單執行緒效能變得無法像過去那樣大幅提昇了。取而代之的是，藉由 CPU 核心數量的增加等方式，來提昇 CPU 整體的效能。

Linux 核心順應這種時代的潮流，將 CPU 核心數增加時的可擴縮性（Scalability）加以提昇了。時代變了常識也會跟著變，而軟體也會順應常識而變化。

第 4 章

記憶體管理系統

Linux 是將系統所搭載的所有記憶體，透過一個被稱為「記憶體管理系統」的核心所提供的功能來進行管理的（圖 04-01）。記憶體除了各行程可使用之外，當然核心本身也可以使用。

圖 04-01 所有記憶體是由核心進行管理的

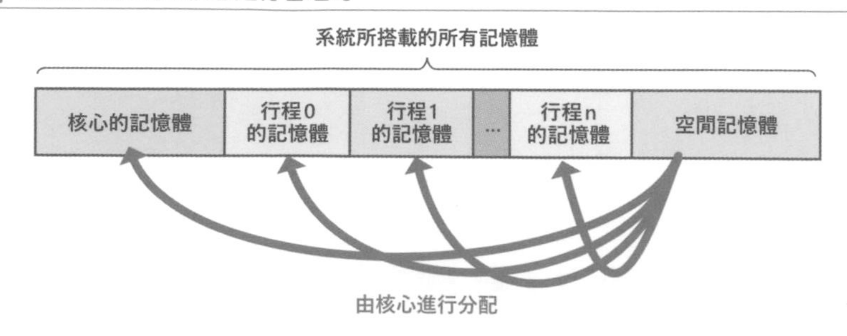

本章將針對這個記憶體管理系統來進行說明。

記憶體相關資訊的取得

「系統所搭載記憶體的量」與「使用中記憶體的量」，可透過 free 指令來取得（表 04-01）。

```
$ free
              total        used        free      shared  buff/cache   available
Mem:       15359352      448804     9627684        1552     5282864    14579968
Swap:             0           0           0
```

表 04-01 以 free 指令所得到的資訊

欄位名稱	意義
total	搭載於系統的所有記憶體的量。以上例來說是略超過 14GiB。
free	概略的空閒記憶體（詳情請參照 available 欄位的說明）。
buff/cache	緩衝快取（buffer cache）及分頁快取（都會在第 8 章說明）所使用的記憶體。系統的空閒記憶體（free 欄位的值）如果減少了，會透過核心釋放。
available	實質的空閒記憶體。這是將 free 欄位的值，與當空閒記憶體不足時可釋放的核心內記憶體區域（譬如說分頁快取）的大小加總所得到的值。
used	從系統所使用中的記憶體（total-free）減掉 buff/cache 所得到的值。

將此圖示化之後，如圖 04-02 所示。

圖 04-02 free 指令的欄位的意義

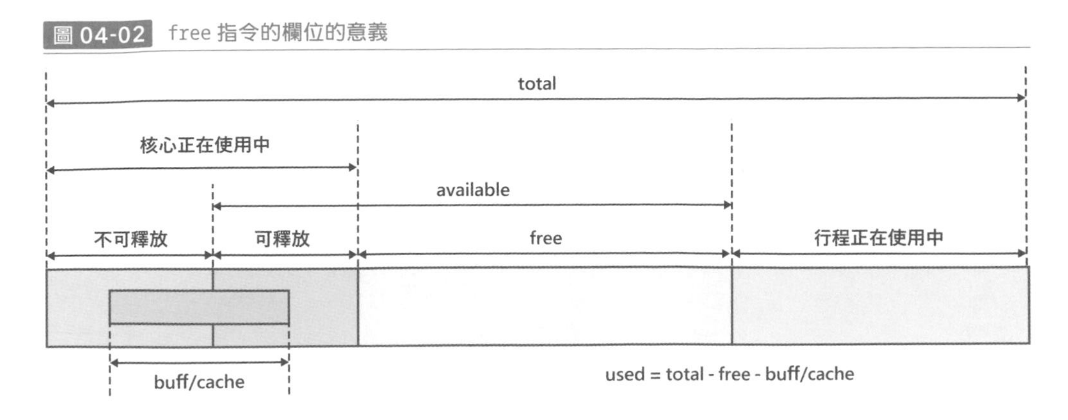

接著讓我們針對這之中的 used 與 buff/cache，來更進一步查看吧。

used

used 的值，包含行程所使用的記憶體與核心所使用的記憶體這兩方面。在這邊我們將對核心所使用的記憶體的部分做省略，僅針對行程所使用的記憶體來做解說。

used 的值是會隨著行程的記憶體使用量而增加的。另一方面，當行程結束後，核心會將該行程的所有記憶體進行釋放。那就讓我們透過會執行下述處理的 memuse.py 程式（列表 04-01）來進行確認吧。

❶ 顯示 free 指令的執行結果
❷ 獲得適量的記憶體
❸ 顯示 free 指令的執行結果

列表 04-01 **memuse.py**

```
#!/usr/bin/python3

import subprocess

# 建立適量的資料並取得記憶體。
# 在記憶體容量太少的系統上程式有可能會因為記憶體不足而失敗。
# 如果失敗的話請降低 size 的值再次再執行看看。
size = 10000000

print("顯示記憶體獲得前的系統整體的記憶體使用量。")
subprocess.run("free")

array = [0]*size
```

```
print("顯示記憶體獲得後的系統整體的記憶體空閒容量。")
subprocess.run("free")
```

那就來執行看看吧。

```
$ ./memuse.py
顯示記憶體獲得前的系統整體的記憶體使用量。
              total        used        free      shared  buff/cache   available
Mem:       15359352      515724     9482612        1552     5361016    14513048
Swap:             0           0           0
顯示記憶體獲得後的系統整體的記憶體空閒容量。
              total        used        free      shared  buff/cache   available
Mem:       15359352      594088     9404248        1552     5361016    14434684
Swap:             0           0           0
```

在獲得記憶體後，used 的值增加了約 80MiB（≒ (594088-515724)/1024）。由於系統的記憶體量會隨著 memuse.py 以外的程式而有所變動，所以在這邊具體的資料大小並不是那麼重要。我們只需要了解到程式在執行中獲得記憶體後，系統整體的記憶體使用量會變大這個事實即可。

讓我們在執行 memuse.py 之後立刻再次執行 free 指令看看吧。

```
$ free
              total        used        free      shared  buff/cache   available
Mem:       15359352      512968     9485368        1552     5361016    14515804
Swap:             0           0           0
```

從此可得知 used 的值恢復到與執行前幾乎相同的值了。當使用到資料的行程結束後，的確它的記憶體有被釋放出來。

buff/cache

buff/cache 的值，代表將會在第 8 章說明到的「分頁快取」及「緩衝快取」所使用到的記憶體的量。分頁快取與緩衝快取是一種透過將存取速度較慢的儲存裝置上的檔案資料，暫時地儲存到存取速度較快的記憶體上，以讓存取速度看起來有所提昇的核心的功能。在這邊我們只需要記住「讀取儲存裝置上的檔案資料後，將資料快取（暫存）到記憶體上」這件事即可。

建立會按照以下內容運作的 buff-cache.sh 程式（**列表 04-02**），讓我們來查看使用到分頁快取之前與之後，buff/cache 的值會如何變化。

❶ 執行 free 指令
❷ 建立大小為 1GiB 的檔案
❸ 執行 free 指令
❹ 刪除檔案
❺ 執行 free 指令

列表 04-02 buff-cache.sh

```
#!/bin/bash

echo "顯示檔案建立前的系統整體的記憶體使用量。"
free

echo "建立 1GB 的新檔案。因此，核心獲得記憶體上 1GB 的分頁快取區域。"
dd if=/dev/zero of=testfile bs=1M count=1K

echo "顯示分頁快取獲得後的系統整體的記憶體使用量。"
free

echo "顯示檔案刪除後，也就是分頁快取刪除後的系統整體的記憶體使用量。"
rm testfile
free
```

```
$ ./buff-cache.sh
顯示檔案建立前的系統整體的記憶體使用量。

              total        used        free      shared  buff/cache   available
Mem:       15359352      458672     9617128        1552     5283552    14570100
Swap:             0           0           0

建立 1GB 的新檔案。因此，核心獲得記憶體上 1GB 的分頁快取區域。

1024+0 records in
1024+0 records out
1073741824 bytes (1.1 GB, 1.0 GiB) copied, 0.383913 s, 2.8 GB/s

顯示分頁快取獲得後的系統整體的記憶體使用量。

              total        used        free      shared  buff/cache   available
Mem:       15359352      459264     8565984        1552     6334104    14569452
Swap:             0           0           0

顯示檔案刪除後，也就是分頁快取刪除後的系統整體的記憶體使用量。

              total        used        free      shared  buff/cache   available
Mem:       15359352      459052     9616148        1552     5284152    14569664
```

```
Swap:              0          0          0
```

如我們所預料的，檔案建立之前與之後，buff/cache 的值增加了 1GiB 左右，以及當檔案刪除之後，值就會恢復原狀。

以sar指令取得記憶體相關資訊

我們可以透過 `sar -r` 指令，依照在第 2 參數所指定的間隔（在此是 1 秒間隔）來獲取有關記憶體的統計數據。那麼，就讓我們以總時間 5 秒，1 秒間隔的方式來採集跟記憶體有相關數據吧。

```
$ sar -r 1 5
Linux 5.4.0-74-generic (coffee)         2021年12月04日  _x86_64_        (8 CPU)
09時02分40秒 kbmemfree   kbavail kbmemused  %memused kbbuffers  kbcached  kbcommit   %commit
kbactive   kbinact   kbdirty
09時02分41秒   9617224  14570084    284636      1.85      2016   4995716   1390324      9.05
3692984   1473164         0
09時02分42秒   9617224  14570084    284636      1.85      2016   4995716   1390324      9.05
3692984   1473164         0
09時02分43秒   9617224  14570084    284636      1.85      2016   4995716   1390324      9.05
3692984   1473164         0
09時02分44秒   9617224  14570084    284636      1.85      2016   4995716   1390324      9.05
3692984   1473164         0
09時02分45秒   9617224  14570084    284636      1.85      2016   4995716   1390324      9.05
3692984   1473164         0
Average:      9617224  14570084    284636      1.85      2016   4995716   1390324      9.05
3692984   1473164         0
$
```

free 指令與 `sar -r` 指令的對應，如表 04-02 所示。

表 04-02　free 指令與 sar -r 指令的對應

free指令的欄位	sar -r指令的欄位
total	（無對應）
free	kbmemfree
buff/cache	kbbuffers + kbcached
available	（無對應）

比起 free 指令，sar 指令可將數據彙整成 1 行，這用在繼續性的數據採集上是很方便的。

記憶體的回收處理

當系統的負載變高時，便會像圖 04-03 所示 free 記憶體變少了。

圖 04-03 free 記憶體的減少

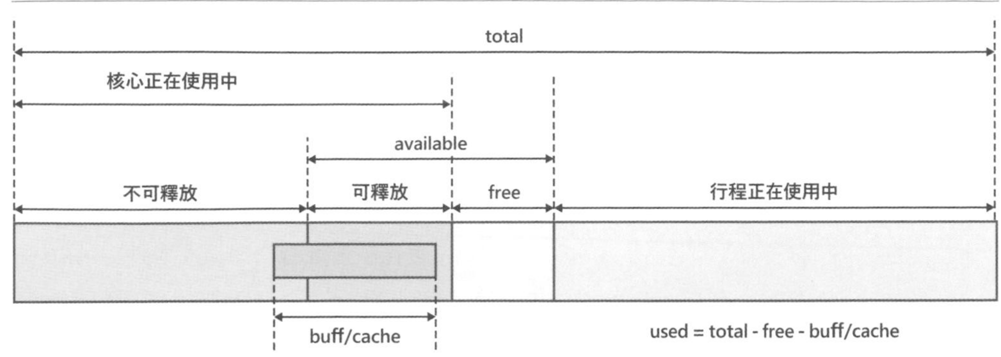

核心的記憶體管理系統在這情況下，便會像圖 04-04 所示將可回收的記憶體區域釋放＊1 出來，以增加 free 的值。

圖 04-04 記憶體的釋放

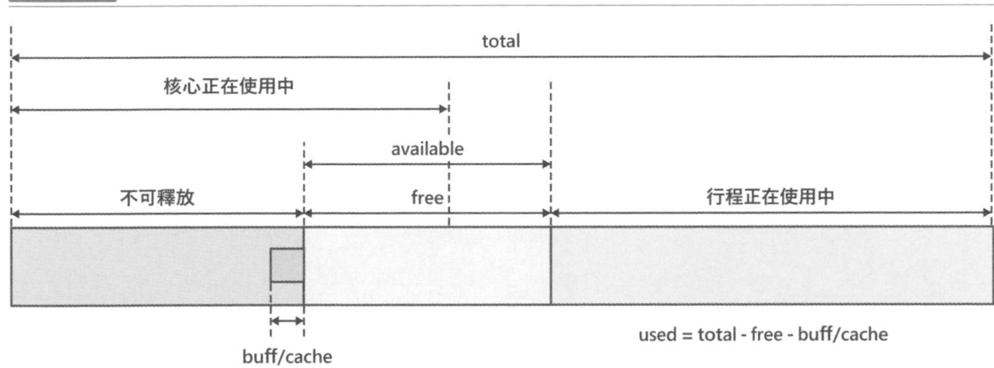

那麼，有哪些是屬於可回收的記憶體的呢？舉例來說，從磁碟將資料讀取出來之後還沒變更的分頁快取，就屬於可回收的記憶體。像這類的分頁快取，因為同樣資料仍存在於磁碟上，所以將其回收也不會有問題。詳情將於第 8 章進行說明。

＊1　在這邊我們為求簡單，而將可回收的記憶體描述成像一口氣釋放所有記憶體的，但實際的回收機制是更複雜的。

透過刪除行程來強制回收記憶體

將可回收記憶體進行回收之後仍無法解決記憶體不足的問題時，系統便會陷入一個不論要做什麼都因為記憶體不足而無法動彈的「Out Of Memory」（OOM）這種狀態（圖 04-05）。

圖 04-05 Out Of Memory

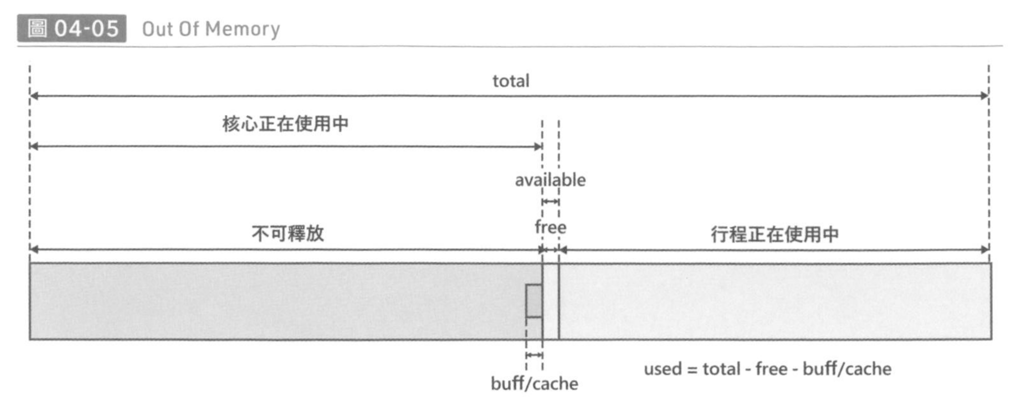

記憶體管理系統具有可在必要的時候，對適當的行程進行強制終止以清出空閒記憶體的「OOM killer」這種恐怖的功能（圖 04-06）。

圖 04-06 以 OOM killer 強制終止行程

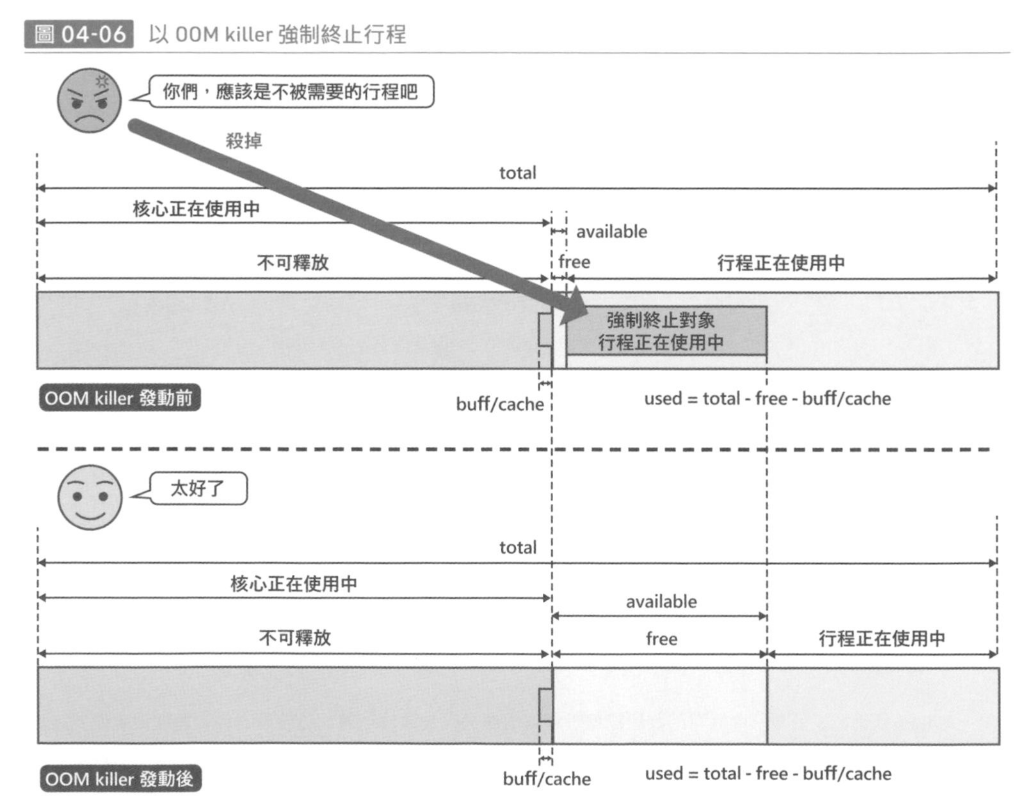

OOM killer 運作後，我們可透過 dmesg 指令來取得輸出如下的核心日誌。

```
[XXX] oom-kill:constraint=CONSTRAINT_NONE,nodemask=(null),...
```

想必各位讀者，至少都有過在同時運作許多行程的狀況下，行程毫無預警地被終止的經驗吧。在這個時候，我們就可以查看 dmesg 指令的輸出結果，來確認 OOM killer 是否有被運作。OOM killer 會被啟動的系統，通常都是記憶體不足的系統。這時能做的就是將同時運作的行程數量減少以降低記憶體使用量，或者是增加記憶體的設置。

如果我們遇到當記憶體量還十分充足而 OOM killer 卻被啟動的情形，有可能是因為某個行程或核心上，發生了一種名為「記憶體流失*2」的狀況。我們只需要對行程的記憶體使用量做定期的監控，就會比較容易可以找出當系統的負載明明沒有上升，但記憶體的使用量卻隨著時間增加的可疑行程。

最簡單的監控方法就是使用 ps 指令。舉例來說，以 `ps aux` 所顯示出來的各行程的資訊當中，RSS 欄位所顯示的就是行程所使用到的記憶體量。

```
$ ps aux
USER       PID %CPU %MEM    VSZ   RSS TTY      STAT START   TIME COMMAND
...
sat      16962  0.0  0.0  12752  3536 ?        Ss   06:55   0:00 bash
...
```

如果我們知道發生記憶體流失的是哪個行程，但是無法將其程式錯誤的原因給找出來的時候，「定期地重新啟動該行程來迴避問題的發生」這種強硬的手段也很常用。

對於想對 OOM killer 有更深入了解的讀者，可以參閱「在 Linux 上發生 OOM 時的舉止*3」這篇文章。

虛擬記憶體（virtual memory）

在本章節將會針對理解 Linux 的記憶體管理所不可或缺的「虛擬記憶體」這個功能來做說明。虛擬記憶體這個功能，需要硬體與軟體（核心）的相互合作才可被實現*4

*2 應該要被釋放的記憶體沒有被釋放，維持著這個狀態的一種程式錯誤。

*3 https://zenn.dev/satoru_takeuchi/articles/bdbdeceea00a2888c580

*4 在部分的嵌入系統上有可能是沒有使用到虛擬記憶體的。

由於虛擬記憶體是相當複雜功能，所以我們會按照下述來依序說明。

❶ 沒有虛擬記憶體的情況下的課題
❷ 虛擬記憶體的功能
❸ 藉由虛擬記憶體所能解決的課題

沒有虛擬記憶體的情況下的課題

在沒有虛擬記憶體的情況下進行記憶體管理，簡單來說會有以下課題存在。

- 記憶體碎片化（memory fragmentation）
- 多行程處理難以實現
- 存取到非法區域

以下，將會一一做說明。

記憶體碎片化

行程建立後，在不斷地經歷記憶體的取得、釋放之後，將會發生名為「記憶體碎片」這個問題。譬如說，以圖 04-07 來看，記憶體總共有 300 位元組的空間，但是這 100 位元組各位於不同的位置，因為它們各被分散在 3 個不同區域，所以當我們要去確保比 100 位元組更大的區域時，就會失敗。

圖 04-07 記憶體碎片化

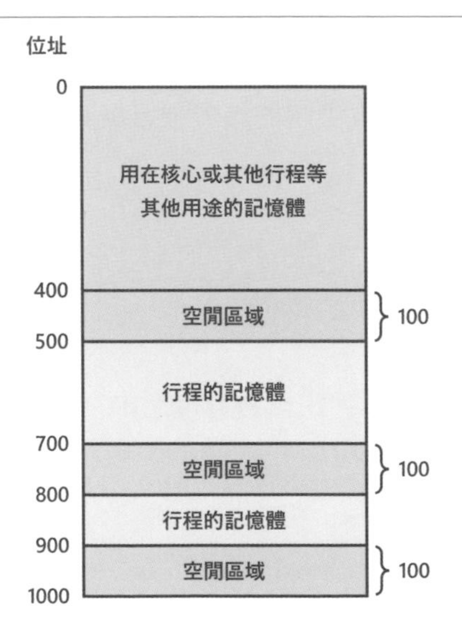

有些人可能會覺得，我們只要把這 3 個區域作為 1 組來處理，不就可以解決問題了嗎？但是，基於下述理由，我們無法這麼做。

- 每當程式取得記憶體獲得時，必須意識到所得到的記憶體是橫跨好幾個區域這件事來進行運用，這是一件非常不方便的事。
- 資料大小比 100 位元組還要大的「一塊」資料，是無法用在建構如 300 位元組的陣列用途上的。

多行程處理難以實現

讓我們來查看如圖 04-08 所示，行程 A 啟動後，其程式碼區映射至位址 300 到 400 [*5]，而其資料被映射至位址 400 到 500 這狀況吧。

圖 04-08 行程 A 啟動之後的記憶體映射

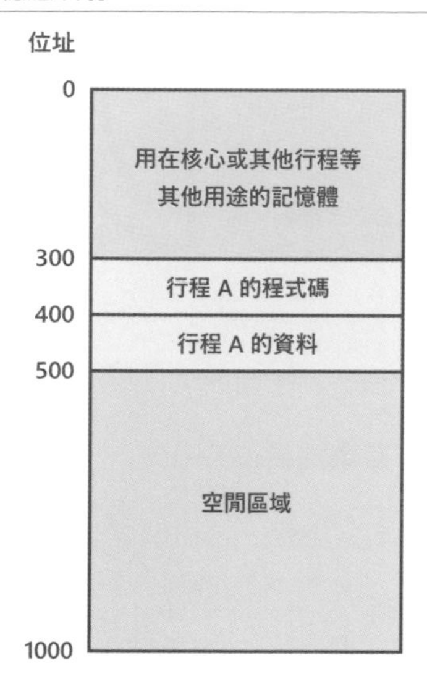

在這之後，假設我們要使用相同的執行檔案來啟動行程 B。不過這是不可能辦到的。因為，這個程式是預設成會被映射至位址 300 到 500 的，然而該區域已經被行程 A 給佔走了。就算硬是去映射到其他地方（比方說從位址 500 到 700），一旦開始運作，命令與資料所指向的記憶體位址會與預期有所不同，而無法正確運作。

執行別的程式也是一樣的。程式 A 與程式 B，如果它們個別都被寄望會映射到相同的記憶體區域的話，A 與 B 會無法同時運作。

＊5 正確來說是從 300 到 399，不過本書很重視易閱讀性，當各位讀到書中描寫區域的範圍時，以「x 到 y」呈現的話，則代表「x 以上，未滿 y」這個範圍。

就結論來說，想要運作複數程式的時候，使用者必須要注意到所有程式的配置位置不能夠有所重疊到這件事。

存取到非法區域

當核心及許多的行程被配置到記憶體上的時候，如果有某個行程去指定核心及其他行程所被分配到的記憶體位址的話，這些區域將會被存取到（圖 04-09）。

圖 04-09 如果行程可對任何的記憶體進行存取的話

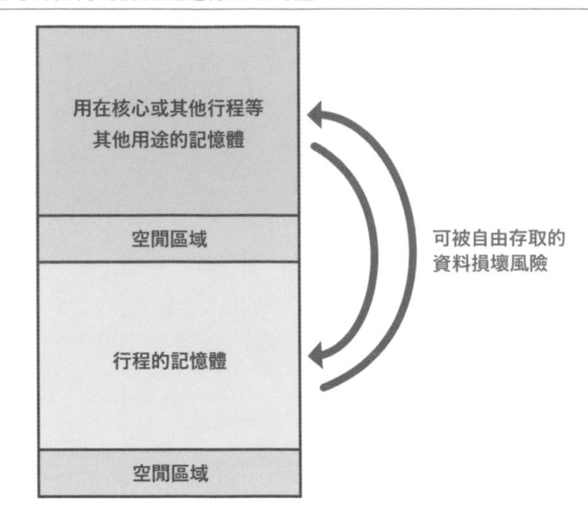

如此一來，會有資料洩漏或損壞的風險存在。

虛擬記憶體的功能

所謂的虛擬記憶體，就是用在當行程對記憶體進行存取時，不以直接的方式對系統所搭載的記憶體進行存取，而是藉由被稱為虛擬位址的位址，以間接的方式對記憶體進行存取的功能。

相較於虛擬位址，搭載於系統上的記憶體的實際位址，則稱為「實體位址」。此外，可以透過位址進行存取的範圍，稱為「位址空間」（圖 04-10）。

圖 04-10 虛擬記憶體

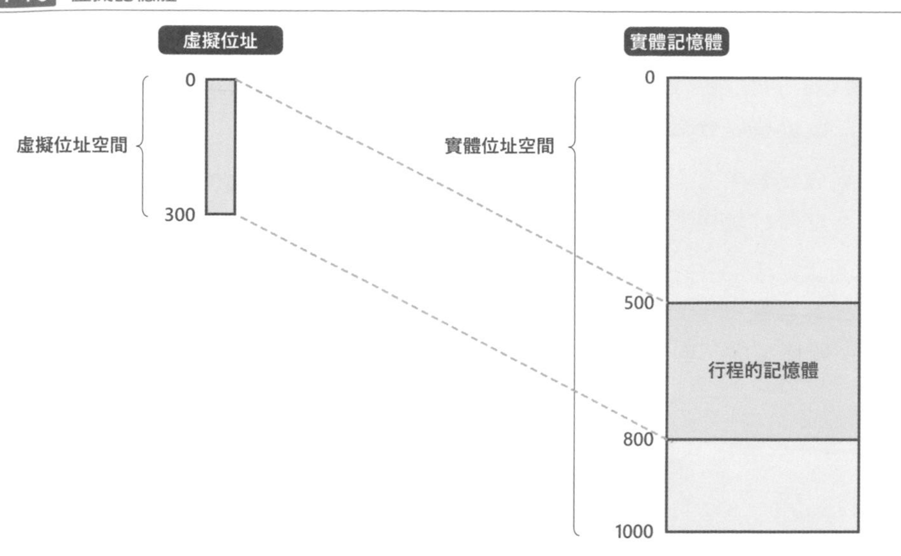

如圖 04-10 所示，假如行程是去對位址 100 進行存取，這在實際的記憶體上是對存在於位址 600 的資料進行存取（圖 04-11）。

圖 04-11 透過虛擬位址存取記憶體

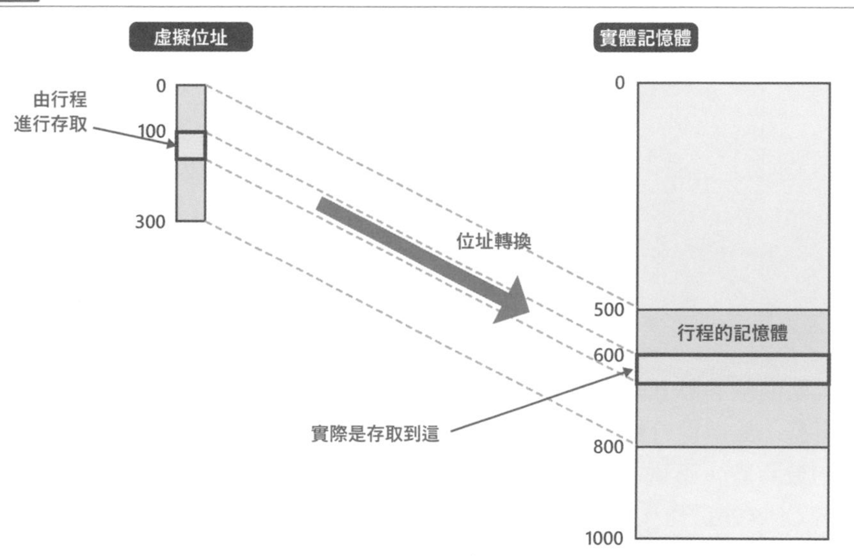

先前在第 2 章，被記載於 `readelf` 指令或 `cat /proc/<pid>/maps` 的輸出內容上的位址，其實，全部都是虛擬位址。此外，由行程對實際的記憶體可進行直接存取的方法並不存在，換句話說，我們是無法直接指定實體位址的。

分頁表

為了將虛擬位址轉換成實體位址，我們會使用到儲存在核心的記憶體內，被稱為「分頁表」的表格。CPU 是將所有的記憶體切割成分頁（page）這個單位來進行管理的，位址會以分頁單位被進行轉換。

對應到分頁表中 1 個分頁的資料，被稱為「分頁表項（page table entry）」。分頁表項內含虛擬位址與實體位址的對應資訊。

分頁的大小會依 CPU 架構的不同而有不同大小。就 x86_64 架構來說則是 4KiB。但是，在本書的說明中，為了達到簡略化，會將分頁大小假設為 100 位元組。圖 04-12 所呈現的，即為虛擬位址 0～300 被映射到實體位址 500～800 的狀態。

圖 04-12 分頁表

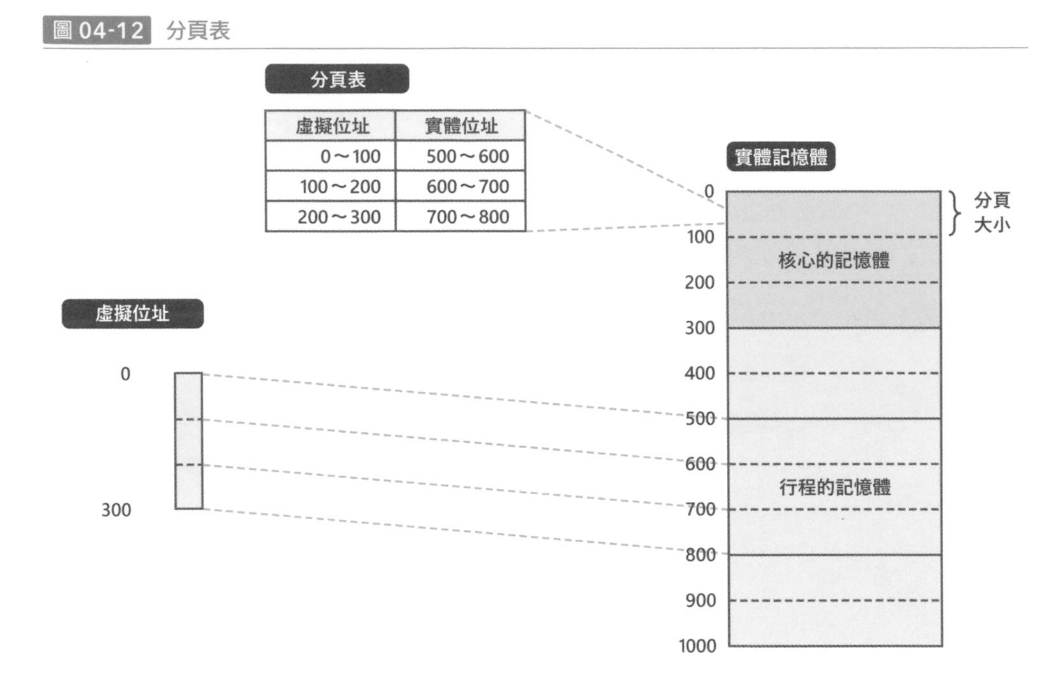

分頁表是由核心建立的。我們先前在第 2 章，有提到核心在行程建立時會確保行程的記憶體，並將執行檔案的內容給複製過去這部分。在這同時，也會建立要給行程使用的分頁表。不過，行程在存取虛擬位址的時候，將其轉換成實體位址的部分，是屬於 CPU 的工作。

當我們對虛擬位址 0 到 300 進行存取的時候是沒問題的，那如果我們是對 300 以後的虛擬位址進行存取的話，又會是怎麼一回事呢？

其實，虛擬位址空間的大小是固定的，而且分頁表項之中，有用以顯示對應到分頁的實體記憶體是否存在的資料。舉例來說，虛擬位址空間的大小假設是 500 位元組的話，如圖 04-13 所示。

圖 04-13 分頁表（位址 300 ～ 500 並未分配到實體記憶體）

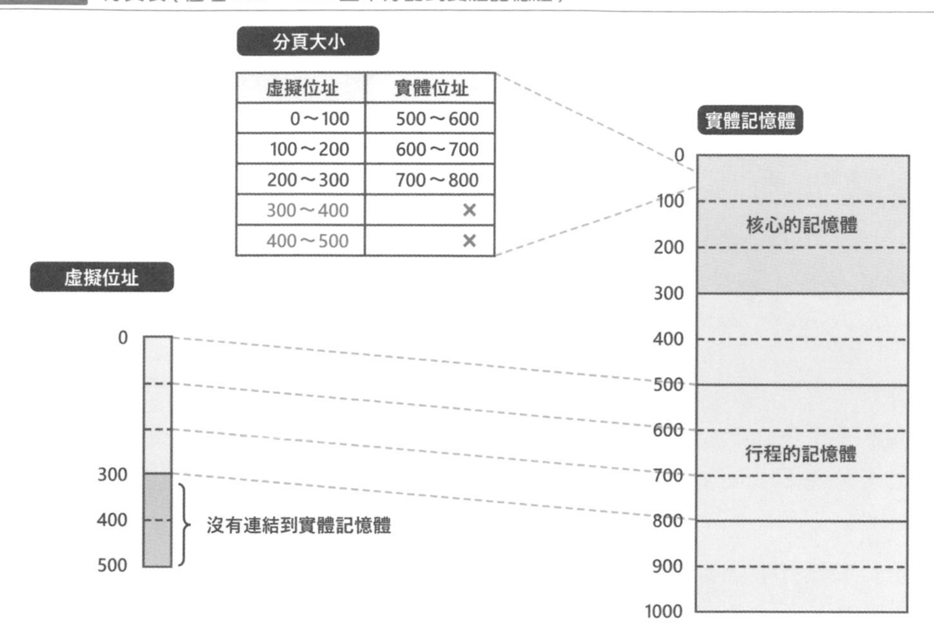

行程如果對位址 300～500 進行存取的話，CPU 上就會發生名為「分頁錯誤（Page fault）」的例外。所謂的例外，就是藉著 CPU 的機制去中斷執行中的程式碼，以運作其他處理的機制。

透過這個分頁錯誤例外功能，在 CPU 上執行中的命令會被中斷，而被配置於核心的記憶體內的「分頁錯誤處理程式」這個處理會被執行。舉例來說，從圖 04-13 的狀態，對位址 300 進行存取時的狀態如圖 04-14 所示。

圖 04-14 分頁錯誤的發生

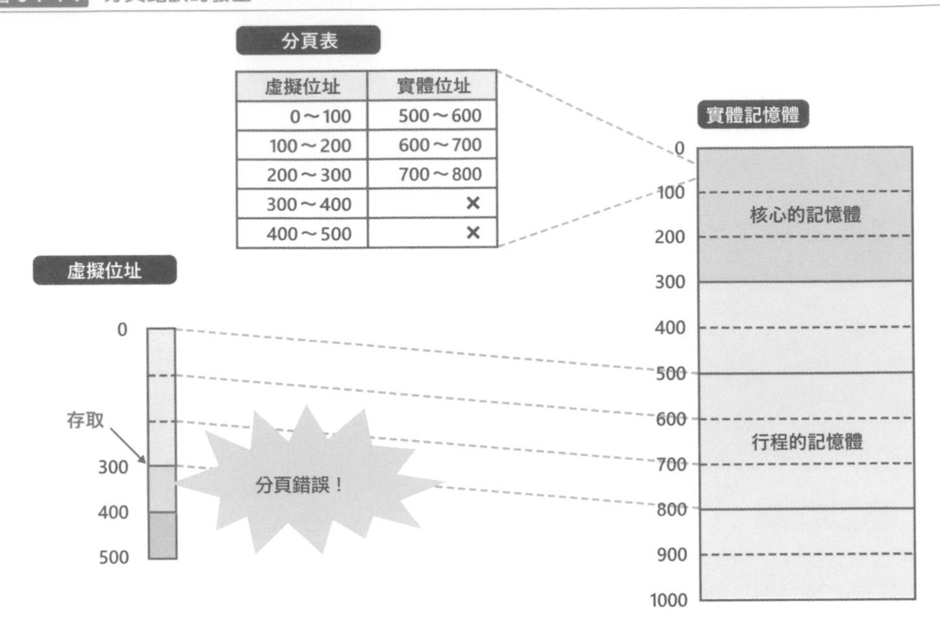

核心會透過分頁錯誤處理程式，將行程對於記憶體進行非法存取的狀況給檢測出來。這之後會將 SIGSEGV 這個訊號傳送給行程。接收到 SIGSEGV 的行程，通常會強制終止。

讓我們來執行這個會對非法位址進行存取的 segv 程式（**列表 04-03**）吧。這個程式會按照以下形式運作。

❶ 在對非法位址進行存取之前，會顯示出「非法記憶體存取前」這樣的訊息。

❷ 對絕對會存取失敗的「nil」這個位址寫入適當的值（在這邊為「0」）。

❸ 在存取非法位址之後，顯示「非法記憶體存取後」這樣的訊息。

列表 04-03 segv.go

```
package main

import "fmt"

func main() {
        // nil 是一個絕對會造成存取失敗，進而產生分頁錯誤的特殊記憶體存取
        var p *int = nil
        fmt.Println(" 非法記憶體存取前 ")
        *p = 0
```

```
	fmt.Println(" 非法記憶體存取後 ")
}
```

讓我們將這個程式進行建構後加以執行吧。

```
$ go build segv.go
$ ./segv
非法記憶體存取前
panic: runtime error: invalid memory address or nil pointer dereference
[signal SIGSEGV: segmentation violation code=0x1 addr=0x0 pc=0x4976db]
goroutine 1 [running]:
main.main()
 /home/sat/src/st-book-kernel-in-practice/04-memory-management-1/src/segv.go:9 +0x7b
```

在「非法記憶體存取前」這字串輸出之後，「非法記憶體存取後」被輸出之前，輸出了難懂的訊息後便結束了。在存取到非法位址之後立刻就接收到 SIGSEGV 訊號，而且，因為沒有對這個訊號進行處理而導致異常終止。

作為參考，以 C 語言所編寫好的，會進行相同處理的程式（列表 04-04）的執行結果如下所示。

```
$ make segv-c
cc     segv-c.c   -o segv-c
$ ./segv-c
Segmentation fault
```

列表 04-04 **segv-c.c**

```
#include <stdlib.h>

int main(void) {
	int *p = NULL;
	*p = 0;
}
```

相信各位讀者多少都能夠由這段可怕的訊息察覺到，程式面臨到被強制終止的結果吧。

以 C 語言或 Go 語言等能夠直接操作記憶體位址的語言編寫而成的程式來說，透過 SIGSEGV 來強制終止程式是一件很常見的事。

然而，這對於 Python 等無法直接操作記憶體位址的語言所編寫的程式來說，在一般的狀況下這種問題是不會發生的。不過，以程式語言編寫環境或 C 語言等編寫的函式庫之中，如果有程式錯誤存在的話，依然會有需用到 SIGSEGV 的時候。

藉由虛擬記憶體所能解決的課題

讓我們來看看如果透過前面章節所敘述到的虛擬記憶體功能，要如何解決先前所提到的各種課題吧。

記憶體碎片化

如果行程的分頁表能夠妥善被設定的話，就可以讓在實體記憶體上已經碎片化的區域，被視為行程的虛擬位址空間上的一個大區域。如此便能夠解決碎片化的問題（圖 04-15）。

圖 04-15 記憶體碎片化的防止

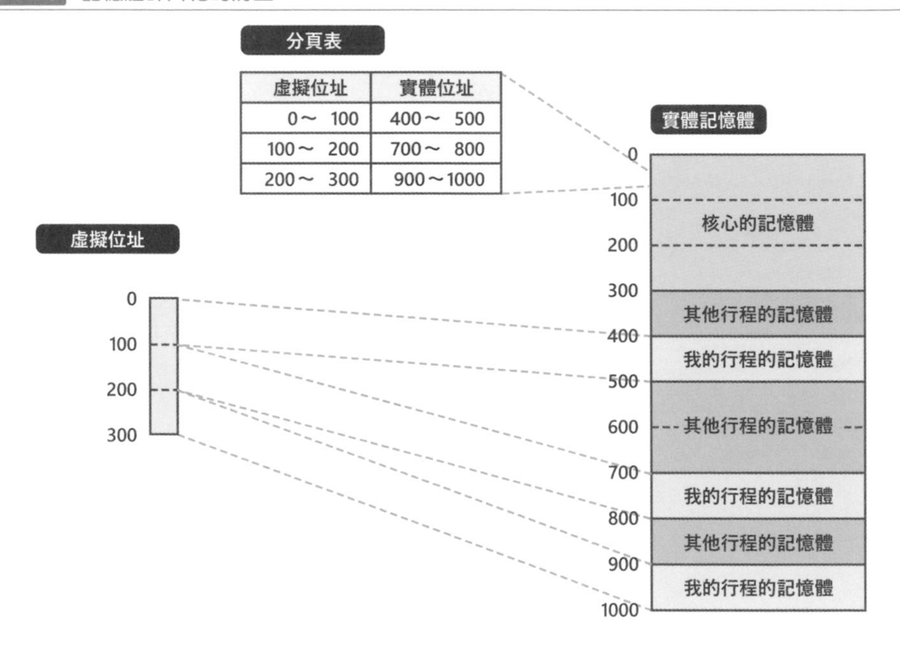

多行程處理難以實現

各個行程可建立屬於各自的虛擬位址空間。如此一來，就能夠避免在多行程環境上，各程式與其他程式之間的位址有所重複的問題了（圖 04-16）。

圖 04-16　為各個行程建立各自獨立的虛擬位址空間

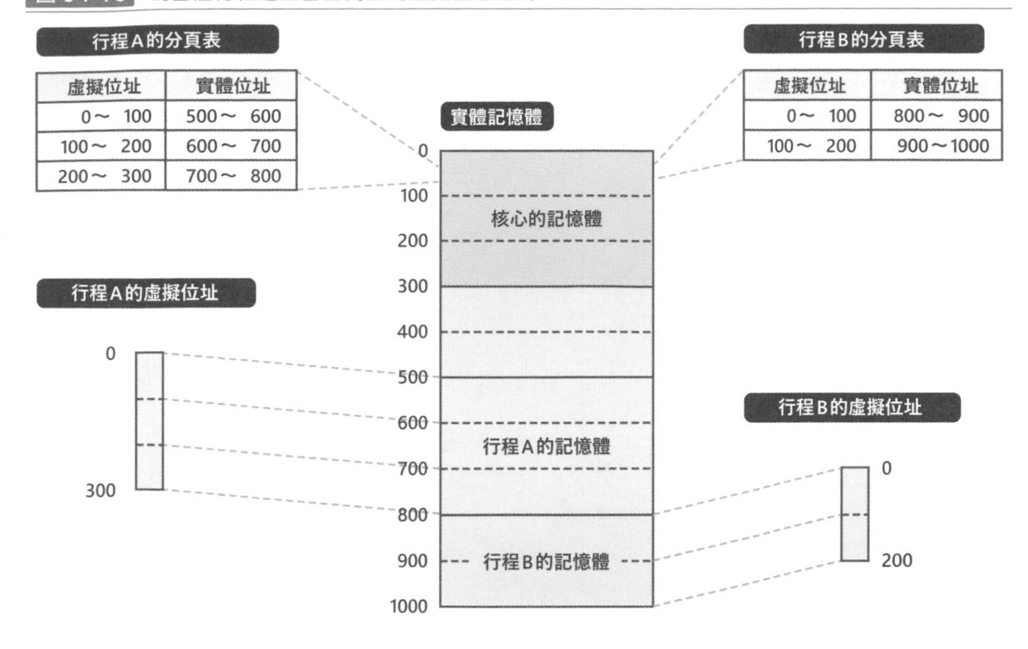

存取到非法區域

每個行程各有各自的虛擬位址空間的話，就代表根本無法存取到其他行程的記憶體。因此，一個行程是無法對別的行程進行非法存取的（圖 04-17）。

圖 04-17 防止對於其他行程記憶體進行存取

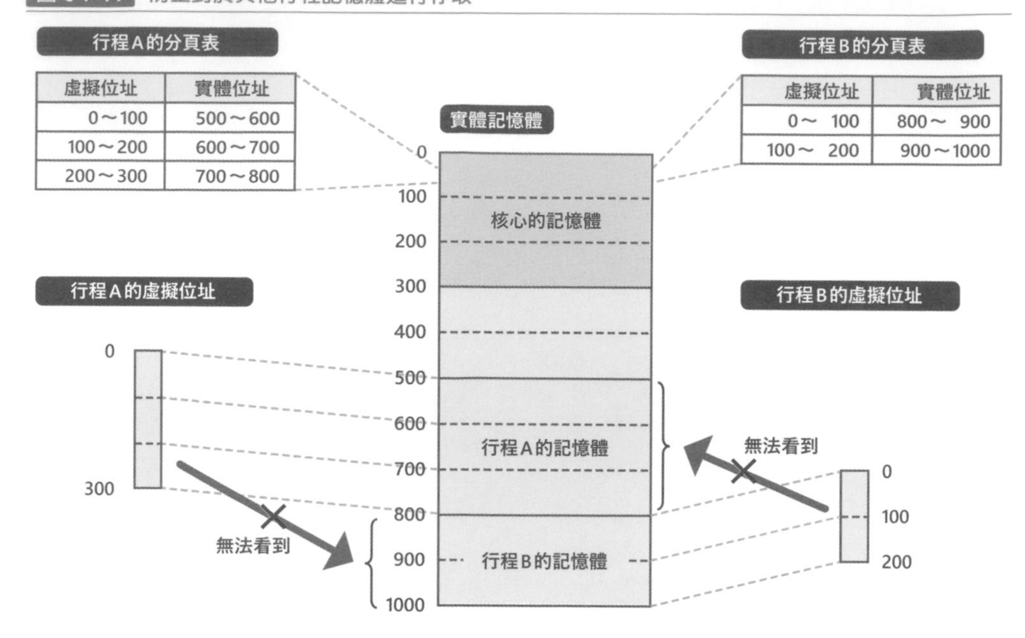

核心的記憶體，也是因為沒有被映射到一般行程的虛擬位址空間內，所以無法進行非法存取。

分配給行程的新記憶體區域

由核心將新的記憶體分配至行程的功能，直覺地會以為可以透過像以下的系統呼叫來實現。

❶ 行程可透過叫出系統呼叫，向核心委託「我想要 XX 位元組的記憶體」。

❷ 核心從系統的空閒記憶體取得 XX 位元組的區域。

❸ 將取得的記憶體區域映射到行程的虛擬位址空間。

❹ 將上述虛擬位址空間的起始位址傳回給行程。

不過，記憶體在取得之後還不會馬上使用，有很多的案例都是取得後過了有一段時間之後才會使用，所以在 Linux 上取得記憶體的步驟會分成以下 2 個。

❶ 記憶體區域的分配：將新的可存取記憶體區域映射到虛擬位址空間內。

❷ 記憶體的分配：將實體記憶體分配到上述記憶體區域內。

以下將對各個步驟進行說明。

記憶體區域的分配：mmap() 系統呼叫

當我們想要將新的記憶體區域分配給運作中的行程時，會使用到 mmap() 這個系統呼叫[*6]。mmap() 系統呼叫之中，有用以指定記憶體區域大小的參數。當這個系統呼叫被呼叫的時候，核心的記憶體管理系統會將行程的分頁表進行改寫，將所要求大小的區域[*7]以額外地映射到分頁表之後，將該映射區域的起始位址傳回給行程。

＊6　也會使用到 brk() 這個系統呼叫，不過在這邊會省略說明。

＊7　有時候會遇到比所要求的大小還要大的情形。以 x86_64 架構為例，由於其分頁大小為 4KiB，如果被要求的大小未滿 4KiB 的話，則會被捨棄至分頁大小的倍數。

Meltdown（熔毀）漏洞的恐怖

其實，自從 Linux 問世之後直到 2018 年為止，在系統預設的狀態下核心的記憶體是被映射到行程的虛擬位址空間上的。當初會這麼做，是為了達到讓核心的實作變得較為單純與提高效能等目的。然而，為了防止 2018 年震撼世間的硬體漏洞：「Meltdown」，而將系統預設狀態下核心的記憶體不再映射到行程的位址空間上。

而當時的硬體保護機制是，當行程在使用者空間上運作時，被映射到虛擬位址空間的核心記憶體是無法被存取的，只有在因應到系統呼叫的發出等契機，在核心空間上運作的時候可以進行存取。不過這個 Meltdown 漏洞，是一個會突破這層保護對核心記憶體進行讀取的漏洞。因此，我們必需要捨棄前述所有的優點只為了對此漏洞做出防範。

雖然 Meltdown 漏洞的部分已超出本書的範圍了，不過有興趣的讀者，可以自行參照以下資料。

- 圖解說明 Spectre 與 Meltdown
  https://speakerdeck.com/sat/tu-jie-dewakaruspectretomeltdown
- Reading privileged memory with a side-channel
  https://googleprojectzero.blogspot.com/2018/01/reading-privileged-memory-with-side.html
- Meltdown: Reading Kernel Memory from User Space
  https://meltdownattack.com/meltdown.pdf

讓我們使用會進行以下處理的 mmap 程式（列表 04-05），來確認映射到虛擬位址空間的新記憶體區域的狀態吧。

❶ 顯示行程的記憶體映射資訊（/proc/<pid>/maps/ 的輸出）。

❷ 透過 mmap() 系統呼叫來要求 1GiB 的記憶體。

❸ 再次顯示記憶體映射資訊。

列表 04-05 mmap.go

```
package main

import (
	"fmt"
	"log"
	"os"
	"os/exec"
	"strconv"
	"syscall"
)

const (
	ALLOC_SIZE = 1024 * 1024 * 1024
)

func main() {
	pid := os.Getpid()
	fmt.Println("*** 新的記憶體區域獲得前的記憶體映射 ***")
	command := exec.Command("cat", "/proc/"+strconv.Itoa(pid)+"/maps")
	command.Stdout = os.Stdout
	err := command.Run()
	if err != nil {
		log.Fatal("cat 的執行失敗了 ")
	}

	// 透過呼叫 mmap() 系統呼叫取得 1GB 的記憶體區域
	data, err := syscall.Mmap(-1, 0, ALLOC_SIZE, syscall.PROT_READ|syscall.PROT_WRITE, sysca
ll.MAP_ANON|syscall.MAP_PRIVATE)
	if err != nil {
		log.Fatal("mmap() 失敗了 ")
	}

	fmt.Println("")
	fmt.Printf("*** 新的記憶體區域：位址 = %p, 大小 = 0x%x ***\n"
		&data[0], ALLOC_SIZE)
	fmt.Println("")
```

```
        fmt.Println("*** 新的記憶體區域獲得後的記憶體映射 ***")
        command = exec.Command("cat", "/proc/"+strconv.Itoa(pid)+"/maps")
        command.Stdout = os.Stdout
        err = command.Run()
        if err != nil {
                log.Fatal("cat 的執行失敗了 ")
        }
}
```

有 1 點要補充的是，mmap() 系統呼叫與 Go 語言的 mmap() 函數的參數稍微有點不同。以前者來說，會將想要求的記憶體大小指定於第 2 參數，而後者則是指定於第 3 參數。雖然不論前者或後者都有很多的參數存在，在這邊我們只需要專注在用來指定記憶體區域大小的參數即可。

那就來執行看看吧。

```
$ go build mmap.go
$ ./mmap
*** 新的記憶體區域獲得前的記憶體映射 ***
...
7fd00aa94000-7fd00cd45000 rw-p 00000000 00:00 0  ●──❶
...
*** 新的記憶體區域: 位址 = 0x7fcfcaa94000, 大小 = 0x40000000 ***
*** 新的記憶體區域獲得後的記憶體映射 ***
...
7fcfcaa94000-7fd00cd45000 rw-p 00000000 00:00 0  ●──❷
...
```

關於 /proc/<pid>/maps 的輸出結果，每一行各對應到各個記憶體區域，而第 1 欄位所指的就是記憶體區域。新的記憶體獲得前的❶所代表的，便是從記憶體位址 0x7fd00aa94000 到 0x7fd00cd45000 之間的區域。

新的記憶體區域獲得後，區域❶被擴充到區域❷了。而被新增的區域大小，可由 0x7fd00aa94000 - 0x7fcfcaa94000 = 1GiB 得知。

然而，當這個程式在各位讀者的環境上運作時，所得到的新記憶體區域的開始位址以及結束位址應該會與上例不同，因為這是每次都會變動的值所以不需要太過在意。不論如何，這兩個值的差，應該會與上例計算結果同樣是 1GiB。

記憶體的分配：需求分頁法（demand paging）

在叫出 mmap() 系統呼叫後那個當下，對應到新的記憶體區域的實體記憶體還不存在。而是在第一次對新取得區域中的各分頁進行存取時，實體記憶體才會被分配。這種機制被稱為「需求分頁法」。為了讓需求分頁法能夠被實現，記憶體管理系統對於每個分頁，都具備有「是否已將實體記憶體分配給對應的分頁」這種狀態。

讓我們以透過 mmap() 系統呼叫來取得 1 個分頁的新記憶體為例，來說明需求分頁法的機制。此時，在發出 mmap() 系統呼叫之後，會建立分頁表項沒錯，但還不會有實體記憶體被分配到該分頁上 (圖 04-18)。

圖 04-18 新的記憶體區域獲得後

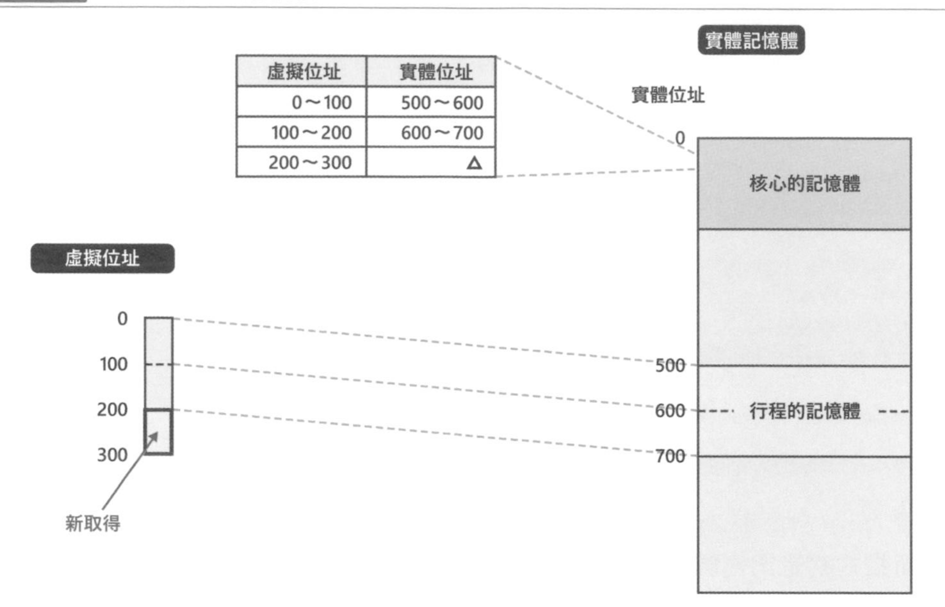

在這之後，當該分頁被存取時，就會依照下述流程取得記憶體 (圖 04-19)。

❶ 行程對分頁進行存取。

❷ 發生分頁錯誤。

❸ 核心的分頁錯誤處理程式開始運作，將實體記憶體分配給對應的分頁。

圖 04-19 實體記憶體的分配

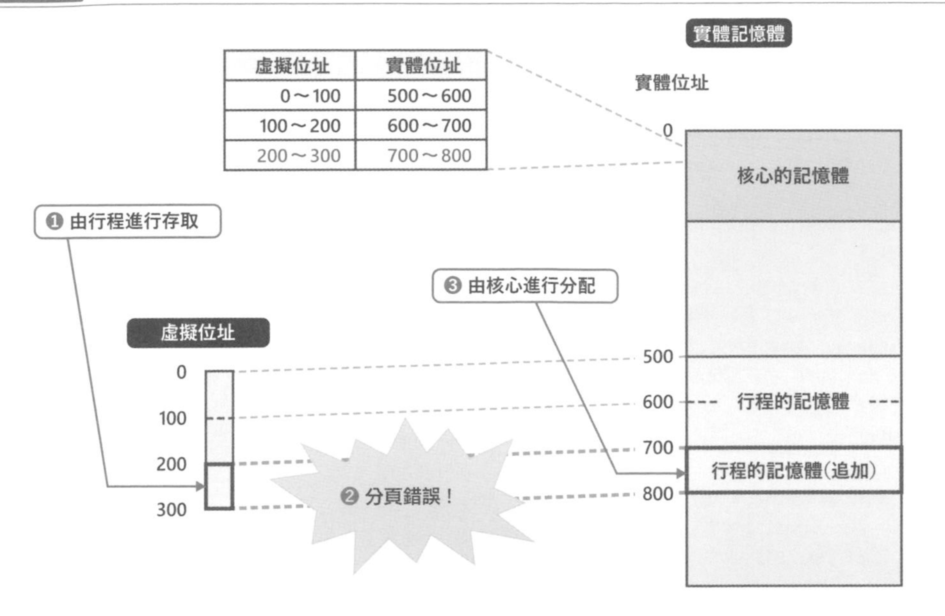

分頁錯誤處理程式會依不同狀況進行不同的處理，當遇到「當分頁表項對不存在的分頁進行存取」這情形時會傳送 SIGSEGV 給行程，另一方面，當遇到分頁表項雖然存在，但是還沒被分配到對應的實體記憶體時，則會進行新的記憶體的分配處理。

關於需求分頁法的使用情形，我們可透過 demand-paging.py 程式（列表 04-06）來進行確認。這個程式會進行的處理如下所示。

❶ 將用以顯示「新的記憶體區域取得前」狀態的訊息輸出，等待 Enter 鍵的鍵入。

❷ 取得 100MiB 的記憶體區域。

❸ 將用以顯示「新的記憶體獲得後」狀態的訊息輸出，等待 Enter 鍵的鍵入。

❹ 從新取得的記憶體區域的起始到結尾，對每個分頁進行存取，每當 10MiB 存取完成時輸出一次進度。

❺ 對所有的記憶體區域存取完成後，輸出用以顯示完成的訊息，等待 Enter 鍵的鍵入。鍵入之後便終止程式。

列表 04-06 **demand-paging.py**

```
#!/usr/bin/python3

import mmap
import time
import datetime
```

```
ALLOC_SIZE  = 100 * 1024 * 1024
ACCESS_UNIT = 10 * 1024 * 1024
PAGE_SIZE   = 4096

def show_message(msg):
      print("{}: {}".format(datetime.datetime.now().strftime("%H:%M:%S"), msg))

show_message(" 新的記憶體區域獲得前。按下 Enter 鍵後就可取得 100MiB 的新記憶體區域： ")
input()

# 透過呼叫 mmap() 系統呼叫，以取得 100MiB 的記憶體區域
memregion = mmap.mmap(-1, ALLOC_SIZE, flags=mmap.MAP_PRIVATE)
show_message(" 新的記憶體空間已被取得了。按下 Enter 鍵之後每秒存取 10MiB，總計會存取 100MiB 的新記憶
體空間： ")
input()

for i in range(0, ALLOC_SIZE, PAGE_SIZE):
      memregion[i] = 0
      if i%ACCESS_UNIT == 0 and i != 0:
            show_message("{} MiB 已被存取了 ".format(i//(1024*1024)))
            time.sleep(1)

show_message(" 所有新取得的記憶體區域都已被存取了。按下 Enter 鍵後結束程式： ")
input()
```

訊息的開頭會顯示各項的時間。執行結果如下所示。

```
$ ./demand-paging.py
18:54:42: 新的記憶體區域獲得前。按下 Enter 鍵後就可取得 100MiB 的新記憶體區域：
18:54:43: 新的記憶體區域已被取得了。按下 Enter 鍵之後每秒存取 10MiB，總計會存取 100MiB 的新記憶體空
間：
18:54:45: 10 MiB 已被存取了
18:54:46: 20 MiB 已被存取了
...
18:54:53: 90 MiB 已被存取了
18:54:54: 所有新取得的記憶體區域都已被存取了。按下 Enter 鍵後結束程式：
```

讓我們在運作這個程式的同時，也一邊採集各種系統的記憶體相關統計數據，來查看到底發生了什麼樣的變化吧。

確認系統整體的記憶體使用量的變化

首先，讓我們使用 `sar -r`，來查看 demand-paging.py 執行當中的系統整體的記憶體使用量的變化吧。

demand-paging.py 的執行結果如下。

```
$ ./demand-paging.py
18:56:01: 新的記憶體區域獲得前。按下 Enter 鍵後就可取得 100MiB 的新記憶體區域：
18:56:02: 新的記憶體區域已被取得了。按下 Enter 鍵之後每秒存取 10MiB，總計會存取 100MiB 的新記憶體空間：
18:56:04: 10 MiB 已被存取了
18:56:05: 20 MiB 已被存取了
...
18:56:12: 90 MiB 已被存取了
18:56:13: 所有新取得的記憶體區域都已被存取了。按下 Enter 鍵後結束程式：
```

那時所採集到的 `sar -r 1` 指令的執行結果如下所示。輸出結果內會描述到當時 demand-paging.py 正在進行什麼處理。

```
$ sar -r 1
Linux 5.4.0-74-generic (coffee)         2021年12月06日  _x86_64_        (8 CPU)
18時55分56秒 kbmemfree   kbavail kbmemused  %memused kbbuffers  kbcached  kbcommit   %commit
kbactive   kbinact   kbdirty
...
18時56分00秒    9529604  14559320     287832      1.87      2016   5065008   1352132      8.80
3743128    1496484        128
18時56分01秒    9529604  14559320     287832      1.87      2016   5065008   1446568      9.42
3743388    1496484        128
18時56分02秒    9529840  14559556     287588      1.87      2016   5065008   1446568      9.42
3743564    1496484        128  ●───── ❶新的記憶體區域獲得前
18時56分03秒    9529840  14559556     287588      1.87      2016   5065008   1551468     10.10
3743564    1496484        128  ●───── ❷新的記憶體區域獲得後
18時56分04秒    9529840  14559556     287588      1.87      2016   5065008   1551468     10.10
3743564    1496484        128
...
18時56分13秒    9437860  14467576     379568      2.47      2016   5065008   1551468     10.10
3836052    1496228          0
18時56分14秒    9427780  14457496     389648      2.54      2016   5065008   1551468     10.10
3846192    1496228          0  ●───── ❸記憶體存取完成
18時56分15秒    9529840  14559556     287588      1.87      2016   5065008   1347676      8.77
3743344    1496228          0  ●───── ❹行程結束
18時56分16秒    9529840  14559556     287588      1.87      2016   5065008   1347676      8.77
3743344    1496228          0
```

從這個結果，我們可得知以下事實。

❶ - ❷ 就算取得記憶體區域，需要對該區域進行存取的記憶體使用量（kbmemused 欄位的值）是不變的 *8。

❷ - ❸ 記憶體存取開始之後，記憶體使用量以每秒 10MiB 左右增加。

❸ - ❹ 當行程結束時，記憶體使用量會恢復到行程開始前的狀態。

確認系統整體的分頁錯誤發生的樣子

我們可以透過 `sar -B` 指令，來確認系統整體的分頁錯誤的發生次數。接著讓 `sar -B 1` 在別的終端上執行，同時讓 demand-paging.py 也被執行看看吧。

demand-paging.py 的執行結果如下所示。

```
$ ./demand-paging.py
20:46:43: 新的記憶體區域獲得前。按下 Enter 鍵後就可取得 100MiB 的新記憶體區域：
20:46:45: 新的記憶體區域已被取得了。按下 Enter 鍵之後每秒存取 10MiB，總計會存取 100MiB 的新記憶體空間：
20:46:47: 10 MiB 已被存取了
...
20:46:55: 90 MiB 已被存取了
20:46:56: 所有新取得的記憶體區域都已被存取了。按下 Enter 鍵後結束程式：
```

```
$ sar -B 1
Linux 5.4.0-74-generic (coffee)        2021年12月06日  _x86_64_        (8 CPU)
20時46分41秒  pgpgin/s pgpgout/s   fault/s  majflt/s  pgfree/s pgscank/s pgscand/s pgsteal/s
%vmeff
20時46分42秒      0.00      0.00      4.95      0.00      0.99      0.00      0.00      0.00
0.00
20時46分43秒      0.00      4.00    237.00      0.00     48.00      0.00      0.00      0.00
0.00
20時46分44秒      0.00      0.00      0.00      0.00      0.00      0.00      0.00      0.00
0.00  ←―― ❶ 記憶體區域獲得前
20時46分45秒      0.00      0.00      4.00      0.00      1.00      0.00      0.00      0.00
0.00
20時46分46秒      0.00      0.00      0.00      0.00      1.00      0.00      0.00      0.00
0.00  ←―― ❷ 記憶體區域獲得後
20時46分47秒      0.00      0.00   2563.00      0.00      0.00      0.00      0.00      0.00
0.00
20時46分48秒      0.00      0.00   2567.00      0.00      2.00      0.00      0.00      0.00
0.00
...
20時46分56秒      0.00      0.00   2560.00      0.00      0.00      0.00      0.00      0.00
0.00
20時46分57秒      0.00      0.00   2560.00      0.00      2.00      0.00      0.00      0.00
0.00  ←―― ❸ 記憶體存取完成
```

*8 demand-paging.py 在指令執行中，有時候會受到其他行程的影響，而使得這個值有所不同。

```
20時46分58秒      0.00      0.00     43.00      0.00  25826.00      0.00      0.00      0.00
0.00 ●──── ❹行程結束
20時46分59秒      0.00      0.00      0.00      0.00      4.00      0.00      0.00      0.00
0.00
^C
Average:      0.00      0.22   1438.03      0.00   1437.81      0.00      0.00      0.00
0.00
```


由此可得知，當對程式所獲得的記憶體區域進行存取的時候，用以顯示每秒的分頁錯誤數量的 fault/s 欄位的值有增大。

demand-paging 行程單體的資訊

接著讓我們在確認系統整體之後，來確認 demand-paging.py 行程本身的資訊吧。在這邊讓我們針對已獲得的記憶體區域的量、已獲得的實體記憶體的量，以及行程建立時到現在為止的分頁錯誤的總數等來做說明。

這些值可透過 `ps -o vsz rss maj_flt min_flt` 指令來取得。分頁錯誤的數量分為 maj_flt（主要錯誤）、min_flt（次要錯誤）這兩種，而關於這兩種值的不同之處，將會在第 8 章說明。目前我們只需要了解到這兩個值的和，就是分頁錯誤的總數即可。

為了採集資訊，我們會使用 capture.sh 程式（列表 04-07）。

列表 04-07 capture.sh

```
#!/bin/bash

<<COMMENT
針對 demand-paging.py 行程每秒輸出一次有關記憶體的資訊。
在各行的開頭會顯示採集資訊的時間。後續的欄位所代表的意義如下所示。
    第 1 欄位： 已獲得記憶體區域的大小
    第 2 欄位： 已獲得實體記憶體的大小
    第 3 欄位： 主要錯誤的數量
    第 4 欄位： 次要錯誤的數量
COMMENT

PID=$(pgrep -f "demand-paging\.py")

if [ -z "${PID}" ]; then
    echo "因為 demand-paging.py 行程不存在，請比 $0 先啟動。" >&2
    exit 1
fi

while true; do
    DATE=$(date | tr -d '\n')
```

```
    # -h是用來不輸出標頭的選項。
    INFO=$(ps -h -o vsz,rss,maj_flt,min_flt -p ${PID})
    if [ $? -ne 0 ]; then
        echo "$DATE: demand-paging.py行程已結束。" >&2
        exit 1
    fi
    echo "${DATE}: ${INFO}"
    sleep 1
done
```

capture.sh程式會針對demand-paging.py行程，每秒輸出一次有關記憶體的資訊。在各行的開頭會顯示出採集資訊的時間。後續欄位的意義如表04-03所示。

表04-03 capture.sh程式的執行結果的欄位

欄位	意義
第1欄位	已獲得記憶體區域的大小
第2欄位	已獲得實體記憶體的大小
第3欄位	主要錯誤的數量
第4欄位	次要錯誤的數量

capture.sh程式需要在demand-paging.py程式之後啟動。它們的執行結果如下所示。

```
$ ./demand-paging.py
21:16:53: 新的記憶體區域獲得前。按下Enter鍵後就可取得100MiB的新記憶體區域：
21:17:01: 新的記憶體區域已被取得了。按下Enter鍵之後每秒存取10MiB，總計會存取100MiB的新記憶體空間：
21:17:04: 10 MiB已被存取了
...
21:17:12: 90 MiB已被存取了
21:17:13: 所有新取得的記憶體區域都已被存取了。按下Enter鍵後結束程式：

$ ./capture.sh
2021年 12月  6日 星期一 21:16:57 JST: 102804  1320     0    201   ← ❶記憶體區域獲得前
2021年 12月  6日 星期一 21:16:58 JST: 102804  1320     0    201
2021年 12月  6日 星期一 21:16:59 JST: 102804  1320     0    201
2021年 12月  6日 星期一 21:17:00 JST: 102804  1320     0    201
2021年 12月  6日 星期一 21:17:01 JST: 205204  1320     0    205   ← ❷記憶體區域獲得後
2021年 12月  6日 星期一 21:17:02 JST: 205204  1320     0    205
2021年 12月  6日 星期一 21:17:03 JST: 205204  1320     0    205
2021年 12月  6日 星期一 21:17:04 JST: 205204 11932     0   2768
2021年 12月  6日 星期一 21:17:05 JST: 205204 22288     0   5335
```

```
...
2021年 12月  6日 星期一 21:17:13 JST: 205204 104128     0  25815
2021年 12月  6日 星期一 21:17:14 JST: 205204 104128     0  25815   ← ❸ 記憶體存取完成
2021年 12月  6日 星期一 21:17:15 JST: demand-paging.py 行程已結束。
```

藉由這個執行結果我們可以得知以下內容。

- ❶ - ❷ 在記憶體區域取得之後到被存取之前，虛擬記憶體的使用量增加了約 100MiB，但是實體記憶體使用量則沒有增加。
- ❷ - ❸ 分頁錯誤的數量在記憶體存取中有所增加。而且，記憶體存取完成後的實體記憶體使用量比記憶體獲得前多了約 100MiB。

程式語言編寫環境的記憶體管理

各位讀者在對程式的原始碼進行資料定義時，需將記憶體分配給對應的資料。但是這對程式語言編寫環境來說，每當要對資料進行定義時都要去叫出 mmap() 系統呼叫實在不是個好主意。

一般會透過 mmap() 系統呼叫，在程式啟動時先行取得某種程度的大塊區域，每當資料定義時再從此區域切出小塊的記憶體並加以分配，當此區域被用完時再次呼叫 mmap() 以確保新的記憶體區域，是依照這種機制處理的。

分頁表的階層化

分頁表會耗費到多少量的記憶體呢？以 x86_64 架構來說，虛擬位址空間的大小是 128TiB，1 個分頁的大小是 4KiB，分頁表項的大小是 8 位元組。如此一來，單純地計算後就可得到每個行程的分頁表會需要用到 256GiB（= 8 位元組 ×128TiB/4KiB）這樣龐大記憶體的這個結論。舉例來說，筆者的系統所搭載的記憶體是 16GiB，不就代表連 1 個行程都無法建立了。這到底是怎麼一回事？

其實分頁表並非平面的構造，為了減少記憶體使用量才採取階層化的構造。首先讓我們看到 1 個分頁為 100 位元組，虛擬位址空間為 1600 位元組這個單純的例子。

當行程只用到實體記憶體 400 位元組的時候，平面式分頁表則會如圖 04-20 所示。

圖 04-20 平面式分頁表

虛擬位址	實體位址
0～ 100	300～ 400
100～ 200	400～ 500
200～ 300	500～ 600
300～ 400	600～ 700
400～ 500	×
500～ 600	×
600～ 700	×
700～ 800	×
800～ 900	×
900～1000	×
1000～1100	×
1100～1200	×
1200～1300	×
1300～1400	×
1400～1500	×
1500～1600	×

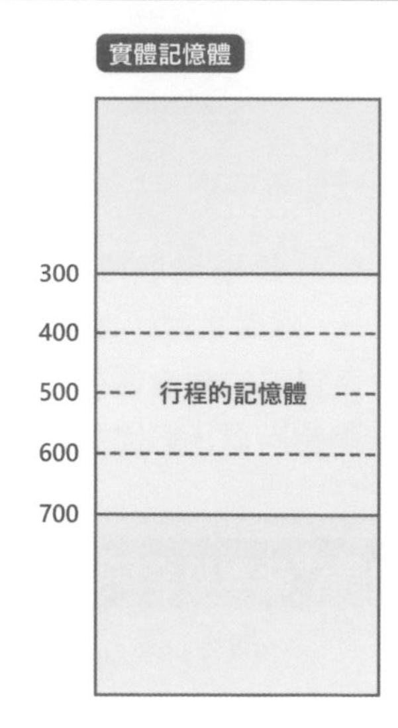

如果是以階層式分頁表來處理的話，便會變成以 4 個分頁為 1 組的 2 階層構造，如圖 04-21 所示。

圖 04-21 階層式分頁表

虛擬位址	下層的分頁表
0～ 400	→
400～ 800	×
800～1200	×
1200～1600	×

虛擬位址	實體位址
0～ 100	300～ 400
100～ 200	400～ 500
200～ 300	500～ 600
300～ 400	600～ 700

實體記憶體

300

400

500 行程的記憶體

600

700

在這情況下，我們可以發現分頁表項數從「16」減少到「8」了。當所使用的虛擬記憶體量變大時，就會像圖 04-22 所示，分頁表的使用量會增加。

圖 04-22 所使用的虛擬記憶體量變大時，分頁表的使用量也會增加

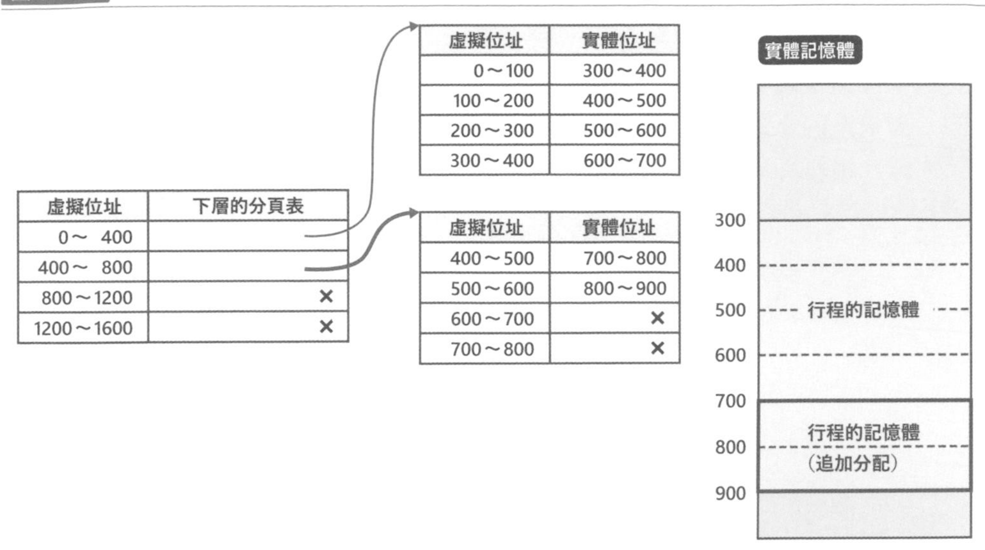

如果虛擬記憶體量增加到某種程度，階層式分頁表反而會比平面式分頁表使用到更多的記憶體使用量。不過，這是個很少會發生的情形，一般來說，所有行程的分頁表所需要的記憶體的總量，階層式分頁表會比平面式分頁表還要來得小。

就實際的硬體來說，x86_64 架構的分頁表是 4 層構造。藉著這個結構，可大幅降低分頁表所需要的記憶體量。

不過本書為求簡單，後續在繪製分頁表的圖示時，會跟以往一樣以平面的方式標示。

系統所使用的實體記憶體之中，作為分頁表使用的記憶體資訊，可透過 `sar -r ALL` 指令的 kbpgtbl 欄位得知。

```
$ sar -r ALL 1
Linux 5.4.0-74-generic (coffee)         2021年12月06日  _x86_64_        (8 CPU)
22時21分30秒 kbmemfree  ……    kbpgtbl  ……
22時21分31秒   9525948  ……       3868  ……
22時21分32秒   9525940  ……       3896  ……
...
```

大型分頁（huge page）

如同我們在前節所說明過的，行程所確保的記憶體量一旦增加的話，該行程的分頁表所使用到的實體記憶體量也會跟著增加。為了解決這個問題，Linux 具備一個名為「大型分頁」的機制。

大型分頁如其名，就是比一般分頁大小還要大的分頁。透過這種分頁，可減少行程的分頁表所需要的記憶體量。

具體來說這是怎麼辦到的呢？我們會以 1 個分頁 100 位元組，400 位元組為一組的 2 層構造的分頁表為範例做說明。圖 04-23 所呈現的就是按照這個條件，將實體記憶體分配到全部的分頁上的情形。

圖 04-23 實體記憶體被分配到所有分頁上的狀態

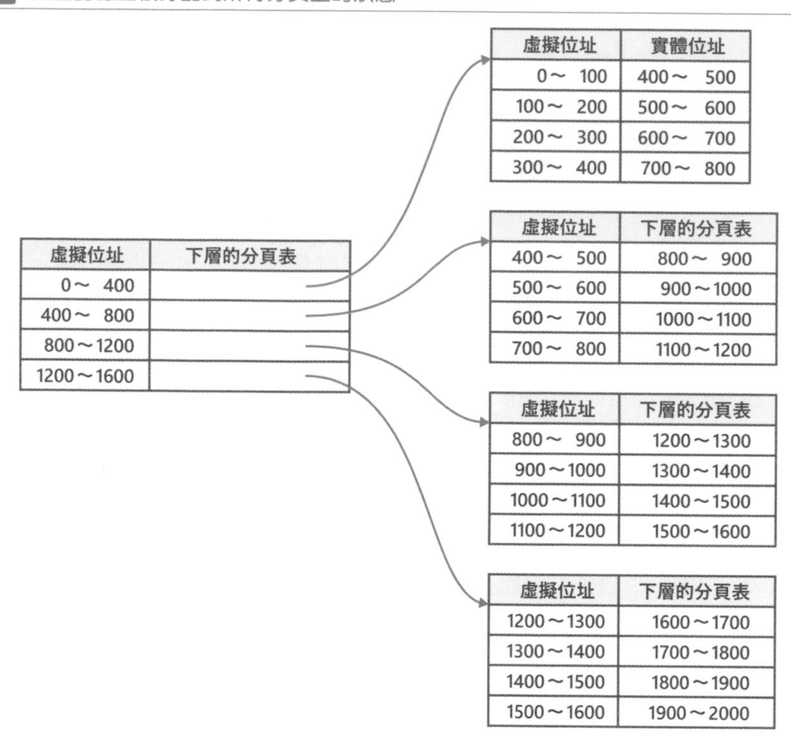

虛擬位址	下層的分頁表
0～ 400	
400～ 800	
800～1200	
1200～1600	

虛擬位址	實體位址
0～ 100	400～ 500
100～ 200	500～ 600
200～ 300	600～ 700
300～ 400	700～ 800

虛擬位址	下層的分頁表
400～ 500	800～ 900
500～ 600	900～1000
600～ 700	1000～1100
700～ 800	1100～1200

虛擬位址	下層的分頁表
800～ 900	1200～1300
900～1000	1300～1400
1000～1100	1400～1500
1100～1200	1500～1600

虛擬位址	下層的分頁表
1200～1300	1600～1700
1300～1400	1700～1800
1400～1500	1800～1900
1500～1600	1900～2000

將此置換成每個分頁的大小為 400 位元組的大型分頁時，就會越過一個分頁表的階層，變成像圖 04-24 那樣。

圖 04-24 置換成大型分頁後的分頁表

虛擬位址	實體分頁
0～ 400	400～ 800
400～ 800	800～1200
800～1200	1200～1600
1200～1600	1600～2000

分頁表項的數量從 20 個減少為 4 個了。如此一來，就可以減少用於分頁表的記憶體使用量。除此之外，當使用到 fork() 函數時，會降低複製分頁表所需要的成本，想必可達成 fork() 函數的高速化。

我們只需要將 MAP_HUGETLB 旗標（flag）送至 mmap() 函數的 flags 參數，即可獲得大型分頁。

像資料庫及虛擬機器管理員等需要大量使用到虛擬記憶體的軟體，有時候會提供可以使用大型分頁的設定，請各位視情況來做使用。

透明大型分頁（transparent huge page）

大型分頁為了取得記憶體時還需要專程去下「我需要大型分頁」這個要求，這對程式設計師來說是很麻煩的事。為了解決這個問題，Linux 具備有「透明大型分頁」這個功能。

這是一個當虛擬位址空間內的連續的複數個 4KiB 分頁，一旦滿足所指定的條件，就自動會被視為大型分頁來處理的功能。

透明大型分頁乍看之下好像只有優點，但是當遇到將複數的分頁一起轉換成大型分頁的處理，以及在無法滿足前述條件時將大型分頁再次分解成 4KiB 分頁的處理，都有可能會造成局部性的效能劣化。因此，是否要開啟透明大型分頁這個功能，會留給系統管理者做抉擇。

透明大型分頁的設定只需要查看 /sys/kernel/mm/transparent_hugepage/enabled 這檔案即可明瞭。在這檔案上可以設定 3 種值。

- always：對於存在於系統中行程的全部記憶體是處於開啟狀態。
- madvise：在 madvise() 這個系統呼叫中，透過設定 MADV_HUGEPAGE 這個旗標，就可讓對於只有經明確指定的記憶體區域是處於開啟的狀態。
- never：關閉狀態

在 Ubuntu 20.04 上預設是被設定為 madvise。

```
$ cat /sys/kernel/mm/transparent_hugepage/enabled
always [madvise] never
```

第 5 章

行程管理（應用篇）

在本章之中，我們將針對之前在第 4 章說明到的，在對虛擬記憶體完全沒有知識的狀態下難以理解的行程管理等各種功能，以及其相關的功能進行說明。

行程建立處理的高速化

Linux 是應用到虛擬記憶體的功能，來實現行程建立處理的高速化。以下會針對 fork() 函數、execve() 函數個別來做說明。

fork() 函數的高速化：寫入時複製

在發出 fork() 函數時，並不會將父行程的記憶體全部都複製到子行程，只會複製分頁表而已。分頁表項內雖有個用來顯示分頁的寫入權限的欄位，不過在這個時候，不論是父還是子行程，對於所有分頁的寫入權限都是關閉的（圖 05-01）。

圖 05-01　fork() 函數發出後當下的狀態

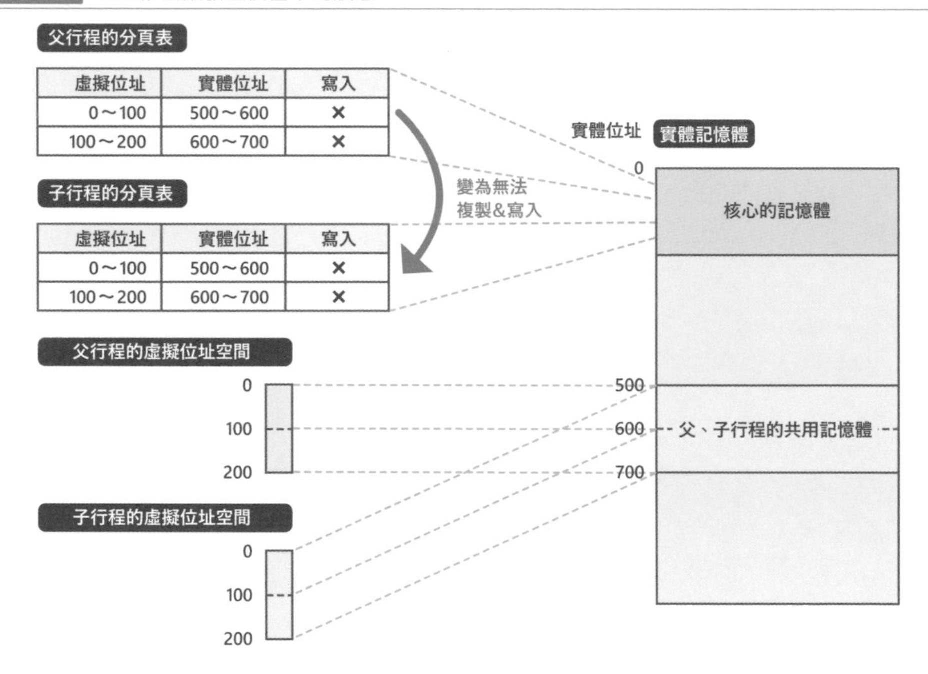

在這之後，只要對記憶體進行存取的話，就可以對父、子行程所共用的實體分頁進行存取。不過，一旦父或子行程之中有一方要更新資料的時候，分頁的共用就會被

解除，使得各個行程自擁有一個專用的分頁。子行程對分頁的資料進行更新的時候，會如下所示（圖 05-02）。

❶ 因為沒有寫入權限，CPU 上會發生分頁錯誤。
❷ CPU 轉換到核心模式，核心的分頁錯誤處理程式開始運作。
❸ 分頁錯誤處理程式會將被存取的分頁複製到別的實體記憶體上。
❹ 父、子行程一同，將對應到子行程想要變更分頁的分頁表項進行改寫。父行程的 entry 會開啟寫入權限。關於子行程的 entry，請參照處理❸的複製目的地的區域。

圖 05-02 寫入時複製處理

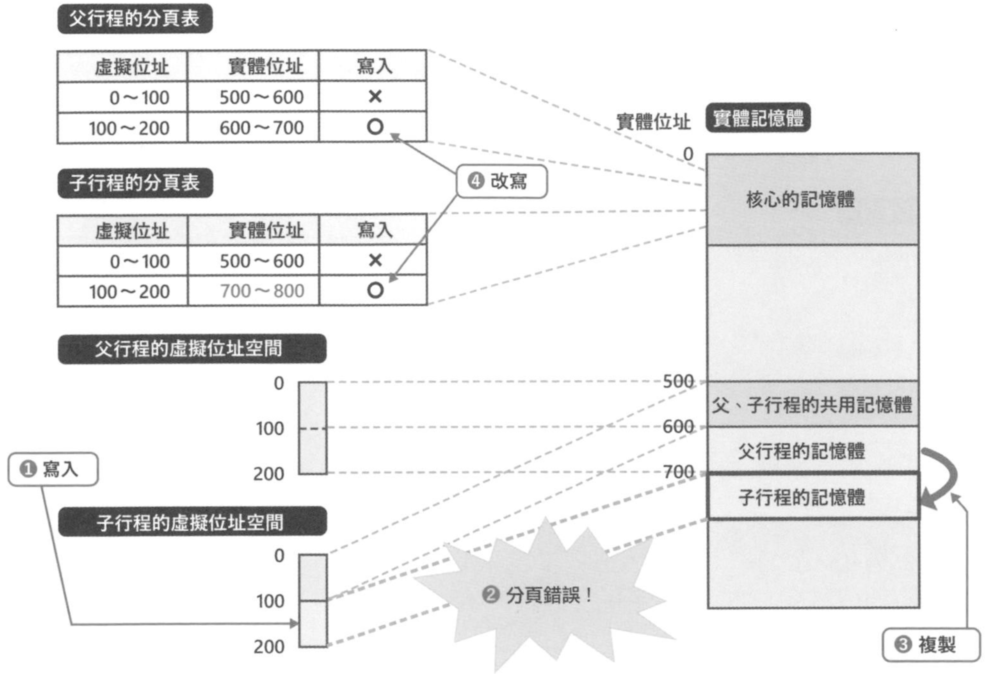

父行程的分頁表
虛擬位址
實體位址
寫入
0～100
500～600
×
100～200
600～700
○
子行程的分頁表
虛擬位址
實體位址
寫入
0～100
500～600
×
100～200
700～800
○
❹ 改寫
實體位址
實體記憶體
0
核心的記憶體
500
父、子行程的共用記憶體
600
父行程的記憶體
700
子行程的記憶體
父行程的虛擬位址空間
0
100
200
❶ 寫入
子行程的虛擬位址空間
0
100
200
❷ 分頁錯誤！
❸ 複製

因為複製處理不是在 fork() 函數的發出時進行的，而是在之後的初次寫入到各分頁的發生時將資料進行複製，所以這個機制被稱為「寫入時複製」。英文名稱為「Copy on Write」，有時會被簡稱為「CoW」。

多虧寫入時複製這個機制，當行程在發出 fork() 函數時不用複製全部的記憶體，不但可讓 fork() 函數的處理高速化，而且還可以減少記憶體的使用量。此外，行程在被建立之後，個別的記憶體也幾乎鮮少會對全部記憶體進行寫入，所以系統整體的記憶體使用量也會變少。

在這之後，從分頁錯誤返回的子行程，會將資料改寫。這之後對相同分頁進行存取時，父、子行程都會被分配到專用的記憶體，所以可在不會發生分頁錯誤下進行改寫。

寫入時複製的發生情形，我們可透過下述 cow.py 程式（列表 05-01）來進行確認。

❶ 取得 100MiB 的記憶體區域，將資料寫入所有的分頁上。

❷ 除了系統整體的實體記憶體使用量之外，也同時將行程的實體記憶體使用量、主要錯誤的次數、次要錯誤的次數等資訊輸出＊1。

❸ 發出 fork() 函數。

❹ 等待子行程的結束。子行程的運作內容如下所示。

(1) 針對子行程輸出與❷相同的資訊。

(2) 對於❶所取得區域的所有分頁進行存取。

(3) 針對子行程輸出與❷相同的資訊。

列表 05-01 cow.py

```
#!/usr/bin/python3

import os
import subprocess
import sys
import mmap

ALLOC_SIZE = 100 * 1024 * 1024
PAGE_SIZE  = 4096

def access(data):
    for i in range(0, ALLOC_SIZE, PAGE_SIZE):
        data[i] = 0

def show_meminfo(msg, process):
    print(msg)
    print("free 指令的執行結果：")
    subprocess.run("free")
    print("{} 的記憶體相關資訊 ".format(process))
    subprocess.run(["ps", "-orss,maj_flt,min_flt", str(os.getpid())])
    print()
```

＊1　關於主要錯誤、次要錯誤的部分，將於第 8 章說明。

```
data = mmap.mmap(-1, ALLOC_SIZE, flags=mmap.MAP_PRIVATE)
access(data)
show_meminfo("*** 子行程建立前 ***", "父行程")

pid = os.fork()
if pid < 0:
      print("fork()失敗了", file=os.stderr)
elif pid == 0:
      show_meminfo("*** 子行程建立直後 ***", "子行程")
      access(data)
      show_meminfo("*** 子行程進行記憶體存取後 ***", "子行程")
      sys.exit(0)

os.wait()
```

確認項目如下所示。

- 在 fork() 函數執行後，寫入執行之前，記憶體區域是由父行程與子行程共用的。
- 在寫入記憶體區域後，系統的記憶體使用量會增加 100MiB。而且，會發生分頁錯誤。

那就來執行看看吧。

```
$ ./cow.py
*** 子行程建立前 ***
free指令的執行結果：
              total        used        free      shared  buff/cache   available
Mem:       15359352      562592     9227052        1552     5569708    14466180
Swap:             0           0           0
父行程的記憶體相關資訊
  RSS  MAJFL  MINFL
112532     0  27097
*** 子行程建立直後 ***
free指令的執行結果：
              total        used        free      shared  buff/cache   available
Mem:       15359352      563460     9226184        1552     5569708    14465312
Swap:             0           0           0
子行程的記憶體相關資訊
  RSS  MAJFL  MINFL
110048     0    627
*** 子行程存取記憶體後 ***
free指令的執行結果：
              total        used        free      shared  buff/cache   available
Mem:       15359352      666204     9123440        1552     5569708    14362568
```

```
Swap:              0          0          0
子行程的記憶體相關資訊
  RSS  MAJFL  MINFL
110128     0  26667
```

從這個結果，可得知以下內容。

- 從子行程建立前到建立之後，系統整體的記憶體使用量只有增加約 1MiB [*2]。
- 在子行程存取記憶體後，系統的記憶體使用量增加了約 100MiB。

乍看之下，父、子行程雙方看似各自已經擁有資料了，但實際上，直到被進行第一次的寫入之前，都可以節省記憶體。這還真像是魔法呢。

還有一個重點，就是子行程的 RSS 欄位的值，在建立之後與存取記憶體後，幾乎沒什麼改變。

其實，RSS 的值是不在乎行程是否有其他的行程共用實體記憶體的。只是在各行程的分頁表中，將被分配到實體記憶體的記憶體區域的合計值，作為 RSS 來報告。因此，當對與父行程共用的分頁進行寫入時，就算發生寫入時複製，也只是被分配到分頁上的實體記憶體會變化而已，所以並不是實體記憶體從未分配狀態變成已分配狀態，因此 RSS 的量是不變的。

基於這個緣故，當我們將透過 ps 指令所得到的全行程的 RSS 的值全部加總之後，所得到的值有時後會超過所有實體記憶體的總量。

execve() 函數的高速化：再次看到需求分頁法

在第 4 章說明過的需求分頁法，不僅適用於將新的記憶體區域分配給行程，還可適用在 execve( ) 函數發出之後。execve( ) 函數發出後，會被用在行程上的實體記憶體是還沒被分配的（圖 05-03）。

＊2　這取決於分頁表的複製等。

圖 05-03 execve() 函數發出後

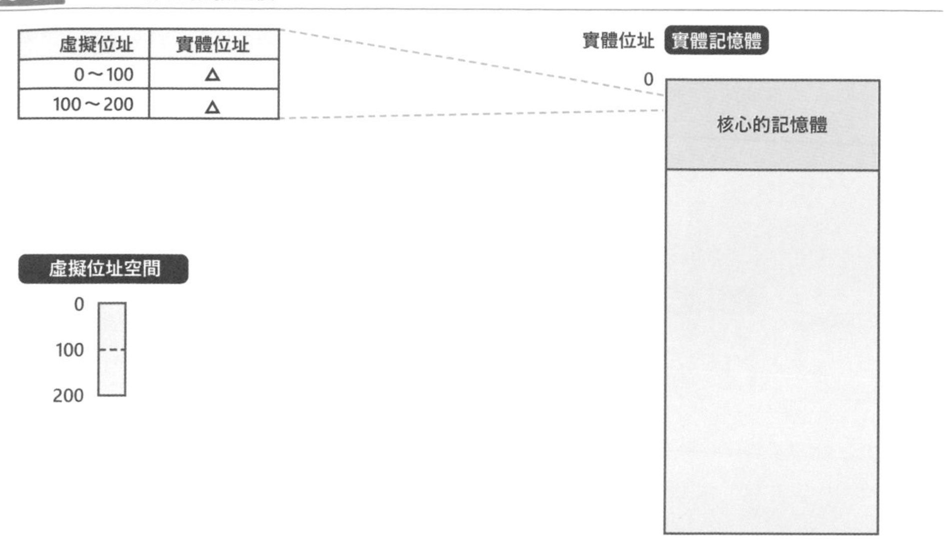

在這之後，程式從入口點開始執行的時候，由於對應到入口點的分頁還不存在，所以會發生分頁錯誤 (圖 05-04)。

圖 05-04 對入口點進行存取時的分頁錯誤

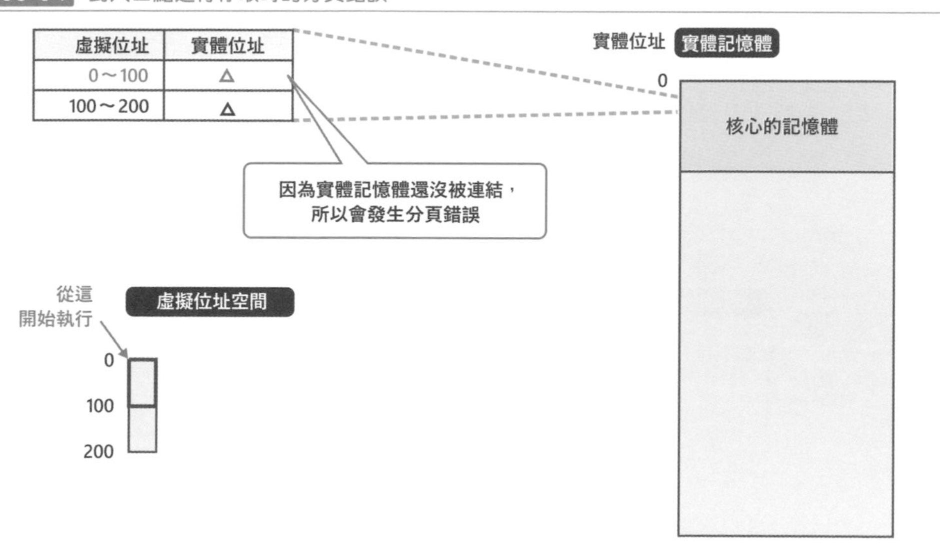

結果，實體記憶體會被分配給行程 (圖 05-05)。

圖 05-05　對包含入口點的分頁分配實體記憶體

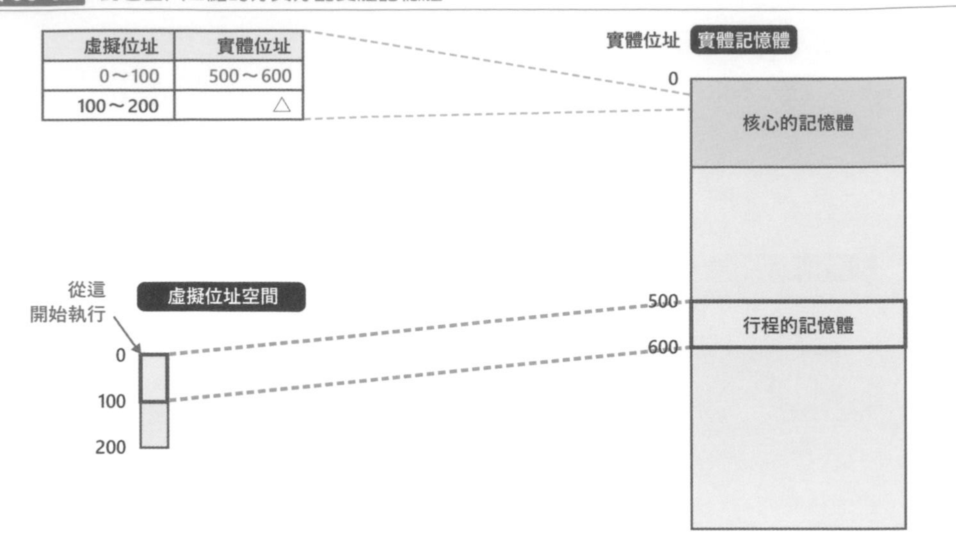

在這之後，每當存取別的分頁時，每個都會跟上述流程一樣被分配到實體記憶體（圖 05-06）。

圖 05-06　更進一步的記憶體存取

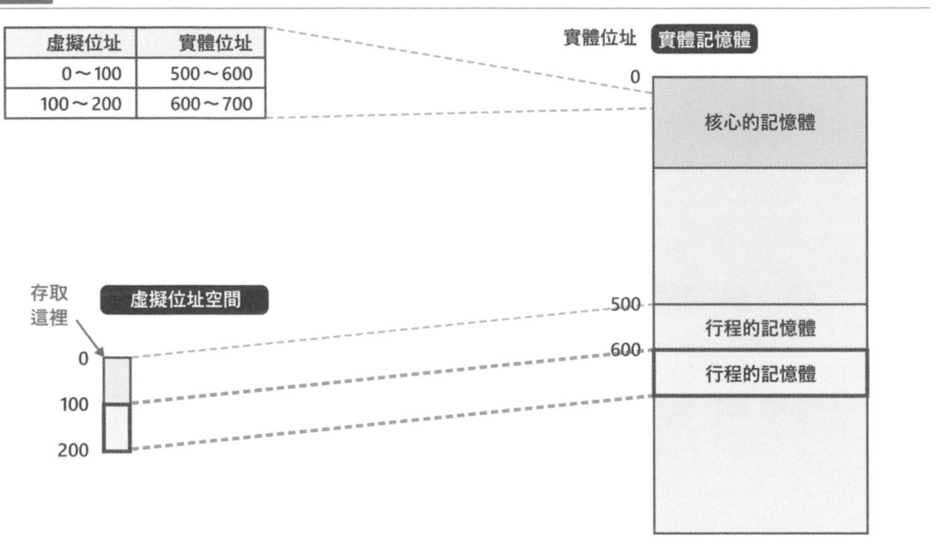

行程間通訊

為了讓複數的程式可以協調運作，需要各行程將資料共用，或者是讓彼此的處理的時機互相配合（同步）。為了達到這個目的，OS 有提供一個被稱為「行程間通訊」的功能。

Linux 上依不同的目的準備了許多行程間通訊的手段，而我們無法對所有的方式做介紹，所以在本節將會針對幾個淺顯易懂的方式來做介紹。

共用記憶體

讓我們來看到處理下述內容的程式吧。

❶ 建立 1000 這個整數資料，輸出資料的值。
❷ 建立子行程。
❸ 父行程會等待子行程的結束。子行程將於❶建立的資料的值變成 2 倍後結束。
❹ 父行程將資料的值進行輸出。

讓我們來執行依照上述所實作而成的 non-shared-memory.py 程式（列表 05-02）吧。

列表 05-02 non-shared-memory.py

```
#!/usr/bin/python3

import os
import sys

data = 1000

print(" 子行程建立前的資料的值： {}".format(data))
pid = os.fork()
if pid < 0:
        print("fork() 失敗了 ", file=os.stderr)
elif pid == 0:
        data *= 2
        sys.exit(0)

os.wait()
print(" 子行程結束後的資料的值： {}".format(data))
```

```
$ ./non-shared-memory.py
子行程建立前的資料的值： 1000
子行程結束後的資料的值： 1000
```

看來我們失敗了。其原因在於，發出 fork() 函數後的父、子行程並沒有共用資料，所以當單方面對資料進行更新時，對另一方行程的資料不會造成任何影響所導致的。透過寫入時複製這功能，在發出 fork() 函數之後實體記憶體雖然是被共用的，不過在進行寫入的時候會被分配到別的實體記憶體。

只要使用到共用記憶體這個方法，就可將記憶體區域映射到複數的行程上（圖 05-07）。在這邊，我們會透過 mmap() 系統呼叫來處理共用記憶體。

圖 05-07 共用記憶體

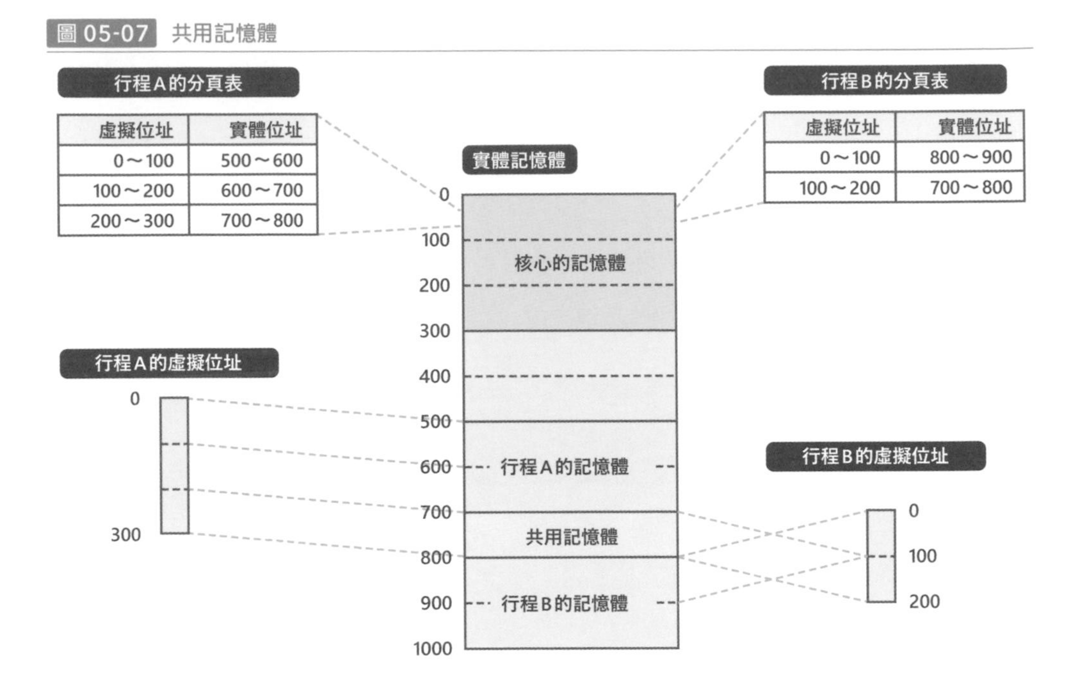

透過共用記憶體來實現我們在本節所想要達成的目標，便是會運作以下處理的 shared-memory.py 程式（列表 05-03）。

❶ 建立 1000 這個整數資料，輸出資料的值。

❷ 建立共用記憶體區域，將❶的資料的值存放到區域起始位置。

❸ 建立子行程。

❹ 父行程在等待子行程的結束。子行程對❷所建立的資料的值進行讀取，將資料的值變成 2 倍之後再次寫回到共用記憶體區域。之後，結束子行程。

❺ 父行程將資料的值進行輸出。

列表 05-03 shared-memory.py

```
#!/usr/bin/python3

import os
import sys
import mmap
from sys import byteorder

PAGE_SIZE = 4096

data = 1000
print("子行程建立前的資料的值：{}".format(data))
shared_memory = mmap.mmap(-1, PAGE_SIZE, flags=mmap.MAP_SHARED)

shared_memory[0:8] = data.to_bytes(8, byteorder)

pid = os.fork()
if pid < 0:
        print("fork()失敗了", file=os.stderr)
elif pid == 0:
        data = int.from_bytes(shared_memory[0:8], byteorder)
        data *= 2
        shared_memory[0:8] = data.to_bytes(8, byteorder)
        sys.exit(0)

os.wait()
data = int.from_bytes(shared_memory[0:8], byteorder)
print("子行程結束後的資料的值：{}".format(data))
```

```
$ ./shared-memory.py
子行程建立前的資料的值：1000
子行程結束後的資料的值：2000
```

這次就很順利地達到我們的目的了。

訊號

先前在第 2 章所說明過的訊號，也屬於行程間通訊的一種。在第 2 章我們針對了 SIGINT、SIGTERM、SIGKILL 等用途較為固定的訊號做過介紹了。

另外還有像 POSIX 上的 SIGUSR1 與 SIGUSR2 這些，可任由程式設計師自由地決定用途的訊號存在。透過使用這些訊號，就可以辦到讓 2 個行程互相傳送訊號給彼此，一邊進行確認一邊執行處理這類的用途。但是，訊號的構造非常地原始，只能傳送「訊號已傳到了」這個資訊到傳送目的地，資料的傳送、接收還必須要使用到別的方法才能辦到，具有相當多制約存在。因此，訊號不太會被用在複雜的用途上。

這有點像是茶餘飯後的話題，dd 指令具有一個只要傳送 SIGUSR1 就會顯示出進度狀況的冷門功能。

```
$ dd if=/dev/zero of=test bs=1 count=1G &
[1] 2992194
$ DDPID=$!
$ kill -SIGUSR1 $DDPID
8067496+0 records in
8067496+0 records out
$ 8067496 bytes (8.1 MB, 7.7 MiB) copied, 15.3716 s, 525 kB/s
kill -SIGUSR1 $DDPID
9231512+0 records in
9231511+0 records out
9231511 bytes (9.2 MB, 8.8 MiB) copied, 18.2359 s, 506 kB/s
$ kill $DDPID
```

管線命令（pipe）

複數的行程，可透過被稱為管線的命令來進行通訊。管線命令的常用案例，可說是在 bash 等 shell 上以「|」字元將複數的程式串連起來的這類使用方式吧。

舉例來說，當我們想從 bash 上的 free 指令的執行結果中，只將 total 的值擷取出來的時候，會執行 `free | awk '(NR==2){print $2}'` 這個指令。如此一來，bash 會將 free 與 awk 以管線命令連結起來，將 free 指令的輸出提供給 awk 指令以作為輸入。

單以 free 指令執行的結果，其輸出如下所示（擷自第 4 章）。

```
$ free
              total        used        free      shared  buff/cache   available
Mem:       15359352      448804     9627684        1552     5282864    14579968
Swap:             0           0           0
```

至於 total 的值，如果我們將最前面那行視為第 1 行的話，那個第 2 行的第 2 欄位上的就是 total 的值。已經以管線命令連接的 awk 指令的腳本部分（'(NR==2){print $2}'），的確就只有幫我們輸出這個欄位的值。

```
$ free | awk '(NR==2){print $2}'
15359352
```

關於管線命令的其他用途，還有像雙向通訊、透過檔案連結行程等各種各樣使用方式。

通訊端（socket）

在 Linux 上，可將複數的行程透過被稱為「通訊端」的方式連結來進行通訊。通訊端的用途不只非常的廣，而且還相當的重要，所以要在本書中以簡短方式介紹其本質實在是不可能的事，我們在這邊只會做簡短的介紹。

通訊端可分為兩大類。第一個是 UNIX 域通訊端（UNIX domain socket）。這個通訊端是個只能用在單一機器上的行程的通訊上。第二個是，TCP 通訊端、UDP 通訊端。這些是遵循網際網路通訊協定套件（Internet Protocol Suite）或被稱為 TCP/IP 的通訊協定（規約），可讓複數的行程進行通訊。與 UNIX 域通訊端相較之下，一般是比較低速的，不過具有可以跟別台機器上的行程進行通訊的優點。這些通訊端廣泛地被使用在網際網路上。

互斥控制（mutual exclusion）

存在於系統中的資源，有很多都是不能夠被同時存取的。讓我們舉一個熟悉的例子，假設在 Ubuntu 的套件管理系統上有個資料庫。而這個資料庫，是可透過 apt 指令來進行更新的，不過如果同時有 2 個以上的 apt 在運作的話，會使得資料庫被破壞而讓系統陷入危機狀況。為了避免這種問題的發生，而產生了這種對於某個資源同時只能夠有一筆處理可進行存取的「互斥控制」這種機制。

由於互斥控制的機制並不是那麼直覺且非常難以理解，在這邊我們會使用到一個比較容易理解，名為檔案鎖（file lock）的機制來進行說明。在進行說明時，會使用到一個會對某檔案的內容進行讀取，並將其中的數字加 1 後結束的 `inc.sh` 這個單純的程式（列表 05-04）。

假設在初始狀態下，在 count 這個檔案之中，已經被寫入 `0` 了。

列表 05-04 inc.sh

```
#!/bin/bash

TMP=$(cat count)
echo $((TMP + 1)) >count
```

```
$ cat count
0
```

在這狀態下呼叫 inc.sh 程式後，讓我們來確認 count 檔案的內容吧。

```
$ ./inc.sh
$ cat count
1
```

理所當然地 count 檔案的內容從 0 增加了 1，變成 1 了。接著，再次將 count 檔案的內容歸 0 之後，再執行 inc.sh 程式 1000 次看看。

```
$ echo 0 > count
$ for ((i=0;i<1000;i++)) ; do ./inc.sh ; done
$ cat count
1000
```

如我們預期的，count 檔案的內容變成 1000 了。

接下來要進入主題了。讓我們將 inc.sh 程式像 `./inc.sh &` 那樣來平行執行，看看結果會如何吧。

```
$ echo 0 > count
$ for ((i=0;i<1000;i++)) ; do ./inc.sh & done; wait
...
$ cat count
18
```

期望值是 1000，但是所得結果竟是天差地遠的 18[*3]。因為這是將複數的 inc.sh 程式進行平行執行，所以有可能會發生如下所示的狀況。

❶ inc.sh 程式 A 從 count 檔案讀取到 0

❷ inc.sh 程式 B 從 count 檔案讀取到 0

＊3　這個結果有可能在每次執行之後都會不同，而且根據不同的環境也會有不同的執行結果。

❸ inc.sh 程式 A 將 1 寫入 count 檔案。

❹ inc.sh 程式 B 將 1 寫入 count 檔案。

還好這只是一個實驗程式所以只會讓人嚇一跳而已，如果同樣的問題發生在處理各位存款的銀行系統上的話，想必會讓人怕到冷汗直流吧。

為了避免這種問題發生，將 count 的值在被讀取後加 1，並將這個值再次寫回至 count 檔案的這一連串的處理，同時只能讓 1 個 inc.sh 程式被執行。能夠實現這個的就是互斥控制。

在這邊我們將對兩個用語先下好定義。

- 臨界區段（Critical section）：意指被同時執行的話會造成問題的一連串的處理。就 inc.sh 程式來說，就是「將 count 的值在被讀取後加 1，並將這個值再次寫回至 count 檔案」這個處理。
- 原子操作（atomic operation）：從系統的外部觀點來看會被視為 1 個處理的一連串的處理。舉例來說，如果 inc.sh 程式的臨界區段變成原子操作的話，❶與❸之間是無法被❷插入。

為了要在 inc.sh 程式上實現互斥控制，讓我們根據 lock 這檔案存在與否，試著顯示哪些處理是否已經進入臨界區段吧。將此實作而成的就是 inc-wrong-lock.sh 程式（列表 05-05）。

列表 05-05 inc-wrong-lock.sh

```
#!/bin/bash

while : ; do
  if [ ! -e lock ] ; then
    break
  fi
done
touch lock
TMP=$(cat count)
echo $((TMP + 1)) >count
rm -f lock
```

如上述所示，原本以 inc.sh 程式來進行的處理之前，有對 lock 檔案是否存在進行確認。只有在該檔案不存在的情況下會建立 lock 檔案，進入臨界區段，當處理結束後刪除 lock 檔案並終止程式。看起來好像進行得挺順利的呢。那就讓我們來執行看看。

```
$ echo 0 >count
$ rm lock
$ for ((i=0;i<1000;i++)) ; do ./inc-wrong-lock.sh & done; for ((i=0;i<1000;i++)); do wait; done
...
$ cat count
14
```

各位也許可以從程式的名稱察覺到，真的是太失敗了。到底為什麼會這樣呢？

inc-wrong-lock.sh 程式無法正常運作的原因，有下述這些。

❶ inc-wrong-lock.sh 程式 A 確認 lock 檔案不存在後，繼續下個處理。
❷ inc-wrong-lock.sh 程式 B 確認 lock 檔案不存在後，繼續下個處理。
❸ inc-wrong-lock.sh 程式 A 從 count 檔案讀取到 0。
❹ inc-wrong-lock.sh 程式 B 從 count 檔案讀取到 0。
❺ 以下，跟 inc.sh 程式相同。

為了避免這個問題發生，確認 lock 檔案的存在與否，如果不存在的話則建立檔案再繼續下一個處理，而這一連串的處理有必要設定為原子操作。感覺好像是在繞圈子，不過可用來實現這個目的的，就是檔案鎖。

檔案鎖會使用到 flock() 或 fcntl() 這些系統呼叫，將檔案變更為上鎖／解鎖狀態。具體來說，會將以下處理以原子操作來執行。

❶ 確認檔案是否為上鎖狀態。
❷ 如果已被上鎖，便會讓系統呼叫失敗。
❸ 如果沒有被上鎖，則將其上鎖並讓系統呼叫成功。

我們在這邊不會針對系統呼叫的使用方式做說明，不過有興趣的讀者不妨可以去查看 man 2 flock、man 2 fcntl 的 F_SETLK、F_GETLK 這些的使用說明。

檔案鎖這機制，透過 flock 這個指令，也可從 shell 腳本來加以使用。使用方式很簡單，如以下 inc-lock.sh 程式（列表 **05-06**）所示，將在第 1 參數被指定的檔案變成上鎖狀態，將在第 2 參數所指定的程式加以執行。

列表 05-06 inc-lock.sh

```
#!/bin/bash

flock lock ./inc.sh
```

那就讓我們以平行的方式執行 1000 個 inc-lock.sh 程式吧。

```
$ echo 0 >count
$ touch lock
$ for ((i=0;i<1000;i++)) do ./inc-lock.sh & done; for ((i=0;i<1000;i++)); do wait; done
...
$ cat count
1000
$
```

終於成功了。

雖然關於互斥控制，我們在先前有說明到是非常複雜的，不過相信各位只需要反覆閱讀本節的內容、自行將執行的流程給書寫下來等，最後還是能夠理解的。當各位陷入思緒的困境時，不妨暫時先將這章節的存在給忘掉，等到獲得足夠的放鬆與休息之後，再來回過頭來閱讀看看。將不懂的部分先跳過，這也是個很不錯的方法。

互斥控制的原地打轉

在互斥控制那個章節，我們有提到實現互斥控制這個機制的方法之一，就是使用檔案鎖。那麼，檔案鎖在實作方面又該怎麼進行呢？其實，在一般情況下這不是在 C 語言這類高階語言的層級實現的，而是在機械語言的階層實現。

為了進行上鎖的實作，我們需要編寫如列表 05-07 所示虛擬的組合語言的指令串。

列表 05-07 上鎖的實作（透過虛擬的組合語言）

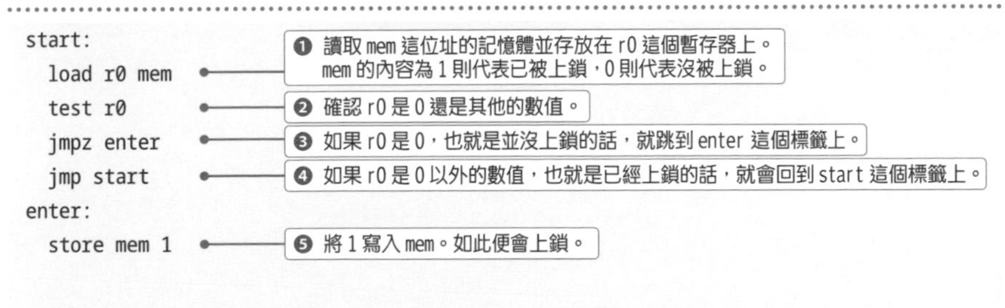

```
start:
  load r0 mem
  test r0
  jmpz enter
  jmp start
enter:
  store mem 1

  ......
```

```
<臨界區段>
……

store mem 0    ⑥ 將0寫入 mem 來解鎖。
```

各位可能會覺得做到這種程度就沒問題了吧？但事實並非如此。當 2 個處理同時執行❶的話，就會被判斷成雙方的處理都可以進到臨界區段。為什麼會發生這種事，其原因在於❶～❺的處理並不屬於原子操作所導致的。

為了解決這個問題，大多數的 CPU 架構上，都準備有可將等同❶～❺的處理以原子操作來執行的命令。有興趣的讀者，不妨針對「compare and exchange」、「compare and swap」等關鍵字在網路上搜尋看看。

雖然在高階語言的級別上也有方法可以實現互斥控制，但是會有所耗費的時間會比上述 CPU 的命令還要多，也會消耗到較多記憶體等問題存在。有興趣的讀者，可以上網搜尋「Peterson 演算法」看看。

多行程與多執行緒

根據第 1 章所描述到的 CPU 的多核心化趨勢來看，程式的平行運作的重要性可說是一天比一天高。可用來讓程式平行運作的方法有 2 個。第 1 個方法是將複數的程式同時運作不同的處理。第 2 個方法是，將帶有某個目的性的 1 個程式跟切割成複數的流程來執行。

在這邊我們會針對「將帶有某個目的性的 1 個程式跟切割成複數的流程來執行」這個方法來做說明。這個方法可被分為多行程與多執行緒，這 2 個種類。

多行程會使用到先前說明過的 fork() 函數或 execve() 函數來建立所需要的行程，之後彼此再透過行程間通訊功能來一邊通訊一邊進行處理。另一方面，多執行緒則會在行程內建立複數的流程 (圖 05-08)。

圖 05-08 行程與執行緒的建立

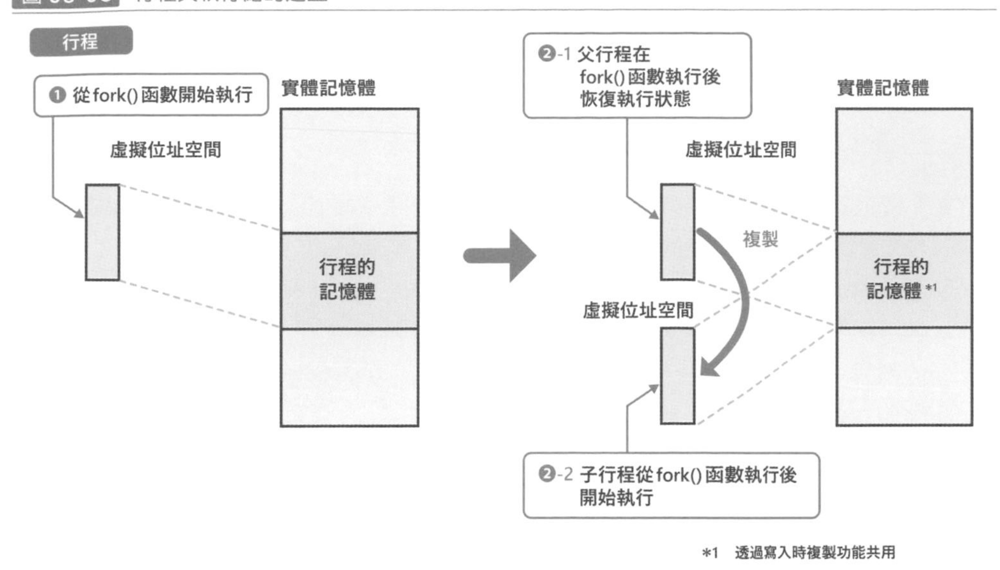

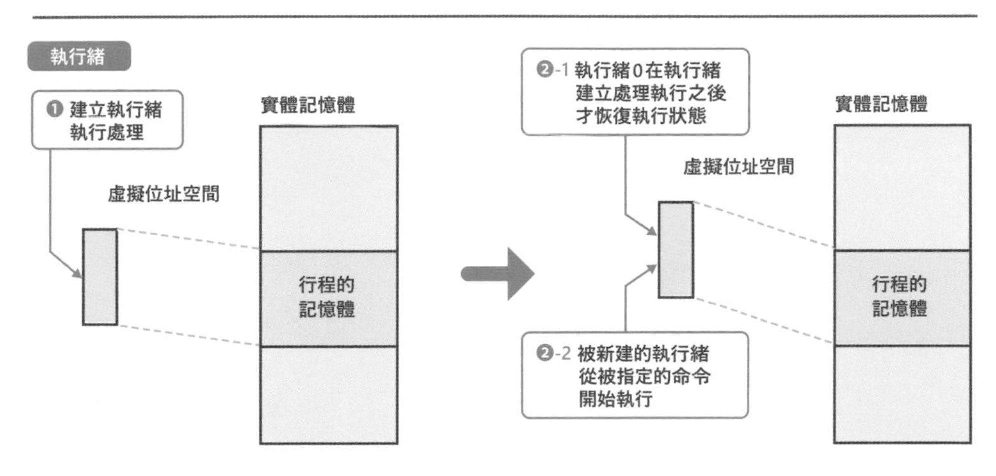

只擁有 1 個執行緒的程式被稱為單執行緒程式，擁有 2 個以上執行緒的程式被稱為多執行緒程式。

用以提供執行緒功能的方法有很多種。譬如說 POSIX 有提供「POSIX 執行緒」這個執行緒操作用 API。在 Linux 上也能夠透過 libc 等來處理 POSIX 執行緒。

將某個程式以複數的流程來實現的情形下，相較於多行程，多執行緒具有以下的優點。

- 因為不需要對分頁表進行複製，所以建立時間較短。

- 各式各樣的資源是被同一行程內的所有執行緒所共用的，如記憶體等資源耗費量較少。
- 所有執行緒之間因為共用記憶體，比較容易做出顯著的協調運作。

另一方面，也具有以下的缺點。

- 1 個執行緒遇到障礙時會影響到全部的執行緒。譬如說 1 個執行緒參照了非法位址而導致異常終止的時候，行程整體都會異常終止。
- 我們會需要熟知各執行緒所呼叫的處理，是否為可由多執行緒程式來進行呼叫的（執行緒安全）。譬如說在內部對全域變數於沒有互斥控制的狀況下進行存取的處理，就不屬於執行緒安全。在這情況下，就必須由程式設計師來加以控制，同時只能讓 1 個執行緒去呼叫該處理。

多執行緒程式如我們所預期，在使用上是非常麻煩的，不過我們也還有很多可在享受到多執行緒化所帶來優點的同時，能夠允許簡單地進行程式設計的方法存在。譬如說在 Go 語言上透過將 `goroutine`[*4] 這個語言內建功能，來簡單地使用執行緒。

＊4　https://go.dev/ref/spec#Go_statements

核心執行緒與使用者執行緒 Column

執行緒的實現方法，可大概地分為在核心空間上實現的核心執行緒，與在使用者空間上實現的使用者執行緒這 2 大類[*a]。

首先讓我們針對核心執行緒來說明。首先要先提到的是，當行程被建立的時候，核心會建立 1 個核心執行緒。之前在第 3 章我們有提到有關行程的排程(scheduling)等部分，以排程器來進行排程的對象並非行程本身，而是這個核心執行緒。

從這個行程呼叫 clone() 系統呼叫後，核心會針對新建立的執行緒去建立對應的別個核心執行緒。這個時候，行程中的各個執行緒，會同時在別個邏輯 CPU 上運作。

有趣的是，在 Linux 上建立行程的時候，也就是呼叫 fork() 函數的時候、建立執行緒的時候，兩邊都會使用到 clone() 系統呼叫。

clone() 系統呼叫會去決定，身為源頭的核心執行緒與新建核心執行緒之間，要如何去共用資源。對於行程的建立(呼叫 fork() 函數)是不共用虛擬位址空間的，而對於執行緒的建立則會共用虛擬位址空間。

核心執行緒可透過 `ps -eLF` 指令等來叫出其一覽清單。

```
$ ps -eLF
UID          PID    PPID     LWP  C NLWP    SZ   RSS PSR STIME TTY          TIME
CMD
...
root         629       1     629  0    1  2092  5108   2  1月03 ?        00:00:00
/usr/lib/bluetooth/bluetoothd
root         630       1     630  0    1  2668  3336   4  1月03 ?        00:00:00
/usr/sbin/cron -f
message+     633       1     633  0    1  2216  5452   7  1月03 ?        00:00:00
/
usr/bin/dbus-daemon --system --address=systemd: --nofork --nopidfile --systemd-
activation --syslog-only
...
root         634       1     634  0    3 65835 20132   0  1月03 ?        00:00:00
/usr/sbin/NetworkManager --no-daemon
root         634       1     690  0    3 65835 20132   3  1月03 ?        00:00:03
/usr/sbin/NetworkManager --no-daemon
root         634       1     719  0    3 65835 20132   3  1月03 ?        00:00:00
/usr/sbin/NetworkManager --no-daemon
root         638       1     638  0    2 20491  3628   2  1月03 ?        00:00:17
/usr/sbin/irqbalance --foreground
...
```

*a　也存在有介於兩者之間的混合類型，因為怕太過複雜所以本書並不會提及。

讓我們針對各欄位當中，首次看到的項目做說明。LWP 是被核心執行緒分配到的 ID。行程建立時所產生的 LWP 的 ID，等同於 PID。

我們可從上例得知 PID=630 的 cron 程式，是屬於單執行緒程式。相較於此，我們還可得知 PID=634 的 NetworkManager 是個具有 3 核心的執行緒（ID 個別為 634、690、719）。

在不使用到 clone() 系統呼叫的情況下，能夠實現使用者空間程式、典型的執行緒函式庫的，就是使用者執行緒。

接著，會將所執行的是什麼樣的命令等資訊，保存在執行緒函式庫中。某執行緒在透過 I/O 的發出等使得某種等待狀態發生時，執行緒函式庫會開始運作，將執行切換到別的執行緒上。不論行程中有幾個使用者執行緒存在，由核心來看的話也只能看到 1 個核心執行緒，所以所有使用者執行緒只能夠在相同邏輯 CPU 上被執行。

至於核心執行緒與使用者執行緒之間的差異，讓我們以實體記憶體上的配置這個觀點來比較看看。當行程 A 擁有執行緒 0 與執行緒 1，這 2 個執行緒的時候，如圖 05-09 所示。

圖 05-09 核心執行緒與使用者執行緒的差異（實體記憶體配置）

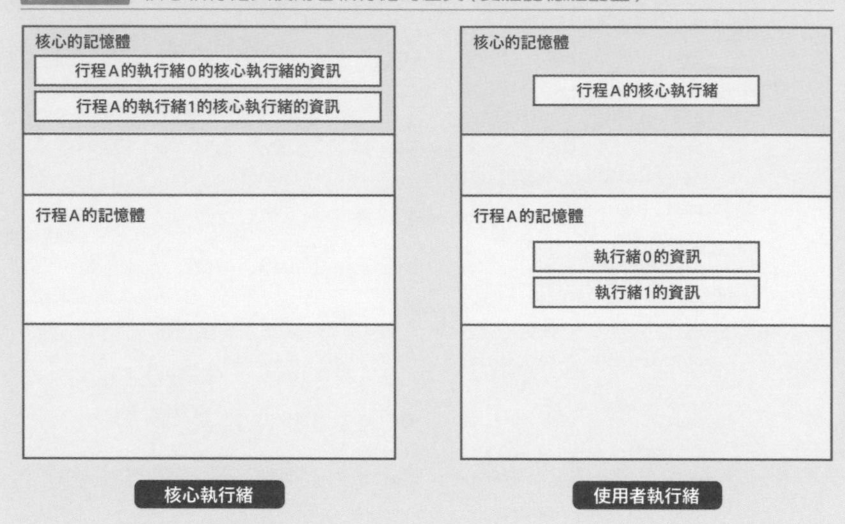

由此可知，執行緒的資訊，就核心執行緒來看是由核心在進行管理的，就使用者執行緒來看是由行程在進行管理的。

那再讓我們針對核心執行緒與使用者執行緒之間的差異，以行程排程的觀點來觀察看看。在某邏輯 CPU 上有個處於可執行狀態的行程 A 存在，而且，在同一個邏輯 CPU 上單執行緒的行程 B 也處於可執行狀態的時候，則如圖 05-10 所示。

圖 05-10 核心執行緒與使用者執行緒的差異(行程排程)

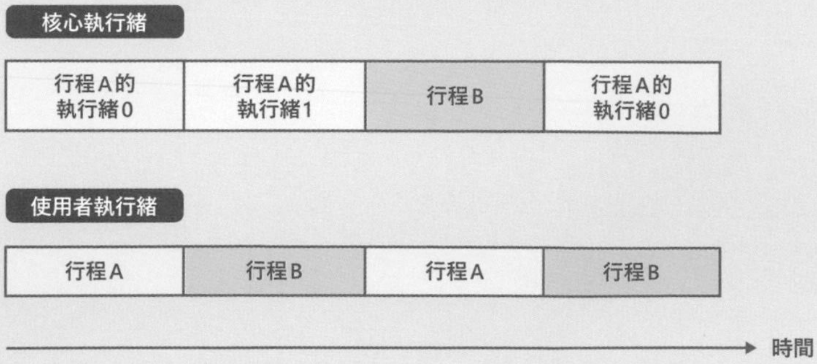

核心執行緒

行程A的執行緒0	行程A的執行緒1	行程B	行程A的執行緒0

使用者執行緒

行程A	行程B	行程A	行程B

時間

以核心執行緒來看,行程 A 的執行緒 0 與執行緒 1,受到與行程 B 相同的對待,依序去使用 CPU。另一方面,讓我們看到使用者執行緒,就核心的排程這觀點來說,對核心而言是無法辨識出行程 A 內執行緒 0 與執行緒 1 的差別的。因此,行程 A 與 B 會依序使用到 CPU。當行程 A 輪到使用 CPU 的時候,要如何去將資源分配給執行緒 0 與執行緒 1,就是執行緒函式庫的責任了。

核心執行緒,在有複數個邏輯 CPU 存在的情況下,具有可以同時執行的優勢,不過提到建立成本,以及在複數執行緒之間的執行切換成本,還是使用者執行緒的成本較低。僅供各位參考,goroutine 就是透過使用者執行緒來實現的。

不只行程,有時候 Linux 核心本身也會建立核心執行緒。由核心所建立的核心執行緒,可透過 ps aux 的執行結果來查看。具體來說,像 [kthreadd] 與 [rcu_gp] 等這些 COMMAND 欄位的字串,被「[]」給前後圍起來的就屬於核心執行緒。

由核心所建立的核心執行緒的樹狀構造,會跟行程的樹狀結構有所不同的是,根部為 kthreadd 這點。Linux 核心在開始執行之後的初始段階,會將 PID=2 的 kthreadd 啟動,之後,視必要性 kthreadd 會去啟動子核心執行緒。kthreadd 與各種核心執行緒之間的關係,跟 init 與系統的其他所有行程之間的關係很相似。

至於各個核心執行緒各自扮演著什麼角色,這部分已經超出本書的範圍了,所以在這邊加以省略。

第 6 章

裝置存取

本章將針對行程對於裝置進行存取的方法來做說明。

如我們在第 1 章所說明的，行程是無法對裝置直接進行存取。原因為第 1 章「核心」這章節所敘述到的下述內容。

- 當複數的程式同時對裝置進行操作的時候，將會引發無法預料的運作。
- 這會導致原本不該被存取的資料被破壞或被窺視。

為了避免這些狀況，會請核心代為進行裝置的存取作業。具體來說，會使用到以下這類界面。

- 操作被稱為「裝置檔」的特殊檔案。
- 在區塊裝置（block device）的裝置上操作已構築好的檔案系統。關於檔案系統的部分請參照第 7 章。
- 網路界面卡（NIC）＊1，因為速度等問題而不會使用到裝置檔，改使用通訊端這個機制。由於本書並不會提及有關網路的部分，所以不會對這個方法做說明。

本章將針對上述當中的，透過裝置檔的存取方式來做說明。

裝置檔

每個裝置都具有裝置檔。以儲存裝置來說，像 /dev/sda 與 /dev/sdb 等就是裝置檔＊2。

在 Linux 上，當行程在對裝置檔進行操作時，核心之中名為裝置驅動程式的軟體，會代替使用者去對裝置進行存取（關於裝置驅動程式將會在後面詳述）。假設裝置 0 與裝置 1 各有 /dev/AAA、/dev/BBB 這些裝置檔存在的情形，如圖 06-01 所示。

＊1　透過 TCP 通訊端或 UDP 通訊端，來與其他機器進行行程間通訊。

＊2　正確來說，將儲存裝置以分割區（partition）做切割時，例如 /dev/sda1、/dev/sda2，每個分割區都會存在一個裝置檔。

圖 06-01 透過裝置檔來操作裝置

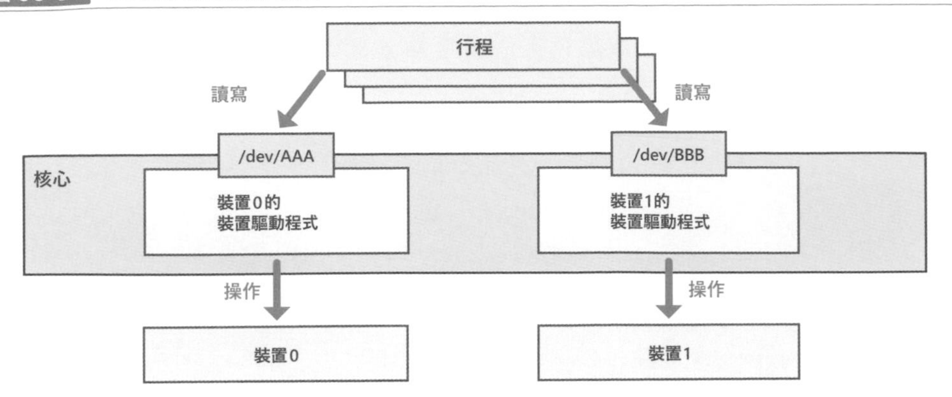

行程可以像一般檔案那樣操作裝置檔。也就是說，可透過發出 open()、read()、write() 等系統呼叫來對各個裝置進行存取。裝置特有的複雜操作，會使用到 ioctl() 這個系統呼叫。通常能對裝置檔進行存取的，只有 root。

裝置檔之中所保存的資訊如下。

- 檔案的種類：字元裝置（character device）或區塊裝置。它們所代表的意義將會在後續說明。
- 裝置的主要編號、次要編號：在這邊我們只需要記住，如果主要編號與次要編號的組合是一樣的話，就會對應到一樣的裝置，如果不一樣的話就會對應到別的裝置＊3 即可。

裝置檔一般會存在於 /dev/ 這個目錄下。那就讓我們將 /dev/ 這個目錄下的裝置條列出來吧。

```
$ ls -l /dev/
total 0
crw-rw-rw- 1 root tty       5,     0 3月  6 19:02 tty
...
brw-rw---- 1 root disk    259,     0 2月 27 09:39 nvme0n1
...
```

如果該行的開頭字元為「c」的話，則代表字元裝置，如果是「b」的話代表區塊裝置。第 5 欄位是主要編號，第 6 欄位是次要編號。/dev/tty 是字元裝置，/dev/nvme0n1 是區塊裝置。

＊3　以前，裝置的主要編號是用在識別裝置的種類上，而次要編號則是用在識別同樣種類的複數裝置上。但是現在就不是這樣了。

字元裝置

字元裝置雖然可以進行讀取與寫入，但是無法進行變更裝置內存取位置的 seek 操作。代表性的字元裝置如下所示。

- 終端
- 鍵盤
- 滑鼠

舉例來說，終端的裝置檔會進行以下的操作。

- `write()` 系統呼叫：將資料輸出到終端
- `read()` 系統呼叫：從終端將資料輸入

那麼就讓我們透過對終端裝置用裝置檔進行存取，來操作終端裝置吧。首先讓我們來尋找對應到目前行程的終端，以及對應到該終端的裝置檔。各行程所綁定的終端可在 `ps ax` 的第 2 欄位被找到。

```
$ ps ax | grep bash
 6417 pts/9    Ss     0:00 -bash
 6432 pts/9    S+     0:00 grep bash
$
```

從這個結果，我們可得知眼前的 bash 所使用的是 pts/9 這個終端。/dev/ 底下的 pts/9 這檔案就是對應到這個終端的裝置檔。

讓我們試著將任意的字串寫入這個檔案吧。

```
$ sudo su
# echo hello >/dev/pts/9
hello
#
```

將「hello」這個字串寫入到終端裝置後（正確來說，是對裝置檔發出 `write()` 系統呼叫），這個字串就被輸出到終端上了。這與執行 `echo hello` 指令時所得到的結果是一樣的。至於為什麼會一樣，是因為 echo 指令是將「hello」寫入標準輸出，並且藉由 Linux 將標準輸出與終端綁定在一起。

接著，讓我們對於存在於系統中的目前操作中的部分以外的終端進行操作看看吧。首先，從剛才的狀態下啟動另一個終端之後執行 ps ax 指令。

```
$ ps ax | grep bash
 6417 pts/9    Ss+    0:00 -bash
 6648 pts/10   Ss     0:00 -bash
 6663 pts/10   S+     0:00 grep bash
$
```

我們可得知對應到第 2 個終端的裝置檔名為 /dev/pts/10。那麼，讓我們將字串寫入到這檔案中吧。

```
$ sudo su
# echo hello >/dev/pts/10
#
```

在這之後，由第 2 個終端我們便可得知，明明完全沒有對這個終端執行任何操作，但是從第一個終端寫入裝置檔的字串被輸出了。

```
$ hello
```

區塊裝置

區塊裝置除了檔案的讀寫之外，還可以執行 seek。最具代表性的區塊裝置為 HDD 及 SSD 等儲存裝置。透過對區塊裝置進行資料的讀寫，就可以像正常的檔案那樣，對儲存裝置的指定位置上的某筆資料進行存取。

那就讓我們透過區塊裝置檔，來操作區塊裝置看看吧。如第 7 章所說明的，使用者是鮮少會直接操作到區塊裝置檔的，一般都是透過檔案系統來進行資料的讀寫。不過，在這個實驗上，卻不用透過檔案系統，只需要透過區塊裝置檔的操作，就可以對被建立在區塊裝置檔上的 ext4 檔案系統的內容進行改寫。

首先讓我們來找尋適當的空間分割區。如果沒有空間分割區的話，請使用會在後續專欄：「迴圈裝置」中所介紹的迴圈裝置。這個實驗，如果是對已寫入資料的分割區執行的話，將會對資料造成破壞的，還請多注意。

接下來讓我們在空閒分割區上建立 ext4 檔案系統。以下的說明，是在假設 /dev/sdc7 為空閒分割區為前提所撰寫的。

```
# mkfs.ext4 /dev/sdc7
...
#
```

讓我們將已建立好的檔案系統進行掛載（mount），並將「hello world」這個字串寫入到名為 testfile 的檔案內。

```
# mount /dev/sdc7 /mnt/
# echo "hello world" >/mnt/testfile
# ls /mnt/
lost+found  testfile   ←「lost+found」是在建立 ext4 時一定會被建立的檔案
# cat /mnt/testfile
hello world
# umount /mnt
```

接著讓我們查看裝置檔的內容。讓我們使用 strings 指令，將存放有檔案系統資料的 /dev/sdc7 之中的字串資訊給抽出。透過 `strings -t x` 指令，將檔案內的字串資料以每 1 行各 1 筆顯示，第 1 欄位所顯示的是檔案偏移量，第 2 欄位所顯示的是所找到的字串。

```
# strings -t x /dev/sdc7
...
 f35020 lost+found
 f35034 testfile
...
803d000 hello world
10008020 lost+found
10008034 testfile
...
#
```

從上述輸出，我們可得知 /dev/sdc7 中，確實有包含到下述資訊。

- lost+found 目錄以及 testfile 這個檔案名稱
- 上述檔案的內容，也就是「hello world」這個字串

至於各個字串為什麼會出現 2 次，是因為對 ext4 來說，是透過日誌檔案系統（Journaling file system）這個功能，在這些資料寫入之前，會先寫入到日誌區這個

地方的緣故。關於日誌檔案系統，將會在第 7 章做說明。

那就讓我們從區塊裝置來將 testfile 的內容進行變更吧。

```
$ echo "HELLO WORLD" >testfile-overwrite
# cat testfile-overwrite
HELLO WORLD
# dd if=testfile-overwrite of=/dev/sdc7 seek=$((0x803d000)) bs=1
                                        ←在 testfile 內容所對應的位置上寫入「HELLO WORLD」
這個字串
```

讓我們再次將檔案系統掛載，並確認 testfile 的內容。

```
# mount /dev/sdc7 /mnt/
# ls /mnt/
lost+found  testfile
# cat /mnt/testfile
HELLO WORLD
#
```

如我們所預料的，testfile 的內容變了。

迴圈裝置

Column

在各位讀者的環境上，有可能會無法實踐前一節的實驗。原因可能在於沒有空間的裝置或分割區，或者是考慮到這個操作有可能會破壞到磁碟的內容而不想嘗試。在這個時候，我們可以使用迴圈裝置這個功能。迴圈裝置是一個能將檔案視為裝置檔來處理的功能。

```
$ fallocate -l 1G loopdevice.img
$ sudo losetup -f loopdevice.img
$ losetup -l
NAME       SIZELIMIT OFFSET AUTOCLEAR RO BACK-FILE
DIO LOG-SEC
/dev/loop0         0      0         0  0 /home/sat/src/st-book-kernel-in-
practice/06-device-access/loopdevice.img   0     512
```

藉著這個操作，loopdevice.img 檔案已經與 /dev/loop0 這個迴圈裝置綁定了。

在這之後 /dev/loop0 就可被視為正常的區塊裝置來處置了。我們還可建立以下的檔案系統。

```
$ sudo mkfs.ext4 /dev/loop0
...
$ mkdir mnt
$ sudo mount /dev/loop0 mnt
$ mount
..
/dev/loop0 on /home/sat/src/st-book-kernel-in-practice/06-device-access/mnt type
ext4 (rw,relatime)
```

在這之後，在 mnt 底下操作檔案時，loopdevice.img 中的檔案系統的資料會被改寫。

實驗後別忘了要把檔案刪除。

```
$ sudo umount mnt
$ rm loopdevice.img
```

如果各位只是想將迴圈裝置作為檔案系統使用的話，就可以按照以下的方式將幾個步驟給省略。

```
$ fallocate -l 1G loopdevice.img
$ mkfs.ext4 loopdevice.img
$ sudo mount loopdevice.img mnt
$ mount
...
/home/sat/src/st-book-kernel-in-practice/06-device-access/loopdevice.img on /home/
sat/src/st-book-kernel-in-practice/06-device-access/mnt type ext4 (rw,relatime)
```

這邊實驗完成後也別忘了要將檔案刪掉。

```
$ sudo umount mnt
$ sudo losetup -d /dev/loop0
$ rm loopdevice.img
```

裝置驅動程式

在本節我們將針對，行程在對裝置檔進行存取時會運作的「裝置驅動程式」這個核心功能來做說明。

為了要能直接操作裝置，我們需要對各裝置所內建的暫存器這個區域進行讀取。具體來說，暫存器的類型有哪些、當對哪個暫存器進行存取時會執行什麼樣的操作，都會依照各個裝置的規格而有不同。裝置的暫存器，名稱雖然跟 CPU 的暫存器相同，但卻是不同的東西。

從行程來看，裝置操作如下所示（圖 06-02）。

❶ 行程透過裝置檔，對裝置驅動程式委託裝置的操作需求。
❷ CPU 切換成核心模式，裝置驅動程式透過暫存器將要求傳達給裝置。
❸ 裝置針對要求進行相對應的處理。
❹ 裝置驅動程式偵測到裝置的處理完成並收到結果。
❺ CPU 切換成使用者模式，行程偵測到裝置驅動程式的處理完成並收到結果。

圖 06-02　透過暫存器的裝置操作

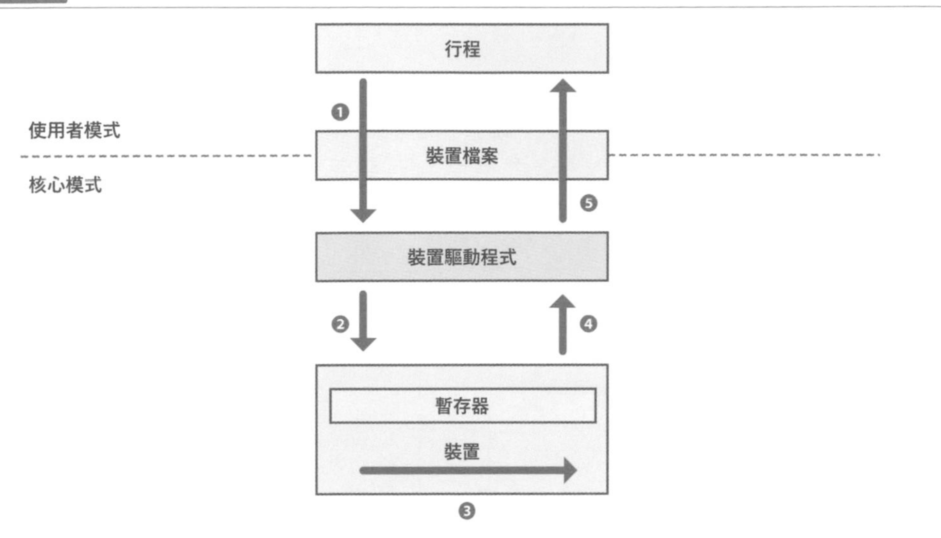

記憶體對映 I/O（MMIO）

近代的裝置，是透過一個叫做記憶體對映 I/O（以下簡稱為「MMIO」）的機制來對裝置的暫存器進行存取的。

就 x86_64 架構來說，Linux 核心是將實體記憶體全部映射到本身的虛擬位址空間上。假設核心的虛擬位址空間的範圍為 0～1000 位元組，假設會如圖 06-03 所示，實體記憶體被映射到虛擬位址空間的 0～500。

圖 06-03 核心的虛擬位址空間

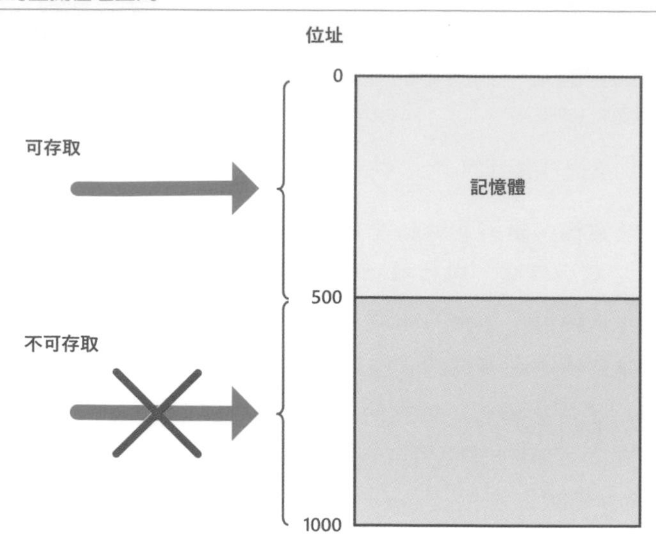

透過 MMIO 操作裝置的時候，除了記憶體之外，暫存器也會映射到位址空間上。假設某個系統上有裝置 0～2 存在，就會如圖 06-04 所示。

圖 06-04 將裝置的暫存器進行映射

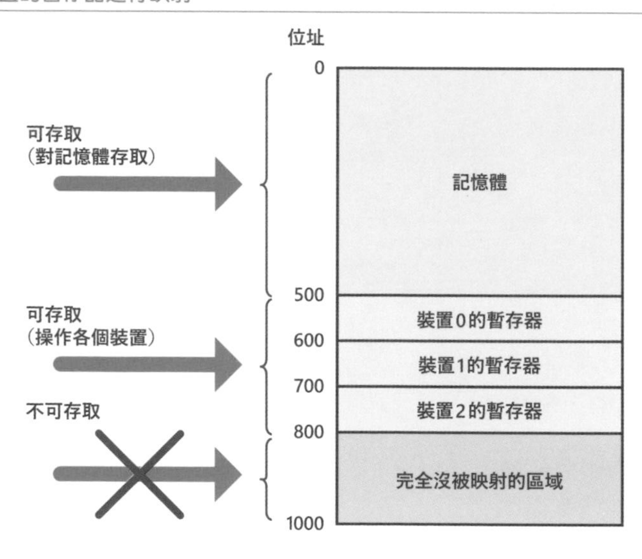

讓我們以表 06-01 所示規格的虛擬儲存裝置為例，來查看裝置操作的流程吧。

表 06-01　接下來的說明中會使用到的虛擬儲存裝置

暫存器的偏移量	功用
0	讀寫所使用記憶體區域的開始位址
10	儲存裝置內讀寫所使用資料區的開始位址
20	讀寫的大小
30	透過對這裡進行寫入來要求處理。0 為讀取的要求，1 為寫入的要求。
40	用來顯示所要求的處理是否已經完成的旗標。發出處理的委託時後顯示 0，處理完成後會顯示成 1。

假設我們將位於儲存裝置內位址 300～400 這區域上的某筆資料讀取到記憶體區域 100～200 上。假設儲存裝置的暫存器是被映射到從記憶體位址 500 開始的位置的話，直到收到讀取要求為止的流程，如下所示（圖 06-05）。

❶ 由裝置驅動程式來指定將位於儲存裝置上哪裡的資料，讀取到記憶體上的哪個區域。

(1) 將讀取目的地位址 100 寫入到記憶體位址 500（暫存器的偏移量為 0）。

(2) 將儲存裝置內的讀取來源位址 300 寫入到記憶體位址 510（暫存器的偏移量為 10）。

(3) 將讀取大小 100 寫入到位址 520（暫存器的偏移量為 20）。

❷ 裝置驅動程式將用以顯示讀取要求的 0，寫入到記憶體位址 530（暫存器的偏移量為 30）。

❸ 裝置將用以顯示要求正在處理中的 0 寫入到位址記憶體 540（暫存器的偏移量為 40）。

圖 06-05 從儲存裝置讀取的流程

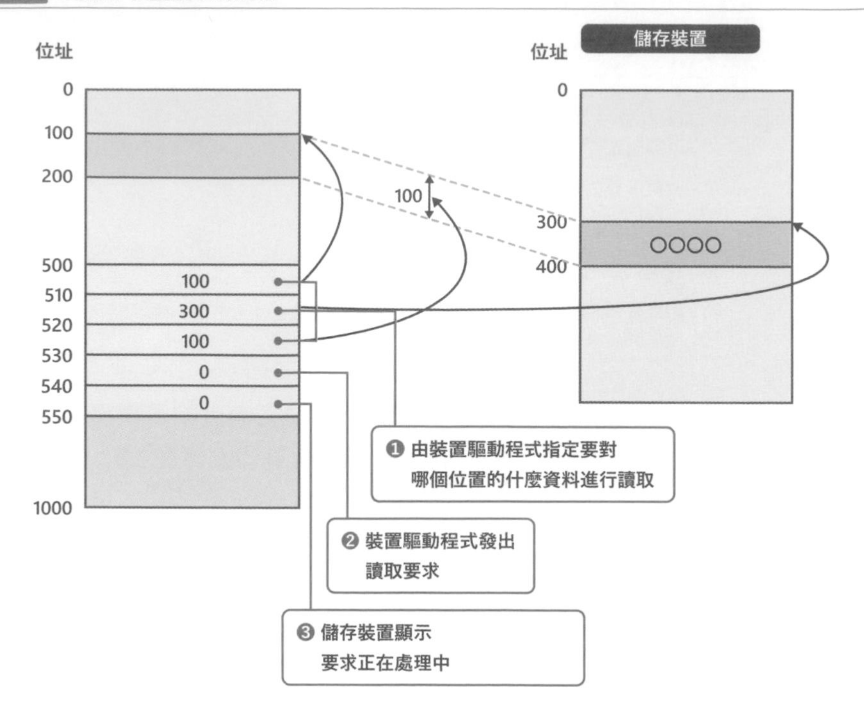

這之後的流程如下所示（圖 06-06）。

❶ 裝置將位於裝置中位址 300～400 區域上的資料傳送到記憶體位址 100 以後的地方。

❷ 裝置為了將被要求的處理已完成給顯示出來，而把記憶體位址 540（暫存器的偏移量為 40）的值設為 1。

❸ 裝置驅動程式偵測到要求的處理已完成。

圖 06-06 從儲存裝置讀取後

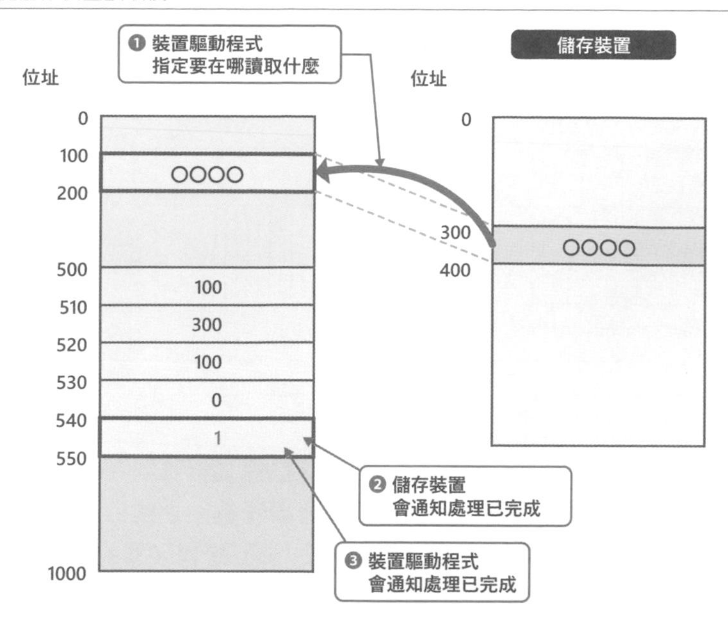

至於❸這個步驟，偵測處理的完成時，會用到「輪詢（polling）」或者是「中斷」這兩種方式的其中一種。

輪詢

在使用輪詢這個方式時，裝置驅動程式會主動地對裝置的處理是否已經完成進行確認。裝置會在來自裝置驅動程式的處理委託完成時，讓用來通知本身的處理已完成的暫存器的值變化。裝置驅動程式會透過對這個值定期地進行讀取，以偵測出處理的完成。以各位讀者在智慧型手機上執行一個聊天 APP 時，在問了對方一個問題這個狀況為例，輪詢在情形下就相當於各位讀者本身，定期地去查看 APP 是否有收到答覆。

在最為單純的輪詢情況下，裝置驅動程式向裝置委託處理後直到處理完成之前，會對前述暫存器不斷地進行讀取。在有 2 個行程 p0、p1 存在的狀況下，p0 向裝置驅動程式委託處理，而且裝置驅動程式定期地啟動，等待裝置完成處理的流程如圖 06-07 所示。

圖 06-07 單純的輪詢案例

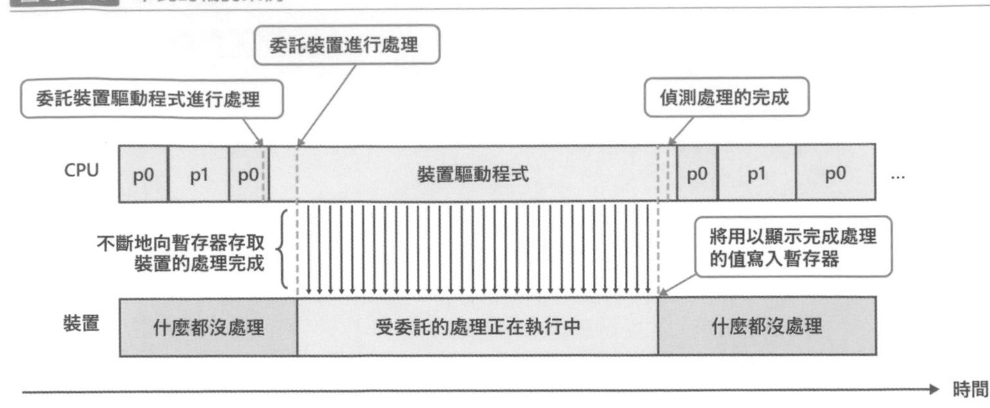

在這情況下，裝置在處理完成後直到被裝置驅動程式偵測到完成之前，CPU 是幾乎無法進行其他處理的。因為 p0 在交給裝置的委託結束之前即便是進到下個步驟是沒有意義的，所以無法動彈也是可以理解的＊4，但是與裝置的處理無關的 p1 卻也動彈不得，很明顯示在浪費 CPU 資源。向裝置委託處理之後到完成之間的所需時間，基本都是以毫秒、微秒為單位，相較於此 CPU 執行 1 個命令所耗費的時間都是用到奈秒單位，甚至是比奈秒更短的時間，講到這裡相信各位能夠多少意會到這種程度浪費影響有多大了吧。

為了避免這種問題的發生，與其不斷地等待裝置完成處理，輪詢也具有可按照所指定的間隔，來對暫存器的值進行確認的作法（圖 06-08）。

圖 06-08 複雜的輪詢案例

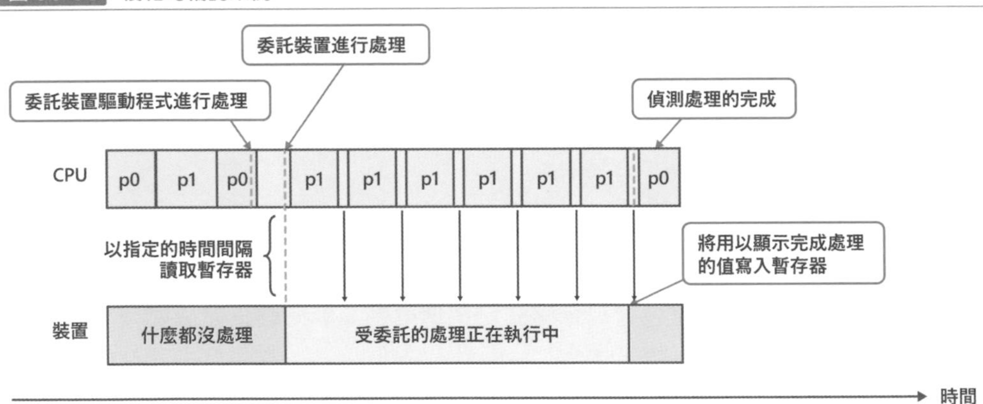

＊4 另外也還有一種在行程對核心委託處理之後，不需要等到處理完成即可進到下個步驟的程式設計模型，但在這邊會將說明省略。

就算這個構造再怎麼精巧，輪詢仍具有會使得裝置驅動程式變得更複雜的問題存在。以圖 06-08 為例子來說，委託裝置進行處理之後，如果想要在完成之前運作 p1 的話，會需要每次在適當的時機將讀取暫存器的值的程式碼插入到 p1。此外，就算我們要去將確認的間隔時間加長，然而決定間隔時間是一件很困難的事。間隔如果過長的話，處理的完成被傳遞到使用者行程的速度就會變慢，如果過短的話又會造成資源的浪費。

中斷

中斷是按照下述流程來偵測裝置的完成。

1. 由裝置驅動程式去委託裝置進行處理。在這之後 CPU 上可以運作別的處理。
2. 當裝置將處理完成後，會透過中斷這個機制去通知 CPU。
3. CPU 會將事先由裝置驅動程式登錄到名為中斷控制器的硬體的，名為中斷處理程序（interrupt handler）的處理給呼叫出來。
4. 中斷處理程序收到裝置的處理結果。

同樣以先前在說明輪詢時用到的聊天 APP 為例，這與正在執行的是聊天 APP 以外的 APP，一旦收到訊息時該 APP 還是會立刻通知各位讀者的方式是相同的。

讓我們跟前節一樣，來查看在有 2 個行程 p0、p1 存在的狀況下，p0 委託裝置驅動程式進行處理的情形（圖 06-09）。

圖 06-09 中斷

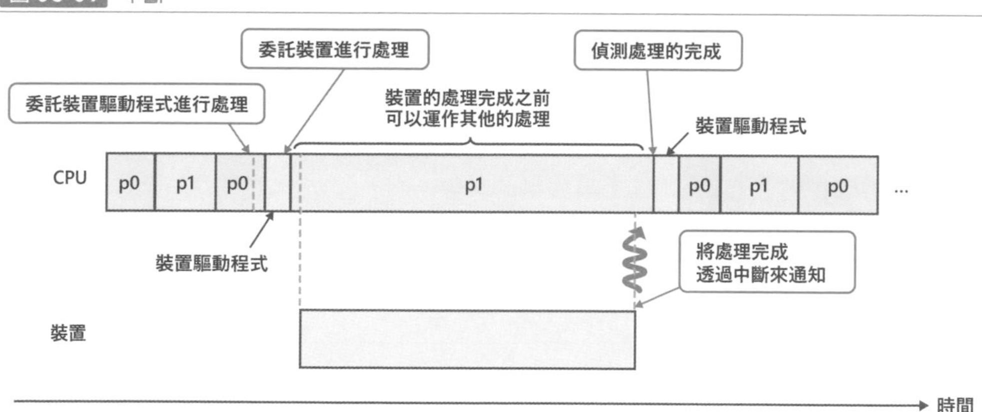

這邊的重點項目如下。

- 裝置的處理在完成之前，CPU 可進行其他的處理。在這個案例中是 p1 在運作。
- 裝置的處理完成可被立刻偵測出來。在這案例中處理完成後 p0 可以立刻運作。
- 處理完成之前所運作的處理（在這邊是 p1），可以不用在意裝置的處理。

用在偵測裝置處理的完成，比起輪詢還是中斷比較好用，而且使用的頻率也較高。

讓我們透過實驗來確認發生中斷時的狀況吧。在這裡，讓我們查看委託儲存裝置進行處理時，中斷的數量的增加狀況。關於系統從啟動到目前為止的中斷的數量，只要查看 /proc/interrupts 這個檔案便可得知。

在筆者的環境上所得結果如下。

```
$ cat /proc/interrupts
           CPU0       CPU1       CPU2       CPU3    ......
  0:         36          0          0          0          IR-IO-APIC    2-edge      timer
  1:          0          0          5          0          IR-IO-APIC    1-edge      i8042
  7:          0          0          0     100000          IR-IO-APIC    7-fasteoi   pinctrl_amd
......
```

在筆者的環境上，輸出總共以 70 行。這跟在各位讀者的環境上所得到的結果應該很接近。那麼，就讓我們來解讀看看這個輸出結果所代表的意義吧。

中斷控制器可以處理複數的中斷要求（Interrupt ReQuest，IRQ），能夠對每個中斷要求登錄不同的中斷處理程序。各個中斷要求都會被分配到叫做 IRQ 編號的編號以供辨識。關於上述的輸出內容，1 行就代表 1 個 IRQ 編號。基本上 1 個裝置會有 1 個對應的 IRQ 編號。

行內的重要欄位的意義如下。

- 第 1 欄位：相當於 IRQ 編號。如果發現不是數值的行，在這邊還請不用太在意。
- 第 2 ～ 9 欄位（邏輯 CPU 的數量有多少就有多少個欄位）：IRQ 編號所對應到的中斷在各個邏輯 CPU 上發生過的次數。

相信在各位讀者環境上的邏輯 CPU 的數量，與筆者環境上的數量是不盡相同的，請適度地調整參閱方式。

在核心之中，為了在被指定的時間過後引發中斷，讓我們將計時器中斷的發生次數設定為每秒輸出一次。這個中斷的第一個欄位的值是「LOC:」。

```
$ while true ; do  grep Local /proc/interrupts ; sleep 1 ; done
 LOC:    21864665    18393529    28227980    84045773    23459541    19307390    25777844    19001056
Local timer interrupts
 LOC:    21864669    18393529    28227983    84045788    23459557    19307390    25777852    19001077
Local timer interrupts
...
 LOC:    21864735    18393584    28228116    84046062    23459767    19307398    25778080    19001404
Local timer interrupts
```

我可以看到它正在逐漸增加。以往是針對所有邏輯 CPU，中斷會定期地發生，如每秒 1000 次。不過，現在已經不像上述那樣了，只會在必要的時候發生計時器中斷。如此一來，不但可以減低因應中斷的發生而被觸發的 CPU 模式轉換等所導致的效能劣化，還可以為邏輯 CPU 多增加一些空閒狀態以降低電力的消費。

硬是要使用輪詢的情形 Column

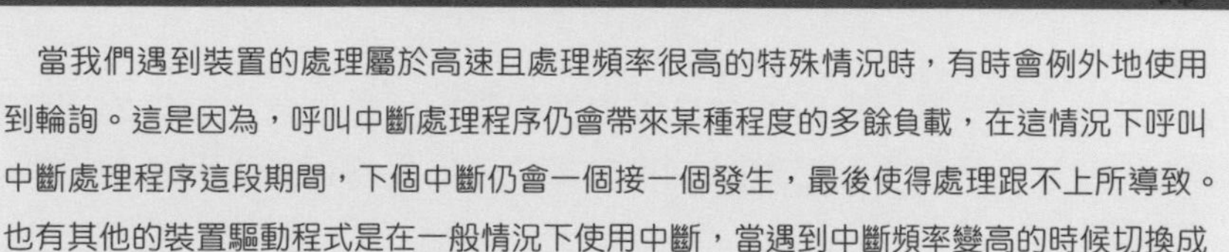

當我們遇到裝置的處理屬於高速且處理頻率很高的特殊情況時，有時會例外地使用到輪詢。這是因為，呼叫中斷處理程序仍會帶來某種程度的多餘負載，在這情況下呼叫中斷處理程序這段期間，下個中斷仍會一個接一個發生，最後使得處理跟不上所導致。也有其他的裝置驅動程式是在一般情況下使用中斷，當遇到中斷頻率變高的時候切換成輪詢的。

還有一個被稱為「user space io（uio）」的功能，這功能會將裝置暫存器所映射的記憶體區域，映射到行程的虛擬位址空間，並從行程來操作設備。只要用到 uio，我們就可以在想要的時候以 Python 來編寫裝置驅動程式。只要用到 uio，每當對裝置檔進行存取時就可以避免 CPU 模式被切換。透過這個方式，想必可以加快設備存取的速度。

應用 UIO 來加速的裝置驅動程式，採用了像使用輪詢與裝置互動、為裝置驅動程式分配專用的邏輯 CPU 等多種技術。有興趣的讀者可以針對「user space io（uio）」、「Data Plane Development Kit（DPDK）、」「Storage Performance Development Kit（SPDK）」等關鍵字，上網搜尋與查閱。

裝置檔名是可變的

當機器上搭載複數個相同種類的裝置時，需要注意到裝置檔名的處理。在這邊我們會針對儲存裝置的名稱來做說明。

當機械與複數的裝置連接時，核心會遵循一定的規則，將各個裝置對應到別個名稱的裝置檔（正確來說是主要編號與次要編號的組合）。如 SATA 或 SAS 的話，則會像 /dev/sda、/dev/sdb、/dev/sdc……，如果是 NVMe SSD 的話，則會像 /dev/nvme0n1、/dev/nvme1n1、/dev/nvme2n1……這樣。要注意的是，在每次啟動之後這個對應關係都會有所不同。

舉例來說，某機器是以 SATA 規格與 2 個儲存裝置 A、B 相連接。這時候，這 2 個裝置之中哪一個會是 /dev/sda、哪一個會是 /dev/sdb，會依裝置的識別順序來決定。假設某次核心對儲存裝置的識別順序是 A 先、B 後的話，那 A 的名稱就會是 /dev/sda、B 的名稱就會是 /dev/sdb（圖 06-10）。

圖 06-10 依照儲存裝置 A, B 的順序識別

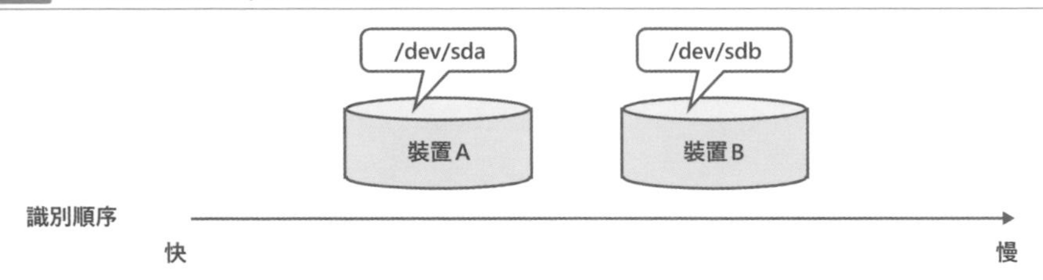

在這之後，假設進行重新啟動後因為某種原因而導致儲存裝置的識別順序有變，則兩者的裝置名稱就會互相對調[*5]。會導致這結果的可能原因如下（圖 06-11）。

- 增設了其他的儲存裝置：舉例來說，因為增加了儲存裝置 C 而使得識別順序變成 A → C → B，所以 B 的名稱從 /dev/sdb 變成 /dev/sdc。
- 儲存裝置的位置互相對調了：比方說，將 A 跟 B 的插入位置對調的話，A 就會變成 /dev/sdb，B 就會變成 /dev/sda。
- 儲存裝置壞了變得無法識別：舉例來說，當 A 壞了的話，B 就會被識別成 /dev/sda。

＊5　例如 USB 連接等可以在系統運作時新增的儲存設備，啟動過程中可能會出現問題。

圖 06-11 有各種原因會使得裝置名稱有變化

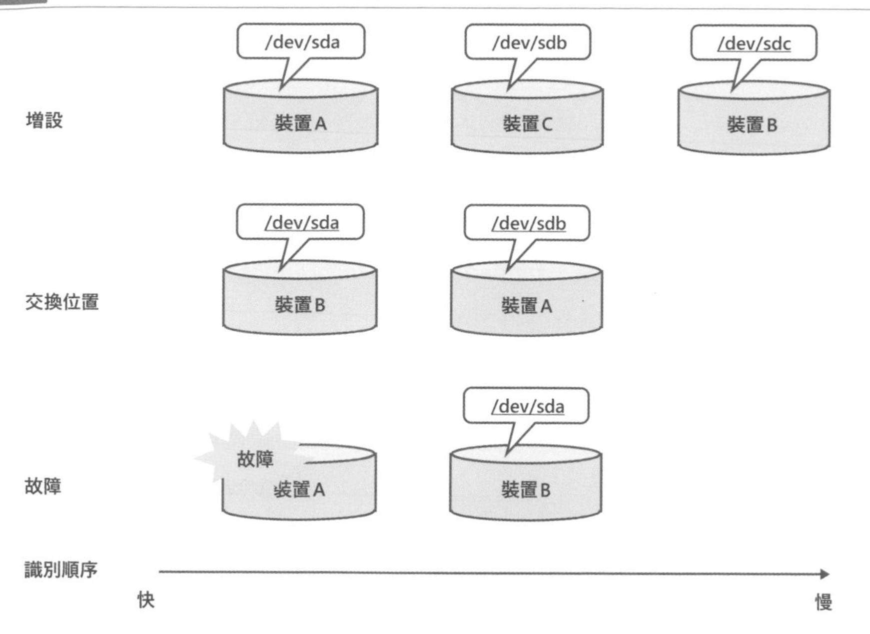

像這樣名稱的改變會造成什麼影響呢？運氣好的話只是無法啟動罷了，但是運氣差的話資料會被破壞。

舉例來說，在上述範例增設別的裝置的話，原本打算是要在磁碟 C 上建立檔案系統，而執行 `mkfs.ext4 /dev/sdc` 之後，就會在現有的磁碟 B 上建立檔案系統，便會有破壞到其他資料的風險＊6 存在。

面對這類的問題，我們可以透過 systemd 的 udev 這個程式，建立被稱為「persistent device name」的永久名稱，以避免這類問題的發生。

每當啟動時所進行的裝置識別，即便機器所搭載的裝置結構有變，udev 會自動地在 `/dev/disk` 底下建立一個不變的，或者是難以變更的裝置名稱。

假設在 `/dev/disk/by-path/` 目錄底下，persistent device name 有一個根據磁碟所搭載的匯流排（bus）上的位置等所附上的裝置檔存在。

＊6　`mkfs` 是很聰明的，當磁碟 B 內已有檔案系統存在的話，便會提醒我們：「現有檔案系統存在所以無法刪除」，但是熟練的人很容易會 `mkfs.ext4 -F /dev/sdc`（加上 `-F` 選項的話，就會忽略現有檔案系統的存在）這樣執行然後將它刪掉。

筆者的環境上的 /dev/sda 具有如下所示的別名。

```
$ ls -l /dev/sda
brw-rw---- 1 root disk 8, 0 Dec 24 18:34 /dev/sda
$ ls -l /dev/disk/by-path/acpi-VMBUS\:00-scsi-0\:0\:0\:0
lrwxrwxrwx 1 root root 9 Jan  4 11:05 /dev/disk/by-path/acpi-VMBUS:00-scsi-0:0:0:0 -> ../../sda
```

除此之外，只要將標籤或 UUID 加在檔案系統上，udev 可針對所對應的裝置，在 /dev/disk/by-label/ 目錄、/dev/disk/by-uuid/ 目錄底下建立檔案。

想更加了解詳情的人，可以參閱以下網站

- Arch wiki 的 "Persistent block device naming" 的網頁
  https://wiki.archlinux.org/title/persistent_block_device_naming

如果，只是不想搞錯所要掛載的檔案系統的話，我們可在 mount 指令中指定標籤或 UUID 來防止問題的發生。

舉例來說，在筆者的環境上，用來設定在系統啟動時進行掛載的檔案系統的 /etc/fstab 檔案，不是用像 /dev/sda 這種由核心所取的名稱，而是透過 UUID 來指定裝置。

```
$ cat /etc/fstab
UUID=077f5c8f-a2f3-4b7f-be96-b7f2d31d07fe / ext4 defaults 0 0
UUID=C922-4DDC /boot/efi vfat defaults 0 0
```

因此，UUID=077f5c8f-a2f3-4b7f-be96-b7f2d31d07fe 所對應的裝置，無論核心命名為 /dev/sda 或 /dev/sdb，都可以毫無問題地掛載。

第 7 章

檔案系統

我們在第 6 章有說明到各種裝置可透過裝置檔進行存取。不過，儲存裝置在大多的情況下，都是透過本章所要說明的檔案系統來進行存取的。

在檔案系統不存在的情況下，我們就需要自己決定要將資料保存在磁碟上的哪個位置。這個時候我們就需要自行管理空閒區域，以免破壞到其他的資料。甚至，當讀寫完成之後，為了將來能夠讀取，我們還需要記住是什麼樣的資料被配置在哪個位置、大小是多少等資訊（圖 07-01）。

圖 07-01 需要記住全部資料的位置與大小等資訊

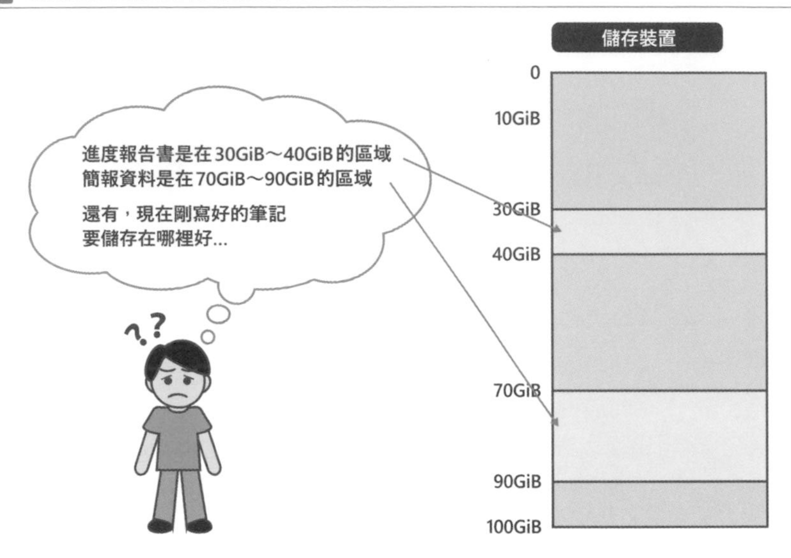

檔案系統會代替我們進行這些的管理作業。檔案系統，會將對使用者來說具有意義「一塊」資料，以檔案這個單位來進行管理的。每筆資料的位置都保存在儲存裝置上的管理區域中，使用者不需要對其進行管理（圖 07-02）。

圖 07-02 檔案系統

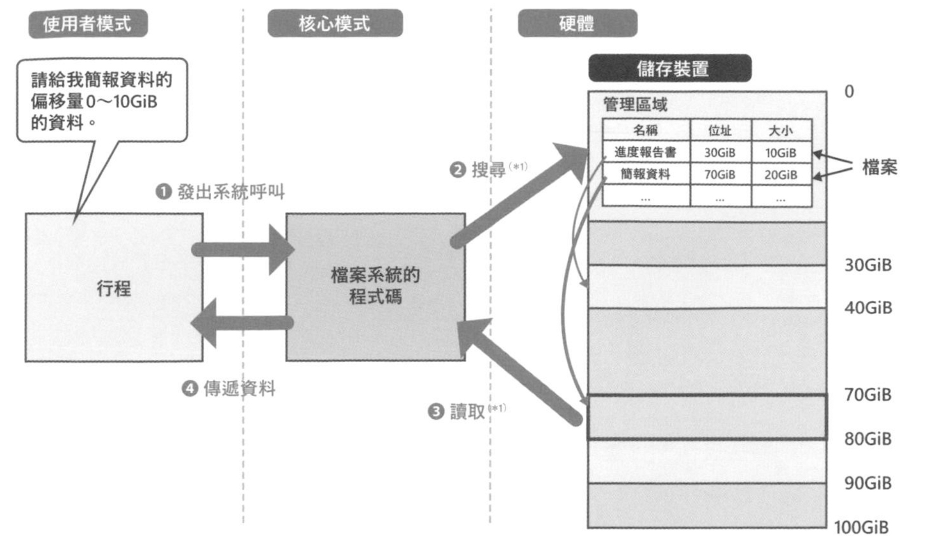

容易讓人混淆的是，圖 07-02 中「以檔案形式管理資料的儲存區域（包含管理區域）」與「操作該儲存區域的處理（圖中的「檔案系統的程式碼」）」，這雙方都被稱為「檔案系統」。

對於儲存裝置，以透過裝置檔進行存取的方式，以及透過檔案系統進行存取的方式之間的差異，如圖 07-03 所示。

圖 07-03 透過裝置檔與檔案系統對儲存裝置進行存取

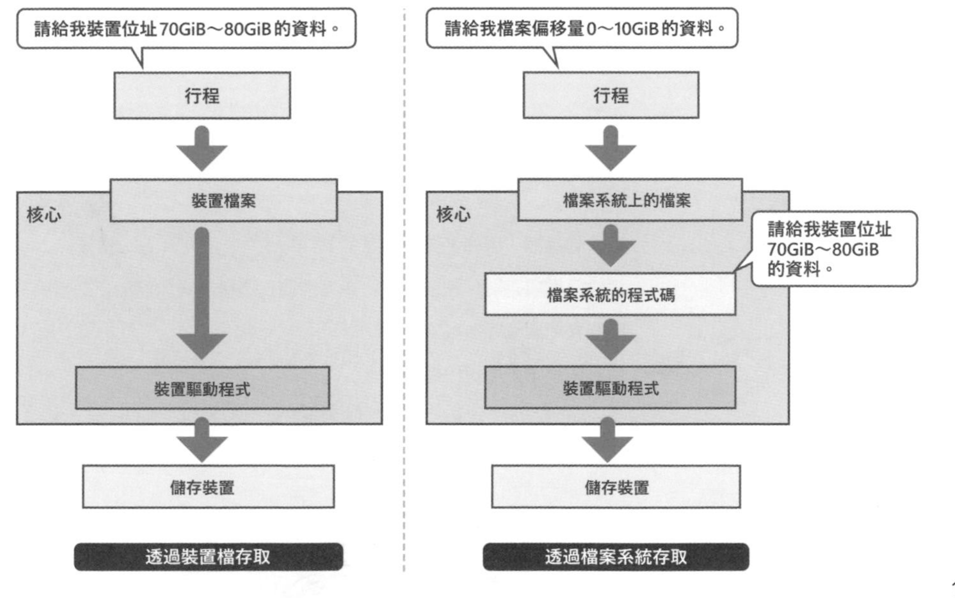

Linux 的檔案系統，可以使用到名為「目錄」的特殊檔案來將各檔案做分類。只要是在不同目錄之下就可以使用相同的檔案名稱。此外，在目錄當中還可以建立目錄，可建構出樹狀結構。這對平常有在使用 Linux 的人來說應該是很熟悉的吧（圖 07-04）。

圖 07-04 檔案系統的樹狀結構

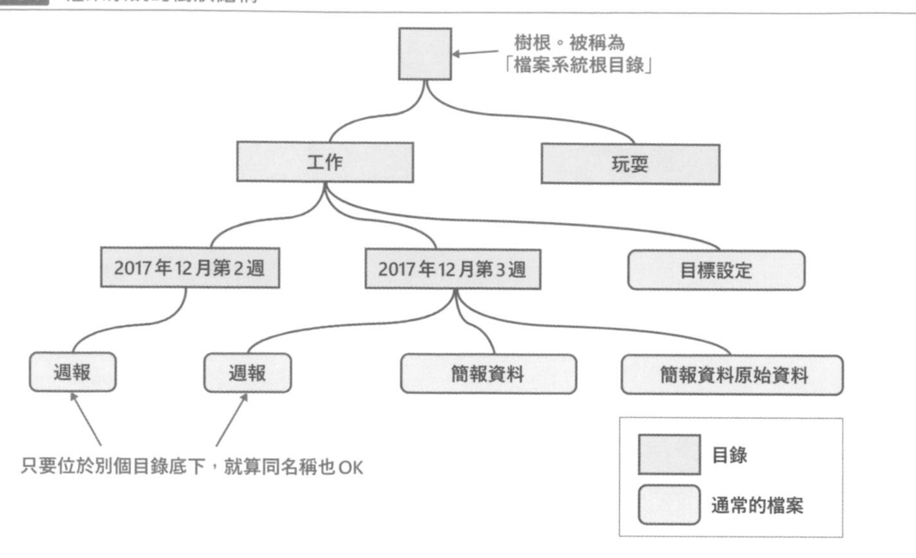

檔案系統上的資料，被分為「資料」與「後設資料（metadata）」這 2 個種類。資料就是指由使用者所建立的文字、圖像、動畫、程式等。相較於此，為了管理檔案而存在於檔案系統上的附加資訊，就是所謂的後設資料。圖 07-02 中的管理區域的資料就屬於後設資料。後設資料中會具有如表 07-01 所示的項目。

表 07-01 主要的後設資料

種類	內容
檔案的名稱	
儲存裝置上的位置及大小	
檔案的種類	一般的檔案、目錄、裝置檔等。
檔案的時間資訊	建立日期與時間、最後存取日期與時間、最後變更內容的日期與時間。
檔案的權限資訊	哪些使用者可存取檔案。
目錄的資料	目錄中有哪些名稱的檔案等。

檔案的存取方法

我們可以透過被制定於 POSIX 的函數來存取檔案系統。

- 檔案操作
  - 建立、刪除：`creat()`、`unlink()` 等
  - 開啟、關閉：`open()`、`close()` 等
  - 讀取、寫入：`read()`、`write()`、`mmap()`（後續說明）等
- 目錄操作
  - 建立、刪除：`mkdir()`、`rmdir()`
  - 當前目錄的變更：`chdir()`
  - 開啟、關閉：`opendir()`、`closedir()`
  - 讀取：`readdir()` 等

多虧這些函數，使用者在存取檔案系統時，就不用去注意到檔案系統的種類差異。不論是 ext4 還是 XFS，當我們想在檔案系統上建立檔案時都可以使用 `creat()` 函數。

各位讀者在透過 bash 等 shell，從各種各樣的程式存取檔案系統時，在內部是呼叫這些函數的。

當檔案系統操作用函數被呼叫時，會依照下述順序來進行處理。

❶ 檔案系統操作用函數，內部地呼叫執行檔案系統操作的系統呼叫。
❷ 運作核心內的虛擬檔案系統（Virtual Filesystem，VFS）這個處理，從這邊呼叫各個檔案系統的處理。
❸ 裝置驅動程式呼叫檔案系統的處理。*1
❹ 由裝置驅動程式來操作裝置。

舉例來說，假設同一個裝置驅動程式可操作的區塊裝置有 A、B，以及 C 存在，在它們上面還有 ext4、XFS、Btrfs 的檔案系統存在的情況，會如圖 07-05 所示。

*1 正確來說，檔案系統的處理與裝置驅動程式之前，還有區塊層（block layer）存在，關於這部分請參照第 9 章。

圖 07-05　檔案系統的界面

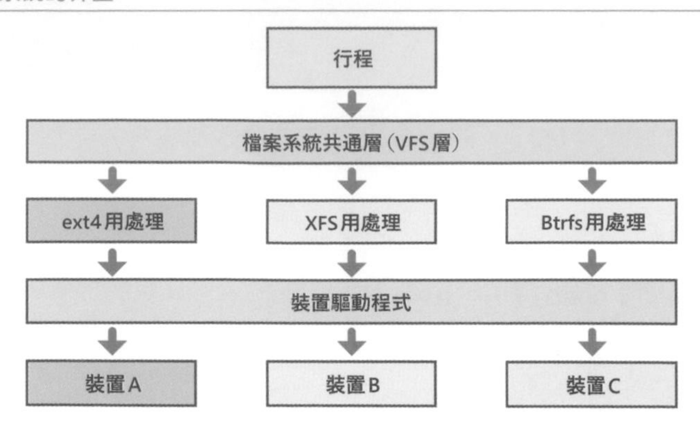

記憶體對映檔案（Memory-mapped file）

Linux 具有一個將檔案的區域映射到虛擬位址空間上的「記憶體對映檔案」功能。透過將 mmap() 函數以指定的方式呼叫，就會將檔案的內容讀取至記憶體，並將該區域映射到虛擬位址空間（圖 07-06）。

圖 07-06　記憶體對映檔案

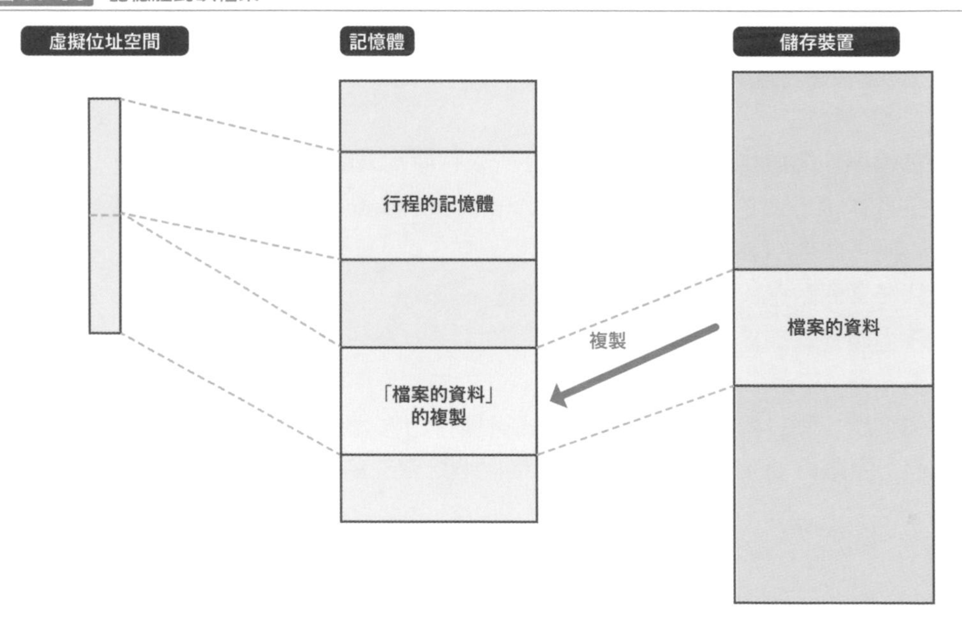

我們可以用與記憶體相同的方式，來存取記憶體映射後的檔案。當資料變更時，稍後會依照指定的時機寫回到儲存裝置上的檔案（圖 07-07）。關於這個的時機的部分，將於第 8 章說明。

圖 07-07 被存取的區域會被寫回到檔案

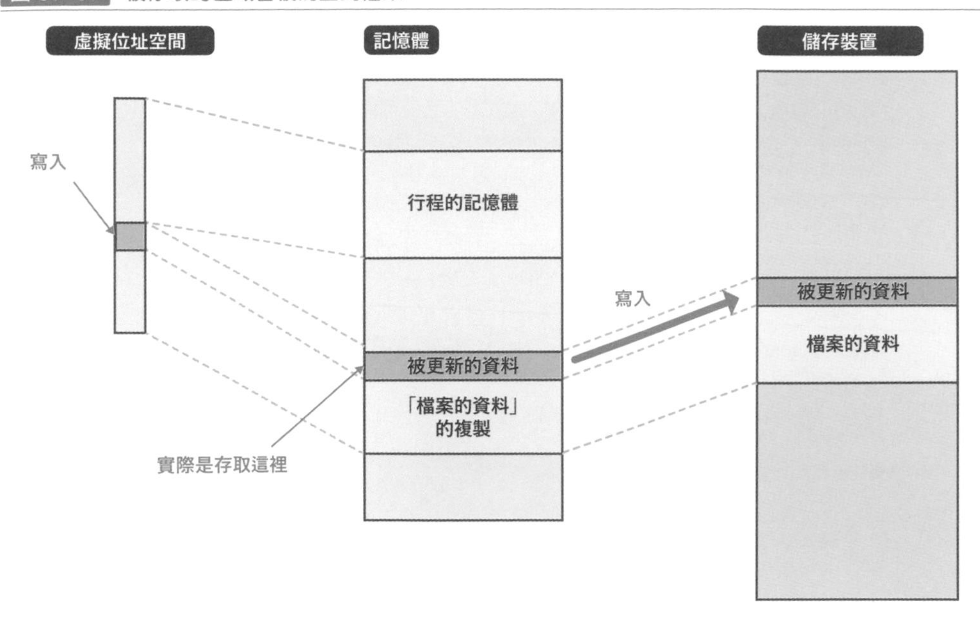

接著，讓我們將已使用到記憶體對映檔案功能的檔案，實際進行資料的更新看看吧。首先，先來建立一個含有「hello」字串的 testfile 檔案。

```
$ echo hello >testfile
$
```

在這之後，讓我們執行會進行以下處理的 filemap 程式（列表 07-01）。

❶ 顯示行程的記憶體映射狀況（/proc/<pid>/maps 的輸出）。

❷ 開啟 testfile 檔案，將檔案透過 mmap() 映射到記憶體空間。

❸ 再次顯示行程的記憶體映射狀況。

❹ 將被映射的區域的資料從 hello 改寫成 HELLO。

列表 07-01 filemap.go

```
package main

import (
        "fmt"
```

```
	"log"
	"os"
	"os/exec"
	"strconv"
	"syscall"
)

func main() {
	pid := os.Getpid()
	fmt.Println("*** testfile 的記憶體映射前的行程虛擬位址空間 ***")
	command := exec.Command("cat", "/proc/"+strconv.Itoa(pid)+"/maps")
	command.Stdout = os.Stdout
	err := command.Run()
	if err != nil {
		log.Fatal("cat 的執行失敗了 ")
	}

	file, err := os.OpenFile("testfile", os.O_RDWR, 0)
	if err != nil {
		log.Fatal("testfile 無法開始 ")
	}
	defer file.Close()

	// 透過呼叫 mmap() 系統呼叫取得 5 位元組的記憶體區域
	data, err := syscall.Mmap(int(file.Fd()), 0, 5, syscall.PROT_READ|syscall.PROT_WRITE, syscall.MAP
_SHARED)
	if err != nil {
		log.Fatal("mmap() 失敗了 ")
	}

	fmt.Println("")
	fmt.Printf("testfile 被映射的位址 : %p\n", &data[0])
	fmt.Println("")

	fmt.Println("*** testfile 的記憶體映射後的行程的虛擬位址空間 ***")
	command = exec.Command("cat", "/proc/"+strconv.Itoa(pid)+"/maps")
	command.Stdout = os.Stdout
	err = command.Run()
	if err != nil {
		log.Fatal("cat 的執行失敗了 ")
	}

	// 將映射後檔案的內容改寫
	replaceBytes := []byte("HELLO")
	for i, _ := range data {
		data[i] = replaceBytes[i]
	}
}
```

```
$ go build filemap.go
$ ./filemap
*** testfile 的記憶體映射前的行程虛擬位址空間 ***
...
c000000000-c004000000 rw-p 00000000 00:00 0
7fbb1ad2d000-7fbb1d09e000 rw-p 00000000 00:00 0
...
testfile 被映射的位址： 0x7fbb1ad2c000 ●——ⓐ
*** testfile 的記憶體映射後的行程虛擬位址空間 ***
...
c000000000-c004000000 rw-p 00000000 00:00 0
7fbb1ad2c000-7fbb1ad2d000 rw-s 00000000 08:02 6031478                    .../testfile ●——ⓑ
7fbb1ad2d000-7fbb1d09e000 rw-p 00000000 00:00 0
...
$ cat testfile
HELLO ●——ⓒ
```

就ⓐ的部分來看，我們可得知 mmap() 函數成功了，而 testfile 檔案資料的開始位址為 0x7fbb1ad2c000。就ⓑ的部分來看，可得知從這個位址開始的區域，實際有被記憶體映射到。最後，就ⓒ的部分來看，可得知實際上檔案的內容有被更新。

一般檔案系統

在 Linux 上常被用到的檔案系統有「ext4」、「XFS」、「Btrfs」等。以很籠統的方式來說，各個檔案系統的特徵如表 07-02 所示。

表 07-02 主要檔案系統

檔案系統	特徵
ext4	容易從過去在 Linux 上常用的 ext2、ext3 轉移過來。
XFS	充滿可擴縮性。
Btrfs	功能很豐富。

各個檔案系統在儲存裝置上建立的資料構造，以及為了進行操作所需要的處理會有所不同。因此，會出現以下的差異。

- 檔案系統的最大大小
- 檔案的最大大小
- 最大檔案數

- 檔案名稱的最大長度
- 各處理的處理速度
- 是否有在標準狀態下所未制定的追加功能

因為我們無法將所有的差異一網打盡地介紹，所以從下個章節開始，我們會針對這些檔案系統所具有的一般功能來進行介紹，並探討透過檔案系統實現這些功能的方法有什麼不同之處。

容量制限（配額）

當系統被使用在複數的用途上的時候，如果有個用途可以對檔案系統的容量無限制地使用的話，將會導致其他用途所能使用到的容量變得不足。特別是當系統管理、處理所需要的容量不足的話，系統整體就會變得無法正確地運作了。

為了避免這個問題發生，有一個可用來限制各個用途所能使用檔案系統的容量的功能。這個功能一般被稱為「配額（quota）」。舉例來說，假設我們對於用途 A，透過配額來加以限制的話，便會如圖 07-08 所示。

圖 07-08 配額

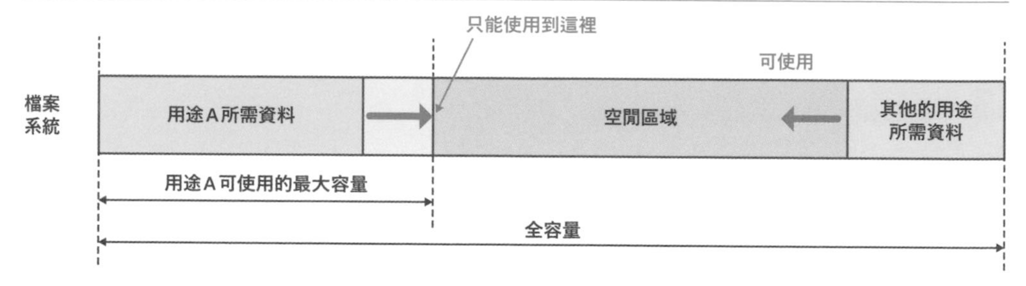

配額的種類如下。

- 使用者配額：對於檔案的所有者，也就是使用者進行容量的限制。舉例來說，可用來防止一般使用者將 /home/ 目錄塞滿等事態的發生。ext4 與 XFS 可以使用這個使用者配額功能。
- 目錄配額（或稱專案配額）：可對特定的目錄進行容量的限制。舉例來說，對某個專案成員的共用目錄進行容量的限制。ext4 與 XFS 可以使用這個目錄配額功能。

- 子磁碟區配額：對檔案系統內的每個子磁碟區單位進行容量的制限。使用方式大致上與目錄配額一樣。Btrfs 可以使用子磁碟區配額功能。

特別在商務系統上，多半都會透過配額的設定，以便管理與控制特定的使用者或程式使用到過多的儲存容量。

維持檔案系統的完整性

系統在運作之後，有時候會遇到檔案系統的內容當中有不一致的現象發生。最為典型的例子，就是當檔案系統的資料被讀寫到儲存裝置的當下，系統的電源被強制斷電的時候，就會發生這種不一致的現象。

讓我們以 root 的底下有 foo、bar 這 2 個目錄，且 foo 底下有 hoge、huga 這兩個檔案的檔案系統為例，來說明檔案系統的不一致是個什麼樣的情形。假設在這個狀態下，我們將 bar 移動到 foo 的底下時，檔案系統所進行的操作如圖 07-09 所示。

圖 07-09 目錄移動處理的流程

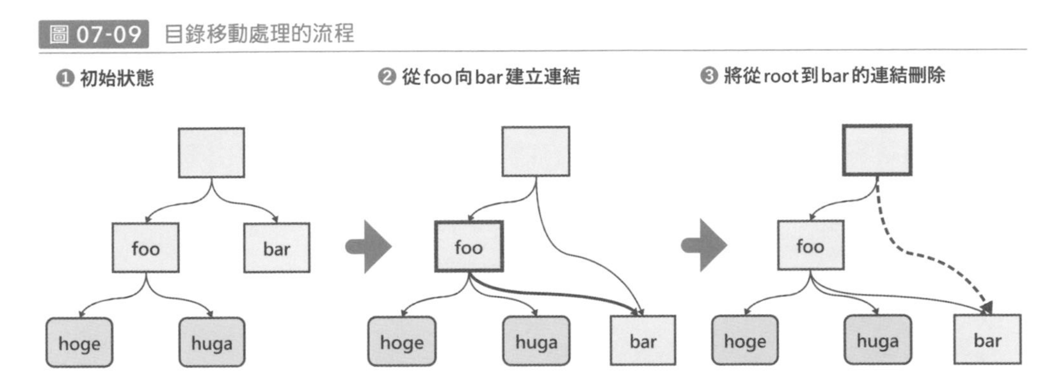

這一連串的處理，由行程來看會是個合在一起的不可拆分的操作（原子操作）。第 1 次的寫入（foo 檔案的資料更新）完成後，到第 2 次的寫入（root 的資料更新）之前就遇到斷電的話，便會像圖 07-10 所示，檔案系統就有可能會陷入半途而廢、不一致的狀態。

圖 07-10 檔案系統的不一致

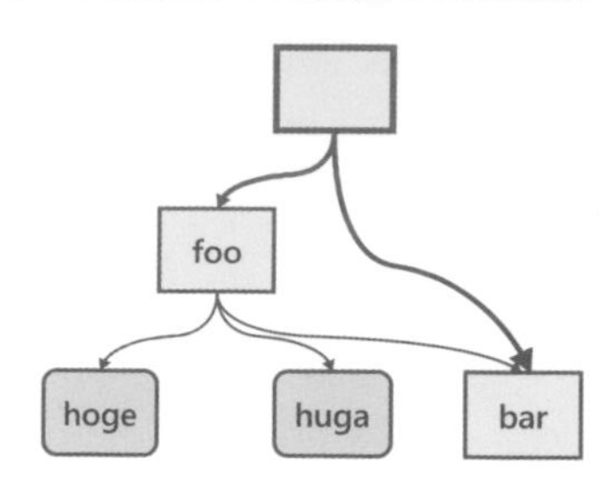

在這之後，一旦系統檔案偵測到不一致的時候，如果是在掛載時偵測到的話，就無法將檔案系統進行掛載，或是以讀取專用模式進行再掛載（remount），導致系統混亂（以 Windows 來說就是藍白當機畫面）。

可用來防範檔案系統不一致的技術有很多，最為廣泛被使用的就是「日誌檔案系統」與「寫入時複製」這 2 個方式。ext4 與 XFS 是透過日誌檔案系統，而 Btrfs 則是透過寫入時複製，來防範各自的檔案系統不一致發生。

透過日誌檔案系統防止不一致

以日誌檔案系統來說，會在檔案系統內有準備了一個稱為日誌區的特殊後設資料區。此時檔案系統的更新如下所示（圖 07-11）。

❶ 將更新所必要的原子操作的一覽清單，暫時先寫入到日誌區。這個清單被稱為日誌紀錄。

❷ 根據日誌區的內容，實際地將檔案系統的內容進行更新。

圖 07-11　日誌檔案系統方式的更新處理

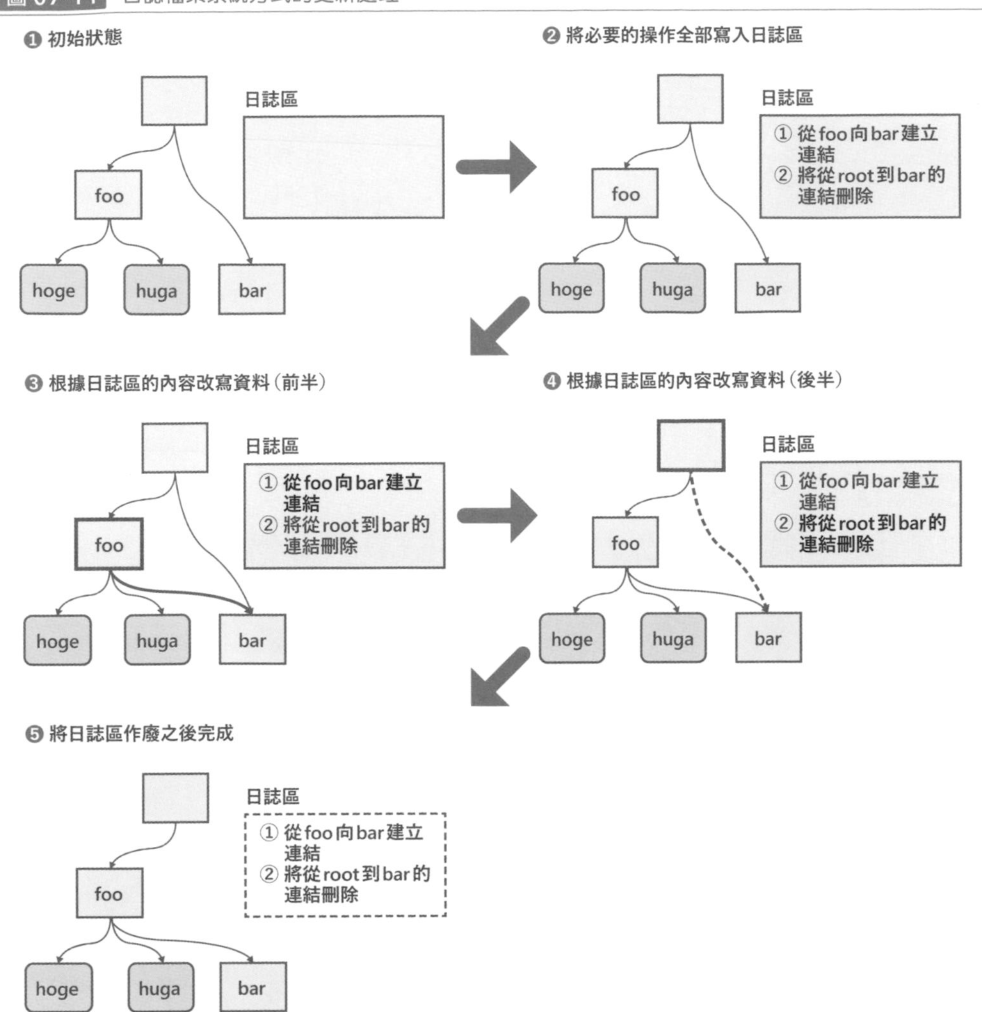

當日誌紀錄在更新中（圖 07-11 的步驟❷）遇到電源被強制中斷的時候，只需要將日誌紀錄捨棄即可，資料的實際狀態跟處理前是一樣的（圖 07-12）。

圖 07-12　以日誌檔案系統來防止不一致（1）

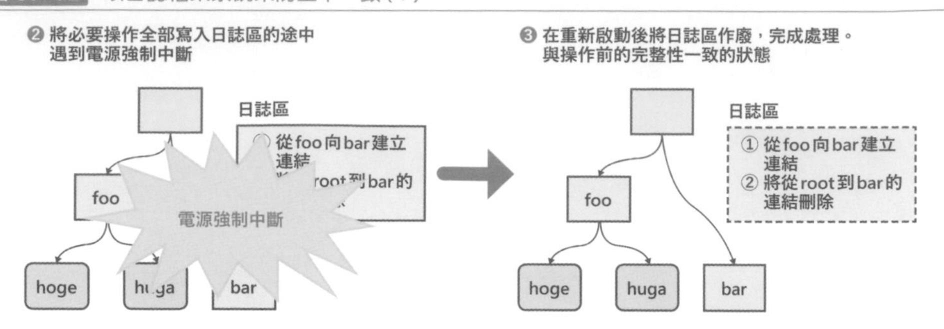

實際資料的更新中（圖 07-11 的步驟❹）遇到電源強制中斷的情形時，透過日誌紀錄的重播，將處理移至完成狀態（圖 07-13）。

圖 07-13　以日誌檔案系統來防止不一致（2）

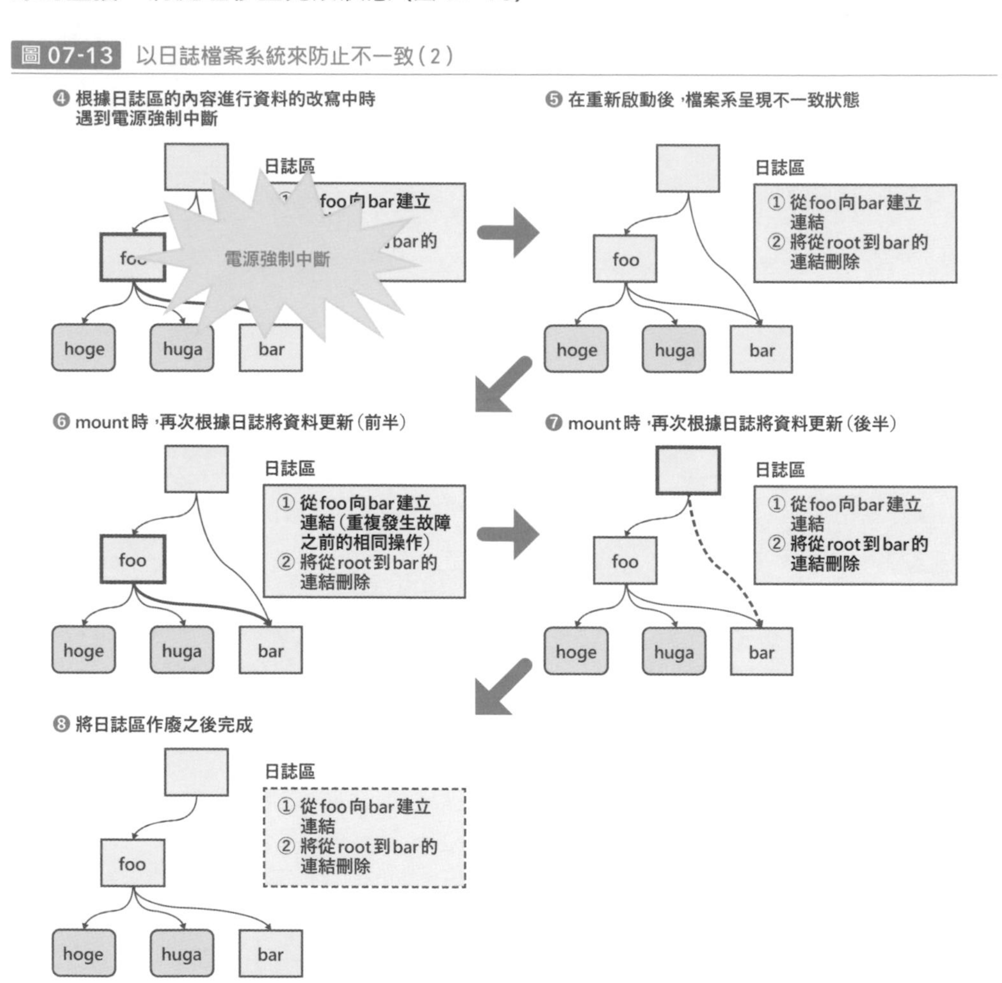

以寫入時複製來防止不一致

為了說明以寫入時複製來防止不一致的部分，首先我們必須要先針對檔案系統的資料儲存方法來做說明。像 ext4 與 XFS 等，將檔案的資料寫入到儲存裝置上，之後將檔案更新時，資料會被寫入儲存裝置上的相同位置（圖 07-14）。

圖 07-14 不使用寫入時複製方式時的檔案更新

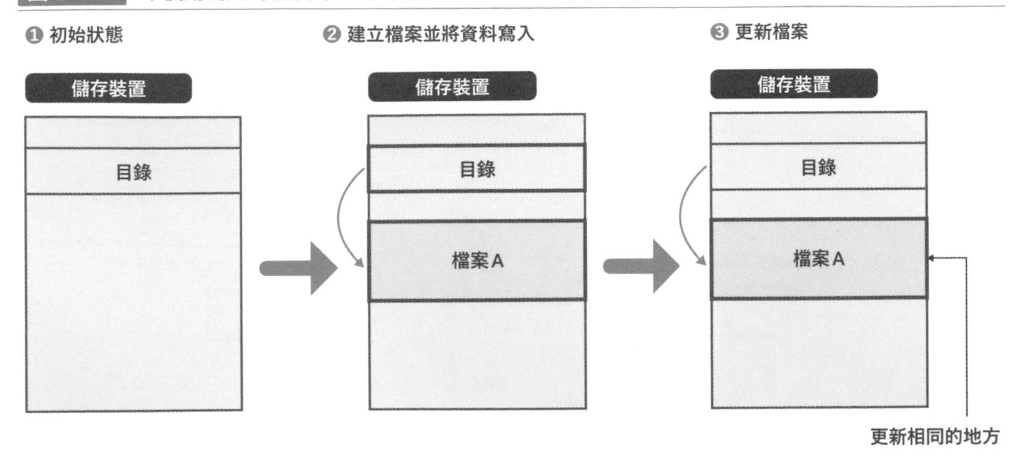

另一方面，像 Btrfs 等寫入時複製類型的檔案系統，在將資料寫入到檔案之後，每當更新進行時會將資料寫入到別的位置[＊2]（圖 07-15）。

圖 07-15 使用寫入時複製方式時的檔案更新

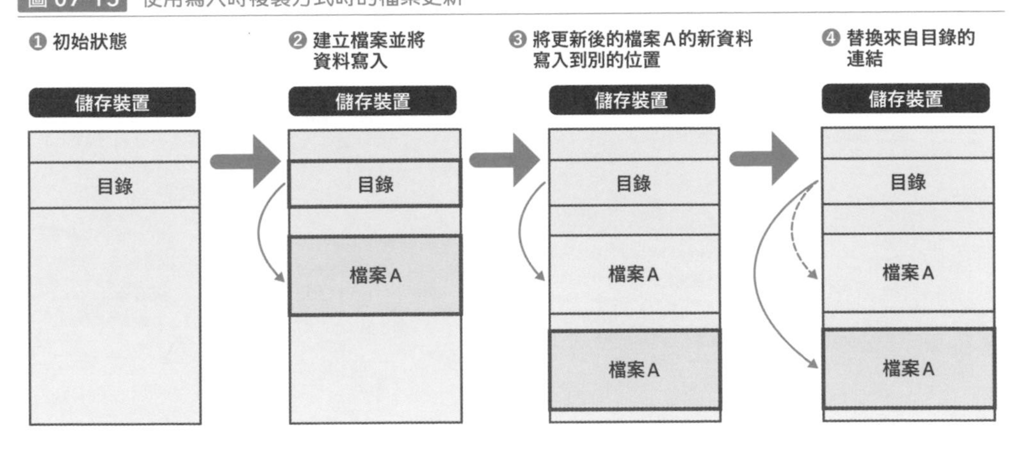

＊2 就圖 07-15 來說，為了簡化說明，是將檔案整個都加以改寫了，不過實際上只有檔案內的被改寫的部分會被複製到別的位置。

就前述檔案移動的情形來說，當更新後的資料全部被寫入到別的位置後，會進行替換連結的行為（圖 07-16）。

圖 07-16 Btrfs 的 mv 處理

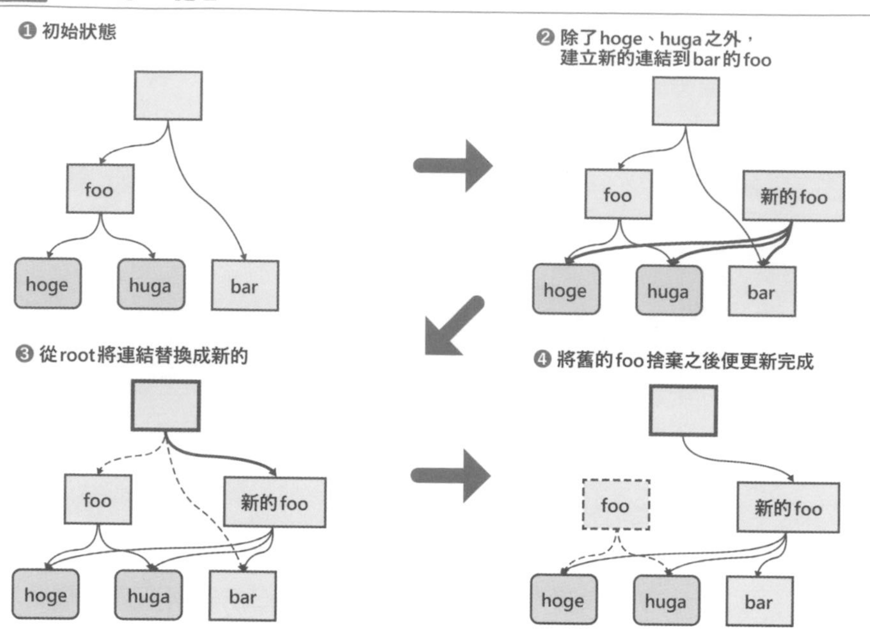

就算在步驟❷發生電源強制中斷的狀況，只要在重新啟動後將建立到一半的資料給刪除，就不會發生不一致了（圖 07-17）。

圖 07-17 Btrfs 的 mv 中的電源強制中斷

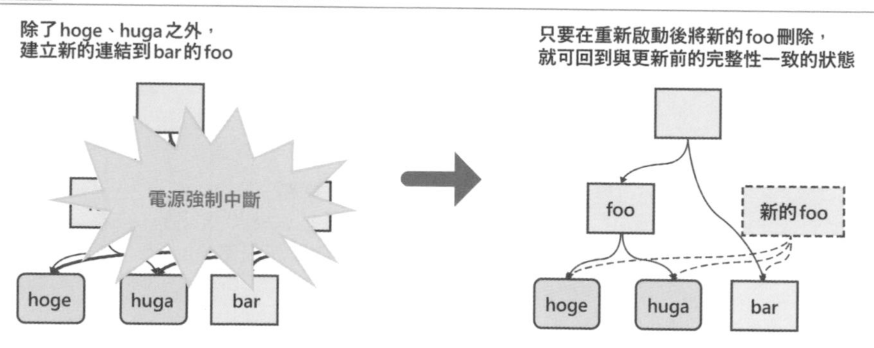

除了備份還是備份

多虧前述用來防止不一致的功能，使得檔案系統不一致狀況的發生變少了，但是要完全防止仍是很困難的。這是因為檔案系統中若有程式錯誤存在，仍然會發生相同的問題，當問題出在硬體上的時候也是有可能會發生狀況。

那麼我們到底該怎麼辦才好呢？一般來說，最好的對策就是定期地對檔案系統進行備份，當遇到檔案系統不一致發生的時候，以最後做的備份復原到當時的狀態。

如果平常沒有定期備份的話，有時候還可以使用由各檔案系統所準備的復原用指令，來恢復完整性。

不同的檔案系統有時會有不同的復原用指令數量及性質，不過不論哪個檔案系統都會有一個被稱為 `fsck` 的指令（ext4 則為 `fsck.ext4`、XFS 則為 `xfs_repair`、Btrfs 則為 `btrfs check`）。不過，基於下述理由，我們不太能推薦使用 `fsck`。

- 為了進行完整性檢查和修復，需要全面掃描檔案系統，其所耗費時間會隨著檔案系統的使用量增加。如果是數 TiB 的檔案系統的話，有時候會需要耗費到數小時甚至到數天的時間。
- 在耗費了很長的時間在修復上，其結果卻還是失敗的情形也不少。
- 沒辦法保證可以恢復到使用者所期望的狀態。畢竟，`fsck` 只是一個用來將發生資料不一致的檔案系統，以強制的方式進行掛載的指令罷了。處理過程中，會無情地對發生不一致的資料或後設資料進行刪除（圖 07-18）。

圖 07-18 fsck 的運作

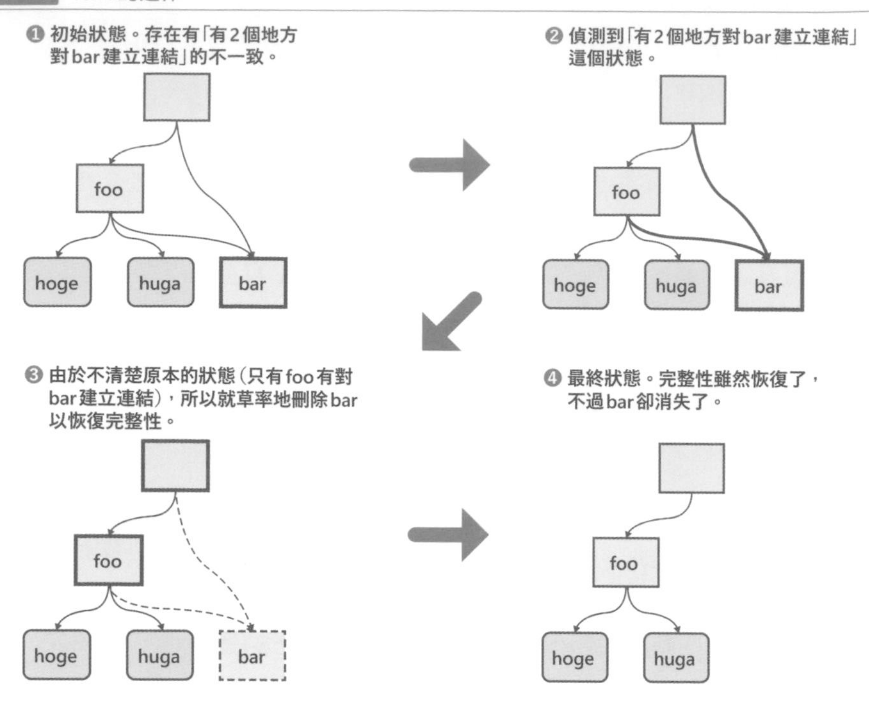

果然，定期備份是最好的作法。

Btrfs 所提供的檔案系統的高階功能

儘管 ext4 與 XFS 之間的差異很小，但就功能面來說，它們從 Linux 的基礎的 UNIX 的問世就存在了，只會提供很基本的功能。另一方面，Btrfs 就具備有它們所沒有的功能。

快照（snapshot）

Btrfs 可用來採集檔案系統的快照。由於建立快照的時候，並不會複製全部資料，而只是建立用來參照資料的後設資料而已，所以運作速度遠超過正常的複製處理。

快照只是與原本的檔案系統共用資料而已，所以空間的成本低廉。快照充分地運用到 Btrfs 的寫入時複製形式的資料更新特性。

因為 Btrfs 的構造非常複雜無法在這邊詳細說明，我們將會在這邊透過簡單的例子來說明快照的機制。讓我們來看到當 root 底下有 foo、bar 這 2 個檔案存在的案例（圖 07-19）。

圖 07-19　快照採集前

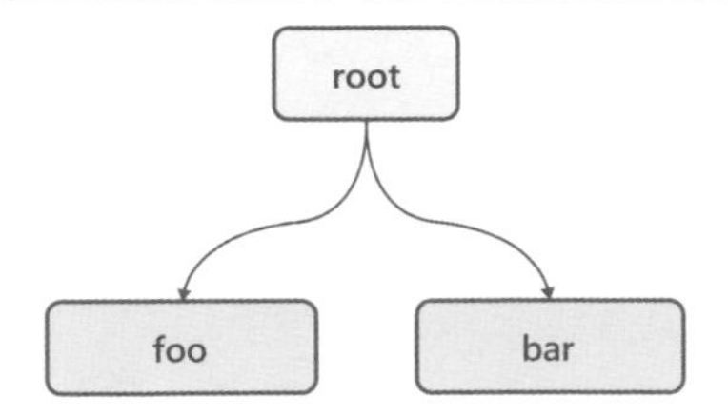

接著對檔案系統的快照進行採集時，便會如圖 07-20 所示，從快照的 root 只有向 foo、bar 建立連結而已，並不會對 foo、bar 的資料進行複製。

圖 07-20　快照採集

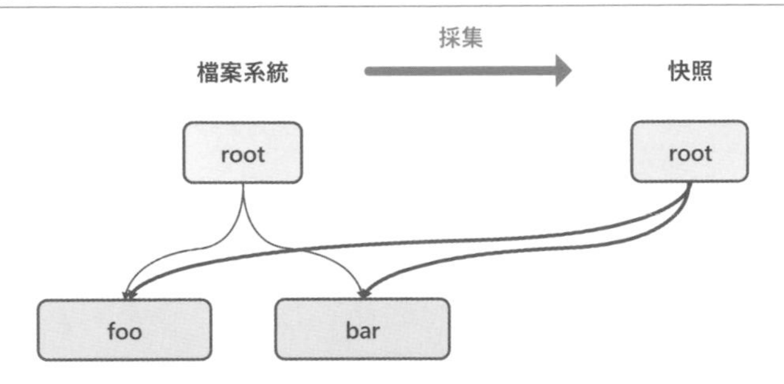

在這之後，對 foo 的資料進行改寫的時候，會進行下述處理。

❶ 將 foo 的資料複製到別的新區域上。
❷ 將新區域的資料更新。
❸ 最後，將指標從 root 更換為更新區域[＊3]（圖 07-21）。

＊3　實際上不是將檔案的全部進行複製，而是將有被改寫的區域進行複製。

圖 07-21 快照採集後的資料更新

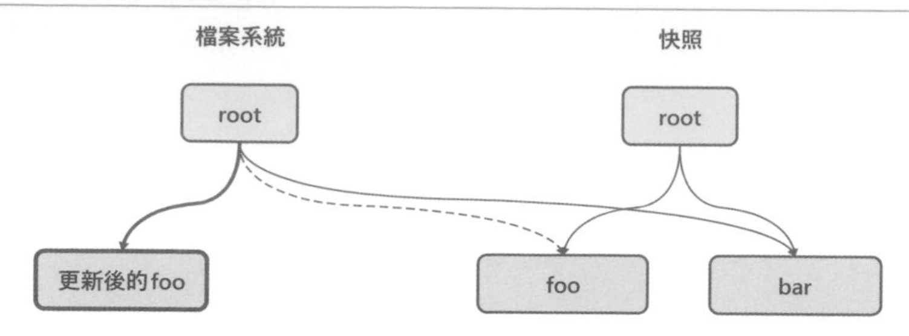

如各位所看到的，快照是與採集來源的檔案系統共用資料的，共用中的資料如果因為某種原因而損壞的話，快照的資料也會損壞。因此，快照無法作為備份來使用。如果想進行備份的話，需要在採集快照之後，將其資料複製到別的地方。

於檔案系統級別採集備份的時候，一般來說需要停止檔案系統的 I/O，不過只要使用到快照功能就可以縮短時間。具體來說，只需要在採集快照的短時間內停止 I/O，在這之後只需要將快照備份，便可不用停止檔案系統本體的 I/O（圖 07-22）。

圖 07-22 備份與快照

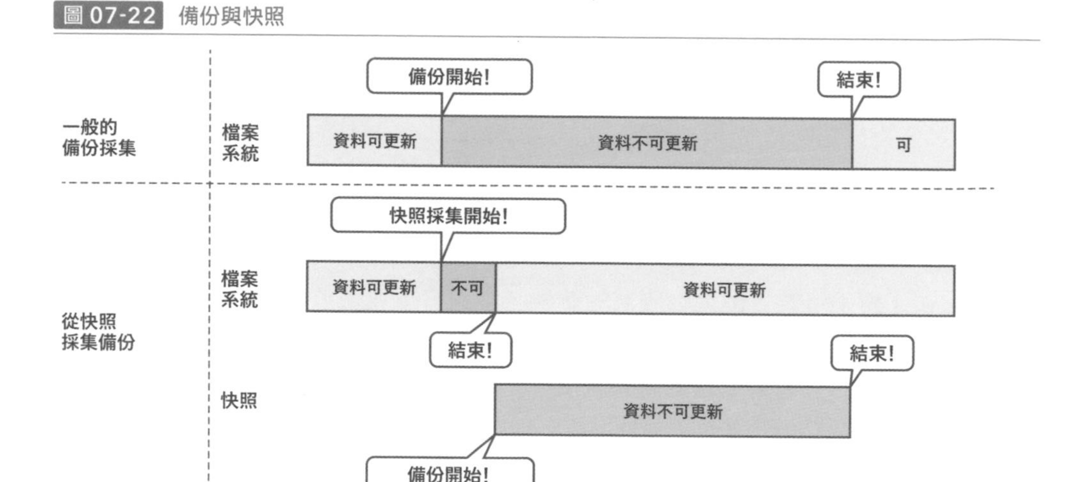

多磁碟區

ext4 與 XFS 會對 1 個分割區建立 1 個檔案系統。

Btrfs 會從 1 個或複數個儲存裝置／分割區建立一個大的儲存池（storage pool）之後，另外建立一個可掛載的子磁碟區區域。儲存池是「Logical Volume Manager」（LVM）＊4 的磁碟區群組，子磁碟區類似於 LVM 的邏輯磁碟區與檔案系統的總和。像這樣，與其將 Btrfs 視為一種傳統類型的檔案系統，不如將其視為「檔案系統＋LVM」之類的磁碟區管理員會比較容易理解（圖 07-23）。

＊4　https://github.com/lvmteam/lvm2

我們到底該使用哪個檔案系統才好？

筆者常常被問到：「我們到底該使用哪個檔案系統才好？」這個非常難回答的問題。這是因為，能夠讓所有人滿足的最棒的檔案系統並不存在，它們都有各自的優缺點。

使用哪個檔案系統是最為理想的，會因需求而有所不同。如果該需求是「XX 功能是不可或缺的」，而且這個功能只存在於特定的檔案系統上的話，就好解決。不過大多會遇到的場合，都是像「以這樣的形式建立檔案，然後以那樣的方式進行存取時速度是最快的才好」這類依存於工作負載的複雜需求。如此一來，我就們無法只根據市面上的，評估「連續建立 100 萬個空白檔案時的效能」的微效能測試（Microbenchmark）的結果來下判斷。到最後還是只能靠自己評估效能測量的結果。在大多情況下，我們只能夠靠自己去判斷什麼檔案系統是適合的。

關於各個檔案系統的細微差異，已超出本文章的範圍了，所以省略這部分的說明。有興趣了解的讀者，可參考以下的網站。

- Ext4 (and Ext2/Ext3) Wiki
  https://ext4.wiki.kernel.org/index.php/Main_Page
- XFS.org
  https://xfs.org/index.php/Main_Page
- Btrfs wiki
  https://btrfs.wiki.kernel.org/index.php/Main_Page

圖 07-23 Btrfs 儲存池

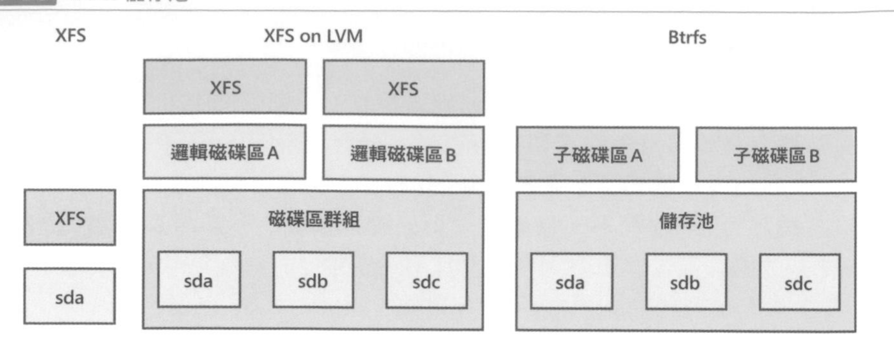

Btrfs 也可採用像 LVM 這樣的 RAID 配置。支援的有 RAID 0、1、10、5、6，還有 dup＊5。RAID1 的情形如圖 07-24 所示。

圖 07-24 RAID1 配置的 Btrfs

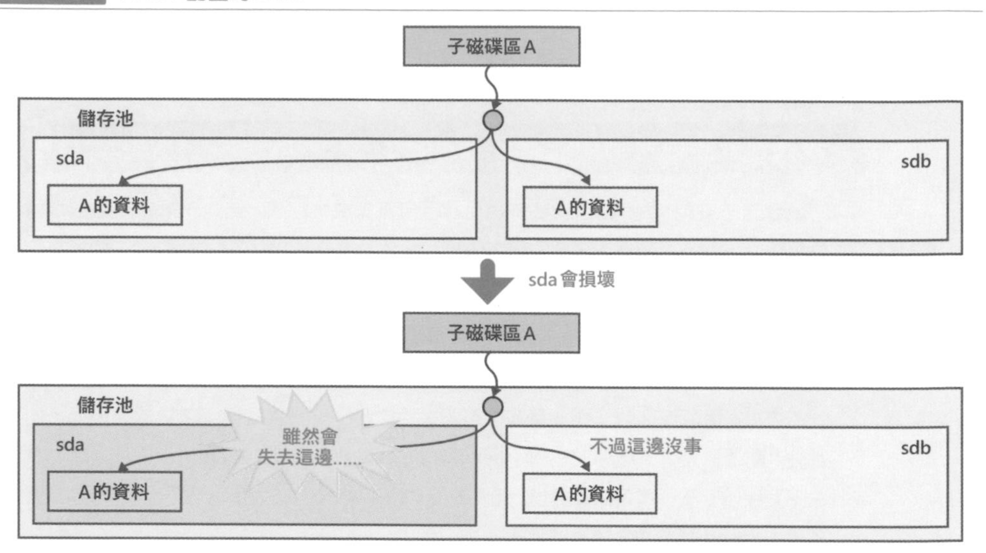

資料損毀的偵測/修復

檔案系統的資料有時候會因為硬體的位元錯誤等因素而損壞。光是資料損毀本身就不是一件小事了，還有可能會以此為契機而導致更大規模的資料損毀發生。

＊5　在 1 個裝置上具有 2 筆同樣的資料。

而且，要對這類的問題找出原因是相當困難的。Btrfs 可以對這類的資料損毀進行偵測，而只要有採用 RAID 配置的話就能進行資料的修復。

Btrfs 透過對於所有資料建立校驗和（Checksum），來偵測資料的損毀。在讀取資料時如果偵測到校驗和錯誤的話，就會將該筆資料捨棄，向提出讀取要求的程式發出 I/O 錯誤的通知。將 Btrfs 在 /dev/ sda 上構築時，會如圖 07-25 所示。

圖 07-25　以校驗和來偵測資料的損毀

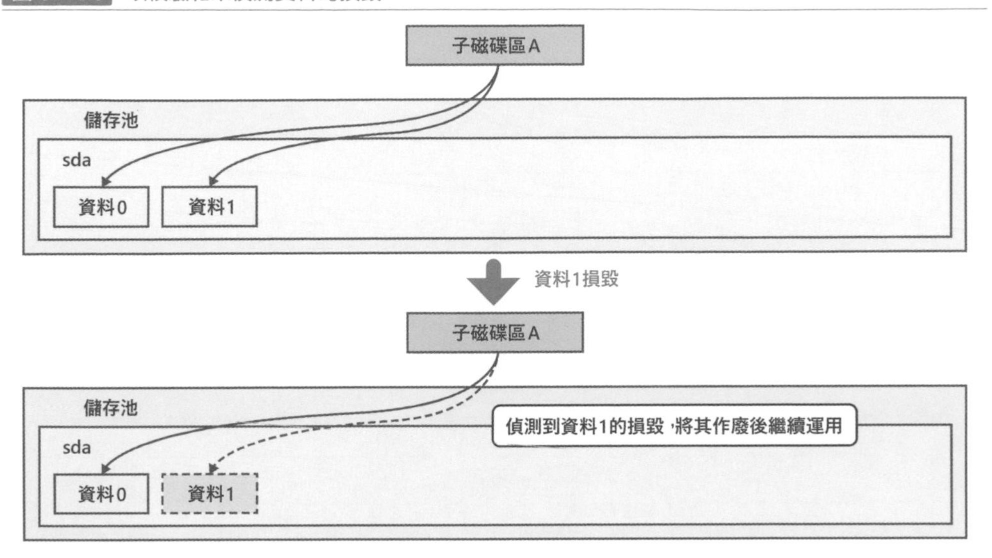

只要採用 RAID 配置，就可以根據留存的正確資料，來將已被破壞的資料做修復。使用 /dev/ sda 與 /dev/ sdb 建構 RAID1 配置時，進行修復的流程如圖 07-26 所示。

圖 07-26 損毀資料的修復

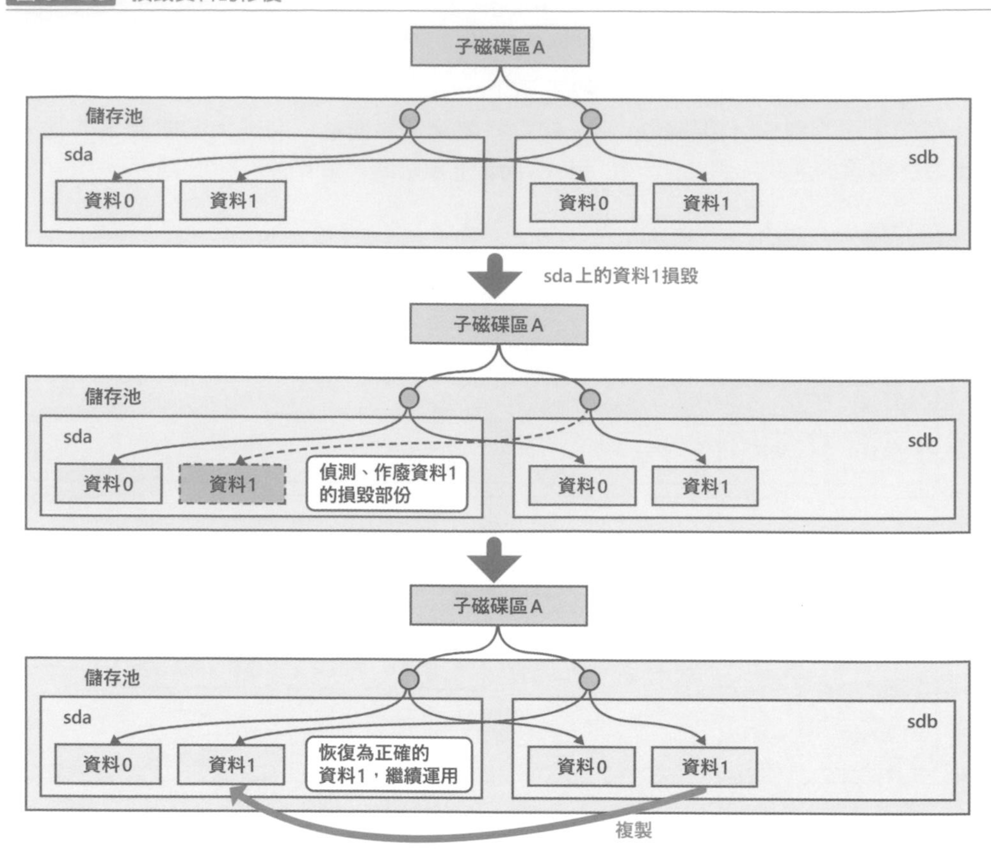

其他的檔案系統

除了已經介紹過的 ext4、XFS、Btrfs 這些檔案系統之外，Linux 上還有很多種檔案系統。我們將在本節中介紹其中幾樣。

基於記憶體的檔案系統

有一個名為「tmpfs」的不是被建立在儲存裝置上，而是被建立在記憶體上的檔案系統。被存放在這個檔案系統上的資料，雖然會在電源關閉後消失，不過因為不需要對儲存裝置進行任何存取，所以存取的速度相當地快速（圖 07-27）。

圖 07-27 tmpfs

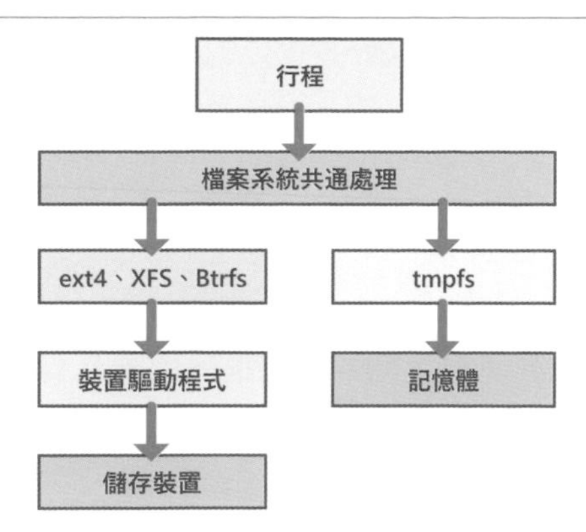

tmpfs 多半會用到在重新啟動後不需要留存的 /tmp 或 /var/run 上。筆者所使用到的 Ubuntu 20.04 上的 tmpfs 也被應用在各種的用途上。

```
$ mount | grep ^tmpfs
tmpfs on /run type tmpfs (rw,nosuid,nodev,noexec,relatime,size=1535936k,mode=755)
tmpfs on /dev/shm type tmpfs (rw,nosuid,nodev)
tmpfs on /run/lock type tmpfs (rw,nosuid,nodev,noexec,relatime,size=5120k)
tmpfs on /sys/fs/cgroup type tmpfs (ro,nosuid,nodev,noexec,mode=755)
tmpfs on /run/user/1000 type tmpfs (rw,nosuid,nodev,relatime,size=1535932k,mode=700,uid=1000,g
id=1000)
```

在 free 指令的輸出結果中「shared」欄位的值，是用來顯示透過 tmpfs 等實際被用到的記憶體使用量。

```
$ free
              total        used        free      shared  buff/cache   available
Mem:       15359352      471052     9294360        1560     5593940    14557712
Swap:             0           0           0
```

在筆者的系統上，tmpfs 用了總共 1560KiB，也就是正在使用 1.5MiB 的記憶體。

tmpfs 除了可透過 Ubuntu 這個作業系統來建立之外，也可以透過 mount 指令，由使用者來建立。以下為建立 1GiB 的 tmpfs 並掛載於 /mnt 底下的範例。

```
$ sudo mount -t tmpfs tmpfs /mnt -osize=1G
$ mount | grep /mnt
tmpfs on /mnt type tmpfs (rw,relatime,size=1048576k)
```

tmpfs 所用到的記憶體，並不是在檔案系統被建立的當下就會獲得全部，而是採用當資料第一次被存取時才會獲得以分頁單位的記憶體的這種機制。

```
$ free
              total        used        free      shared  buff/cache   available
Mem:       15359352      464328     9301044        1560     5593980    14564436
Swap:             0           0           0
```

如各位所見，「shared」的值並沒有增加。讓我們將資料寫入到 /mnt 底下之後，再次執行 free 指令看看吧。

```
$ sudo dd if=/dev/zero of=/mnt/testfile bs=100M count=1
1+0 records in
1+0 records out
104857600 bytes (105 MB, 100 MiB) copied, 0.0580327 s, 1.8 GB/s
$ free
              total        used        free      shared  buff/cache   available
Mem:       15359352      464292     9198452      103960     5696608    14462072
Swap:             0           0           0
```

我們可觀察到使用量增加了 100MiB。實驗結束後就讓我們來事後清理一下吧。tmpfs 在 umount 之後就會被刪除。此時，先前 tmpfs 所用到的記憶體全部都會被釋放出來。

```
$ sudo umount /mnt
$ free
              total        used        free      shared  buff/cache   available
Mem:       15359352      464108     9300896        1560     5594348    14564656
Swap:             0           0           0
```

網路檔案系統

到目前為止所描述到的檔案系統，是一種用於呈現存在於本地機器上資料的功能，另外還有一個使用檔案系統的界面，透過網路連線去對遠端主機上的資料進行存取的「網路檔案系統」功能存在。

「Network File System（NFS）」與「Common Internet File System（CIFS）」可將存在於遠端的檔案系統，視為本地端的檔案系統來進行操作（圖 07-28）。前者主要是用在對於 UNIX 系列（包含 Linux）OS 的遠端檔案系統的存取上，後者則是用在對於 Windows 機器上的檔案系統的存取上。

圖 07-28 NFS與 CIFS

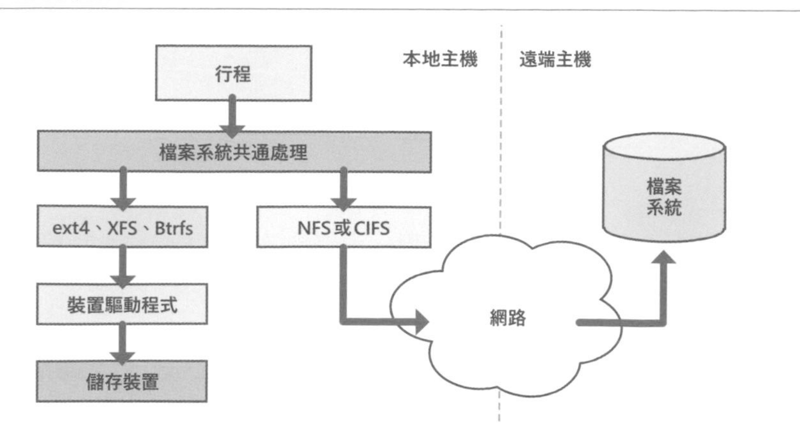

還有一個稱為 CephFS 的檔案系統，可幫我們將複數機器上的儲存裝置彙整成一個大型檔案系統（圖 07-29）。

圖 07-29 CephFS

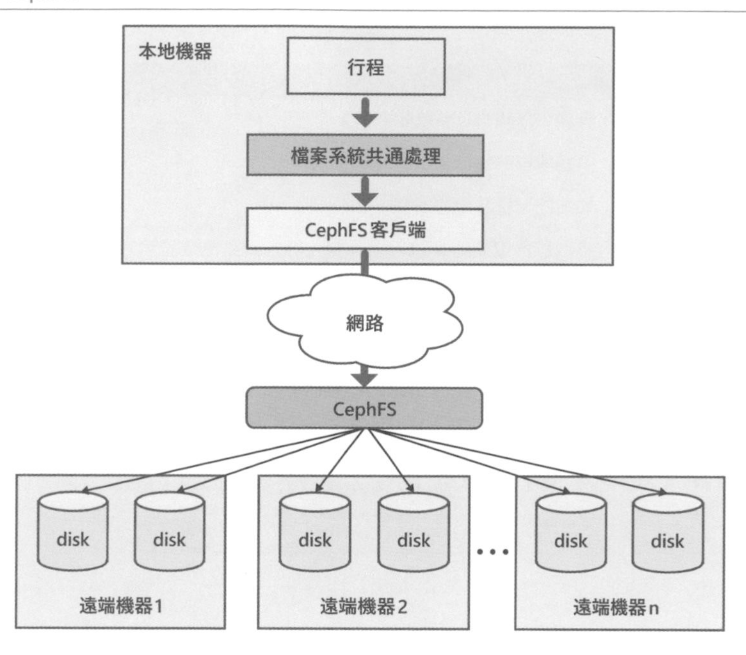

procfs

為了取得存在於系統上的行程相關資訊，我們可以使用「procfs」這個檔案系統。

procfs 通常是被掛載於 /proc 底下。存取 /proc/pid/ 底下的檔案後，我們就可以取得對應到 pid 的行程的資訊。以下為筆者的環境上有關 bash 的資訊。

```
$ ls /proc/$$
... cmdline ... maps ... stack ...
... comm    ... mem  ... stat  ...
```

因為檔案量太大了，在這邊我們僅針對一小部分做介紹（表 07-03）。

表 07-03 /proc/pid/ 底下的檔案（局部）

檔案名稱	意義
/proc/<pid>/maps	已於本書多次使用到的，行程的記憶體映射。
/proc/<pid>/cmdline	行程的指令列參數。
/proc/<pid>/stat	行程的狀態、迄今使用到的 CPU 時間、優先度、記憶體使用量等。

我們也可以取得行程以外的資訊（表 07-04）。

表 07-04 /proc 底下的檔案（局部）

檔案名稱	意義
/proc/cpuinfo	系統所搭載 CPU 的相關資訊。
/proc/diskstat	系統所搭載儲存裝置的相關資訊。
/proc/meminfo	系統的記憶體相關資訊。
/proc/sys/ 目錄底下的檔案	核心的各種微調參數。以一對一的方式對應到透過 sysctl 指令與 /etc/sysctl.conf 變更的參數。

在目前為止的章節中所出現的 ps、sar、fre 等用來顯示 OS 所提供的各種資訊的指令，是從 procfs 採集資訊的。有興趣的讀者，可以對這些指令使用 strace 執行看看，就可以發現是從 /proc/ 底下的檔案將資料讀取出來的。

更詳細的介紹，請參照 `man 5 proc` 的部分。

sysfs

在 Linux 導入 procfs 後的一段時間之後，除了與行程相關的部分之外，甚至連核心所保存的多又繁雜的資訊，也無限度地被放置在 procfs 了。為了避免 procfs 被進一步濫用，而建立了「sysfs」這個用來配置這些資訊的場所。sysfs 通常會被掛載到 /sys/ 目錄底下。

關於可從 sysfs 獲得的資訊，讓我們以 /sys/block/ 目錄為例來進行介紹。在這之下，每個存在於系統上的區塊裝置都會有目錄存在。

```
$ ls /sys/block/
loop0  loop1  loop2  loop3  loop4  loop5  loop6  loop7  nvme0n1
```

其中，nvme0n1 這個目錄所顯示的是 NVMe SSD 裝置，對應到 /dev/nvme0n1。此目錄底下的 dev 這個檔案之中，存放有裝置的主要編號與次要編號。

```
$ cat /sys/block/nvme0n1/dev
259:0
$ ls -l /dev/nvme0n1
brw-rw---- 1 root disk 259, 0 10月  2 08:06 /dev/nvme0n1
```

其他還有像表 07-05 所示有趣的檔案存在。

表 07-05 區塊裝置的 sysfs 檔案（局部）

檔案	說明
removable	如果可以從 CD 及 DVD 這類裝置將媒體取出的話則為 1，其他則為 0。
ro	若為 1 則代表讀取專用。若為 0 則代表可讀寫。
size	裝置的大小。
queue/rotational	存取若是會伴隨磁碟等旋轉的 HDD、CD、DVD 等則為 1，其他像 SSD 等則為 0。
nvme0n1p<n>	對應到分割區的目錄。各目錄中都具有與上述相同的檔案。

關於 sysfs 的詳細介紹，請查看 `man 5 sysfs` 的部分。

第 8 章

記憶階層

不知道各位讀者有沒有看過像下圖所呈現的，電腦的記憶裝置的階層構造（圖 08-01）。

圖 08-01 記憶裝置的階層構造

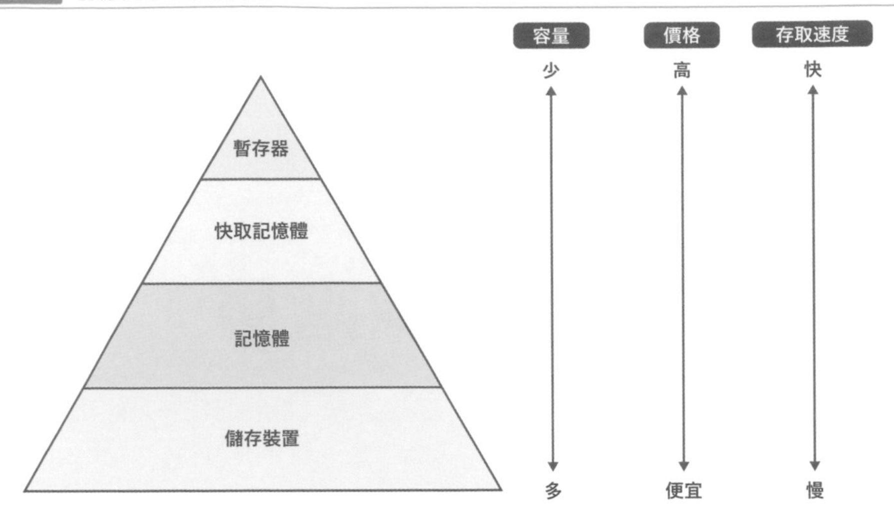

電腦上有各種各樣的記憶裝置可供使用，上圖所呈現的是越上層存取速度就越高，但是缺點就是容量較小，且每位元的單價也比較昂貴。

在本章，我們將針對這些記憶裝置，具體地說明它們之間的容量、效能的差別在哪，以及在考慮到各自優缺點的情況下，硬體及 Linux 到底各自扮演著什麼樣的角色。

快取記憶體

CPU 的運作方式，簡單來說是在重複進行下述操作。

❶ 讀取命令，根據命令的內容，從記憶體將資料讀取到暫存器上。

❷ 根據暫存器上的資料進行計算。

❸ 將計算結果寫回到記憶體。

一般來說，跟在暫存器上的計算所需時間相比，記憶體存取速度是相當地慢的。譬如說在筆者的環境上，前者的所需時間 1 次大約未滿 1 奈秒，但是後者的所需時間是 1 次約數十奈秒。因為如此，不管處理❷再怎麼快速，處理❶與處理❸的速度就會成為瓶頸，而導致整體的處理速度變慢。

為了解決這個問題而出現的便是快取記憶體。快取記憶體一般是存在於 CPU 之中的高速記憶裝置。從 CPU 對於快取記憶體的存取速度，會比對於記憶體的存取速度要快個數倍或數十倍。

從記憶體對暫存器進行資料的讀取時，首先會將以快取塊（Cache Line）為單位的資料讀取到快取記憶體上，再將該資料讀取到暫存器上。快取塊的大小是依 CPU 而有所不同。這個處理是由硬體進行的，所以會與核心無關＊1。

讓我們以下述虛擬 CPU 為例，來查看快取記憶體的運作吧。

- 暫存器有 R0 與 R1 共 2 個。大小各為 10 位元組。
- 快取記憶體的大小為 50 位元組。
- 快取塊的大小為 10 位元組。

首先，假設已經有一筆記憶體位址 300 的資料被讀取到這個 CPU 的 R0 上了（圖 08-02）。

圖 08-02 記憶體位址 300 的資料被讀取到 R0 上的情形

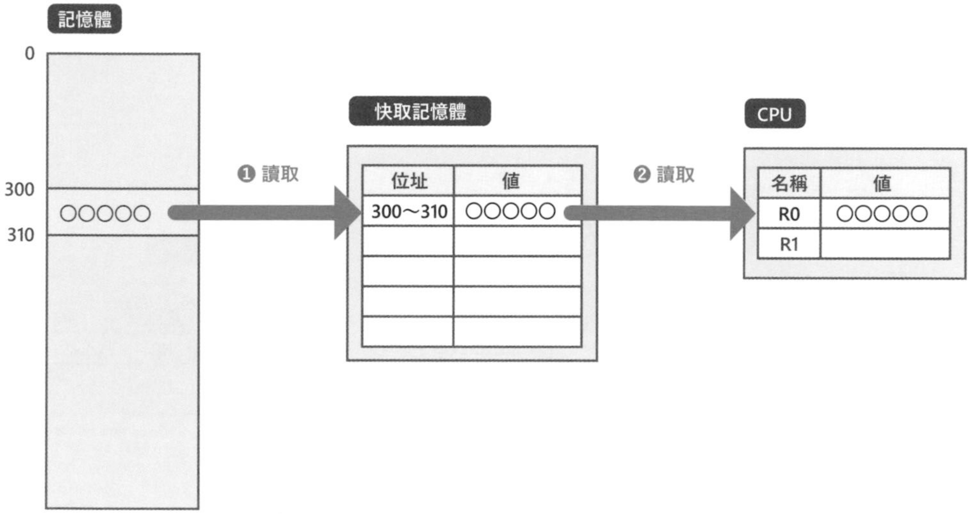

記憶體
0
300
○○○○○
310

❶ 讀取

快取記憶體

位址	值
300～310	○○○○○

❷ 讀取

CPU

名稱	值
R0	○○○○○
R1	

在這之後，當 CPU 要將位址 300 的資料再度進行讀取的時候，在這邊我們假設是要對 R1 進行讀取，就會在不對記憶體進行存取，而只要對快取記憶體進行存取即可的狀況下，高速地完成處理（圖 08-03）。

＊1　CPU 上另外還有將快取記憶體作廢等，用來控制快取記憶體的 CPU 命令存在，不過本書中將不會提及。

圖 08-03　對位於快取記憶體上的資料進行存取

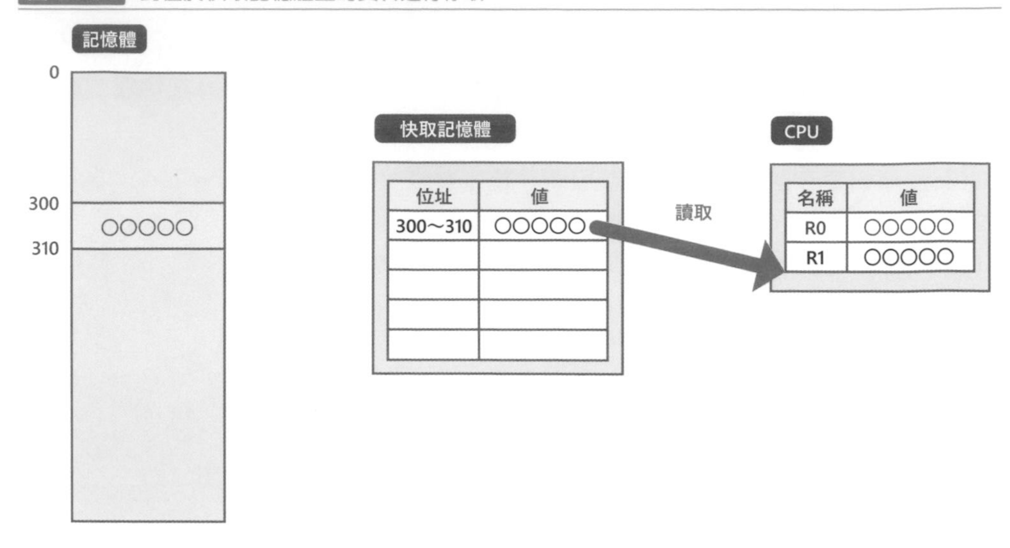

從圖 08-03 的狀態，再更進一步去改寫 R0 的值，並將其內容寫回到記憶體位址 300 的話，就可以在寫入記憶體之前寫入快取記憶體。這個時候，快取塊就會被做上一個用以顯示將資料從記憶體讀出之後有被變更的標記。像這種被做上標記的快取塊，被形容為「髒（dirty）了」（圖 08-04）。

圖 08-04　改寫記憶體位址 300 的值

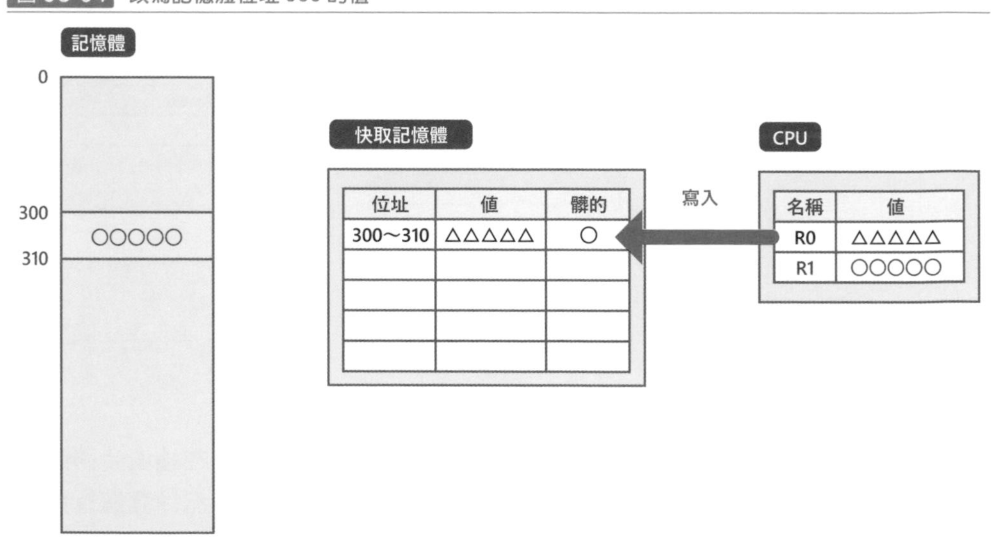

將被加上這個標記的快取塊的資料反映到記憶體上時，快取塊的狀態就不再是髒的了。寫入到記憶體的方式有直寫式方式（write-through）與回寫（write-back）方式這 2 種。前者為將資料寫入到快取記憶體的同時，也會將資料寫入到記憶體。相較於此，後者會在稍後的指定時機寫入回去（圖 08-05）。直寫式的實作雖然比較簡單，不過就回寫方式來說，從 CPU 執行記憶體的資料寫入命令是不需要對記憶體進行存取便可完成的，所以可以達到高速化。

圖 08-05 髒的快取塊記憶體的映射

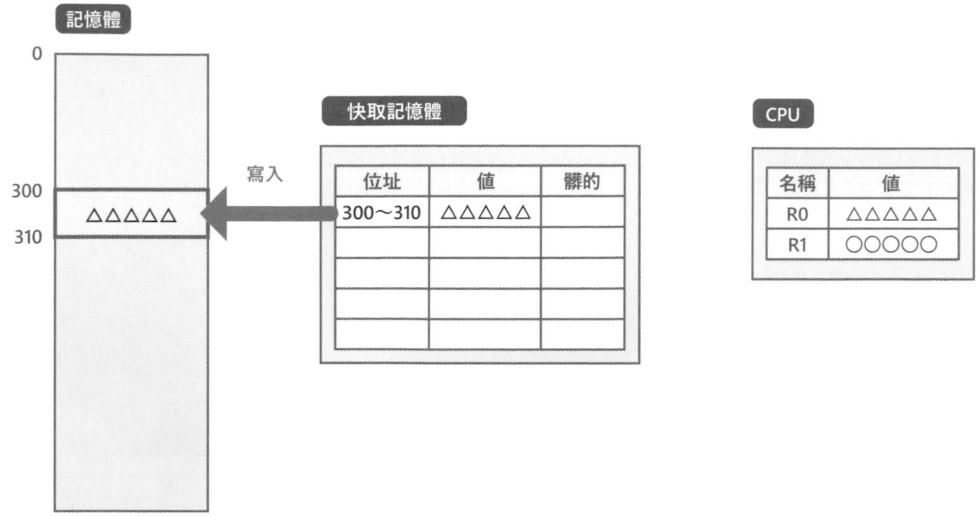

記憶體

0

300

△△△△△

310

寫入

快取記憶體

位址	值	髒的
300～310	△△△△△	

CPU

名稱	值
R0	△△△△△
R1	○○○○○

當快取記憶體已經處於裝滿的狀態下，如果對不存在於快取內的資料進行讀寫的話，會將現存的快取塊當中的 1 個作廢，並將新的資料放進空出來的快取塊中。譬如說從圖 08-06 的狀態來對位址 350 的資料進行讀取時，會對快取塊上的 1 筆資料（在這邊是位址「340-350」的欄位）進行作廢之後，再將該位址的資料複製到現在空下來的快取塊上（圖 08-07）。

圖 08-06 從快取記憶體已滿的狀態將快取塊上的 1 筆資料給作廢

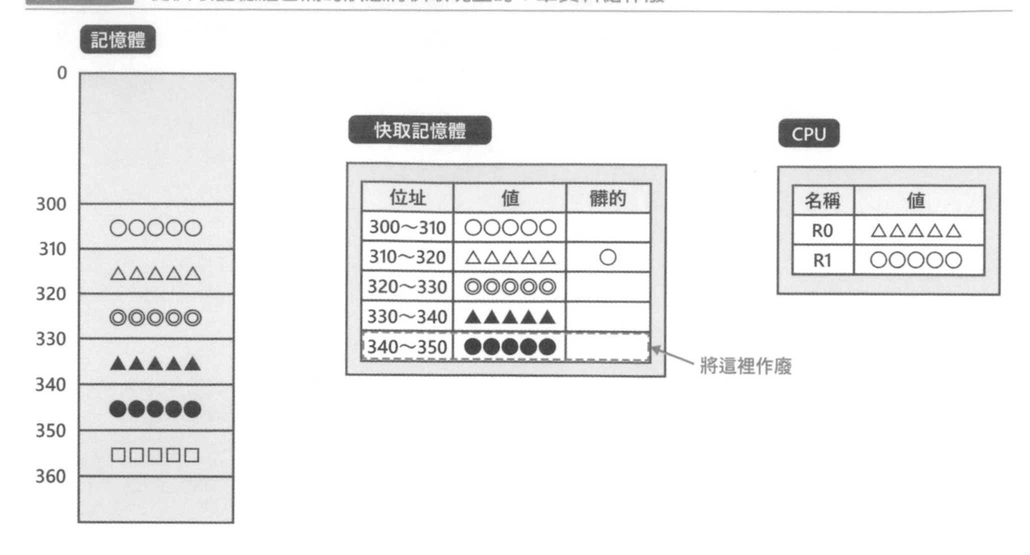

圖 08-07 將新資料複製到快取塊上

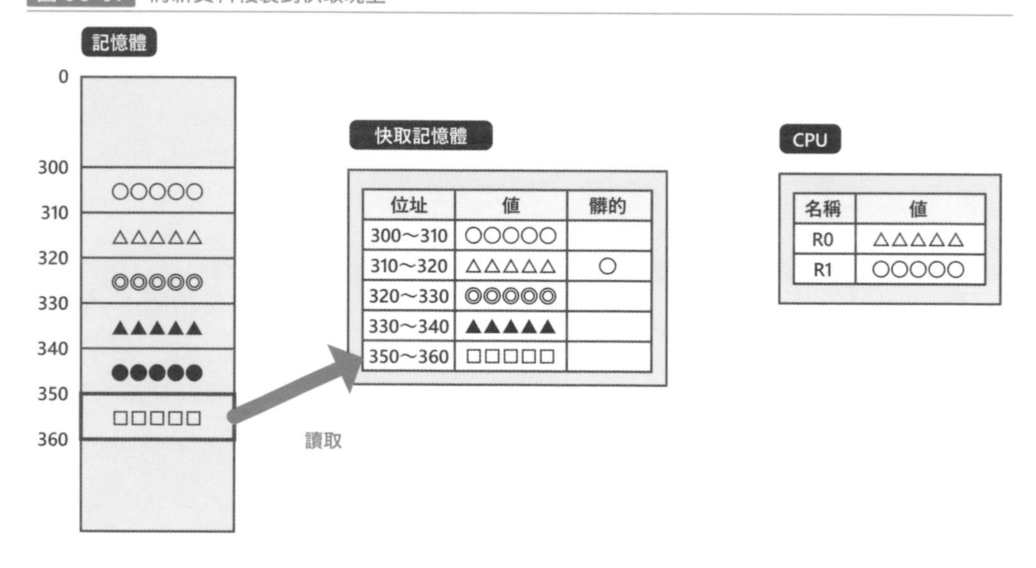

如果作廢的快取塊是髒的，就會將資料寫入到對應的記憶體將它清乾淨之後再進行作廢。在快取記憶體處於已滿的狀態下，如果太過頻繁地對於沒有在快取內的區域進行記憶體的存取，將會陷入一種快取塊內的資料被不斷地替換的「輾轉現象(thrashing)」這種狀態，導致效能劣化。

參考區域性（Locality of reference）

假設 CPU 所要使用的資料全部都存在於快取記憶體上的話，當執行從記憶體讀取資料到暫存器的指令時，CPU 就只需要對快取記憶體進行存取即可。而且，如果是採回寫方式的話，從暫存器對記憶體進行資料的寫入處理也是相同的。各位可能會認為這樣方便的事情並不常發生吧……，但實際上的確經常發生。

大多的程式，都具備有下述這些被稱為參考區域性的特徵。

- 時間區域性：在某個時間點所存取的記憶體，在不遠的將來會被再次存取的可能性很高。典型的例子為迴圈處理當中的迴圈內的程式碼。
- 空間區域性：在某個時間點存取的記憶體之後，在不遠的將來會對其鄰近位置上的資料進行存取的可能性很高。典型的例子有對陣列元素進行全面掃描時的陣列資料。

因此，如果我們觀察行程的記憶體存取狀況，會發現到就某個短期間來說，從行程開始到結束為止所使用到的記憶體總量，在相較之下呈現出使用到非常少記憶體的趨勢。只要這個記憶體量能夠被容納於快取記憶體之內的話，就可以寄望會達到像前述那樣的理想處理速度。

階層式快取記憶體

最近的 CPU，有些的快取記憶體是採階層化結構。各階層被稱為「L1 快取」、「L2 快取」、「L3 快取」（L 為「Level」開頭字母）。最接近暫存器的就是 L1 快取，這是所有快取當中最快速，而且容量是最小的。階層數量的編號越大，代表離暫存器越遠、容量越多、速度越慢。

關於快取記憶體的資訊，我們只需要查看位於 /sys/devices/system/cpu/cpu0/cache/index0/ 這個目錄下的檔案內容便可得知（表 08-01）。

表 08-01 快取記憶體的 sysfs 檔案（局部）

檔案名稱	意義
type	放入快取的資料種類。Data 則代表只有資料，Instruction 則代表只有程式碼，Unified 則代表程式碼與資料都會被放入快取。
shared_cpu_list	共用快取的邏輯 CPU 的列表。
coherency_line_size	快取塊大小。
size	大小。

在筆者的環境上其結果如表 08-02 所示。

表 08-02 快取記憶體資訊（筆者的環境）

目錄名稱	硬體上的名稱	種類	共用的邏輯CPU	快取塊大小[位元組]	大小〔KiB〕
index0	L1d	資料	不共用	64	32
index1	L1i	程式碼	不共用	64	64
index2	L2	資料與程式碼	不共用	64	512
index3	L3	資料與程式碼	由全邏輯 CPU 共用	64	4096

快取記憶體存取速度的測量

讓我們透過 cache 程式（列表 08-01），來測量記憶體的存取速度與快取記憶體的存取速度之間的差異吧。這個程式會進行以下的處理。

❶ 2^2 = 4KiB、$2^{2.25}$ = 4.76KiB、$2^{2.5}$ = 5.7KiB、……，最後會對於 64MiB 這個數值進行以下的處理。

(1) 取得與這個數值相同大小的緩衝區。

(2) 以循序的方式對緩衝區的所有快取塊進行存取。最後的快取塊的存取完成後，回到第一個快取塊，最後根據被寫在原始碼內的 NACCESS 次數進行記憶體存取。

(3) 記錄 1 次存取的所需時間。

❷ 根據❶的結果，將圖表輸出到 cache.jpg 這個檔案。

列表 08-01 cache.go

```
/*

cache

1. 從 2^2(4)K 位元組，2^4.25K 位元組，2^(4.5)K 位元組、...，最後會對於 64MiB 這個數值進行以下的處理
  1. 取得與這個數值相同大小的緩衝區
  2. 以循序的方式對緩衝區的所有快取塊進行存取。最後的快取塊的存取完成後，回到第一個快取塊，最後
     根據被寫在原始碼內的 NACCESS 次數進行記憶體存取
  3. 記錄 1 次存取的所需時間
2. 根據 1 的結果，將圖表輸出到 cache.jpg 這個檔案

*/

package main
```

```
import (
	"fmt"
	"log"
	"math"
	"os"
	"os/exec"
	"syscall"
	"time"
)

const (
	CACHE_LINE_SIZE = 64
	// 如果程式無法順利運作的話請變更這個值。在高速的機器上當存取數不足時，
	// 特別是當緩衝區的大小較小時候的值，有時候會不太正確。有時候在低速的機器上的話會太耗費時間
	// 所以請將值變小
	NACCESS = 128 * 1024 * 1024
)

func main() {
	_ = os.Remove("out.txt")
	f, err := os.OpenFile("out.txt", os.O_CREATE|os.O_RDWR, 0660)
	if err != nil {
		log.Fatal("openfile() 失敗了 ")
	}
	defer f.Close()
	for i := 2.0; i <= 16.0; i += 0.25 {
		bufSize := int(math.Pow(2, i)) * 1024
		data, err := syscall.Mmap(-1, 0, bufSize, syscall.PROT_READ|syscall.PROT_WRITE, syscall
.MAP_ANON|syscall.MAP_PRIVATE)
		defer syscall.Munmap(data)
		if err != nil {
			log.Fatal("mmap() 失敗了 ")
		}

		fmt.Printf(" 緩衝區大小 2^%.2f(%d) KB 相關資料蒐集中 ...\n", i, bufSize/1024)
		start := time.Now()
		for i := 0; i < NACCESS/(bufSize/CACHE_LINE_SIZE); i++ {
			for j := 0; j < bufSize; j += CACHE_LINE_SIZE {
				data[j] = 0
			}
		}
		end := time.Since(start)
		f.Write([]byte(fmt.Sprintf("%f\t%f\n", i, float64(NACCESS)/float64(end.Nanoseconds()))))
	}
	command := exec.Command("./plot-cache.py")
	out, err := command.Output()
	if err != nil {
		fmt.Fprintf(os.Stderr, " 指令執行失敗了 : %q: %q", err, string(out))
```

```
            os.Exit(1)
        }
}
```

cache 程式，會透過在內部執行 plot-cache.py 程式（列表 08-02）來繪製圖表。當各位想要在自己的環境上執行 cache 程式的時候，請將 plot-cache.py 程式配置在相同目錄內。

列表 08-02 plot-cache.py

```
#!/usr/bin/python3

import numpy as np
from PIL import Image
import matplotlib
import os

matplotlib.use('Agg')

import matplotlib.pyplot as plt

plt.rcParams['font.family'] = "sans-serif"
plt.rcParams['font.sans-serif'] = "TakaoPGothic"

def plot_cache():
    fig = plt.figure()
    ax = fig.add_subplot(1,1,1)
    x, y = np.loadtxt("out.txt", unpack=True)
    ax.scatter(x,y,s=1)
    ax.set_title(" 快取記憶體的效果的視覺化 ")
    ax.set_xlabel(" 緩衝區大小 [2^x KiB]")
    ax.set_ylabel(" 存取速度 [ 存取 / 奈秒 ]")

    # 為了迴避 Ubuntu 20.04 的 matplotlib 的程式錯誤，先存成 png 檔之後再轉換成 jpg 檔
    # https://bugs.launchpad.net/ubuntu/+source/matplotlib/+bug/1897283?comments=all
    pngfilename = "cache.png"
    jpgfilename = "cache.jpg"
    fig.savefig(pngfilename)
    Image.open(pngfilename).convert("RGB").save(jpgfilename)
    os.remove(pngfilename)

plot_cache()
```

在筆者的環境上，執行以下指令所獲得的圖表，如圖 08-08 所示。

```
$ go build cache.go
$ ./cache
```

圖 08-08 快取記憶體的效果

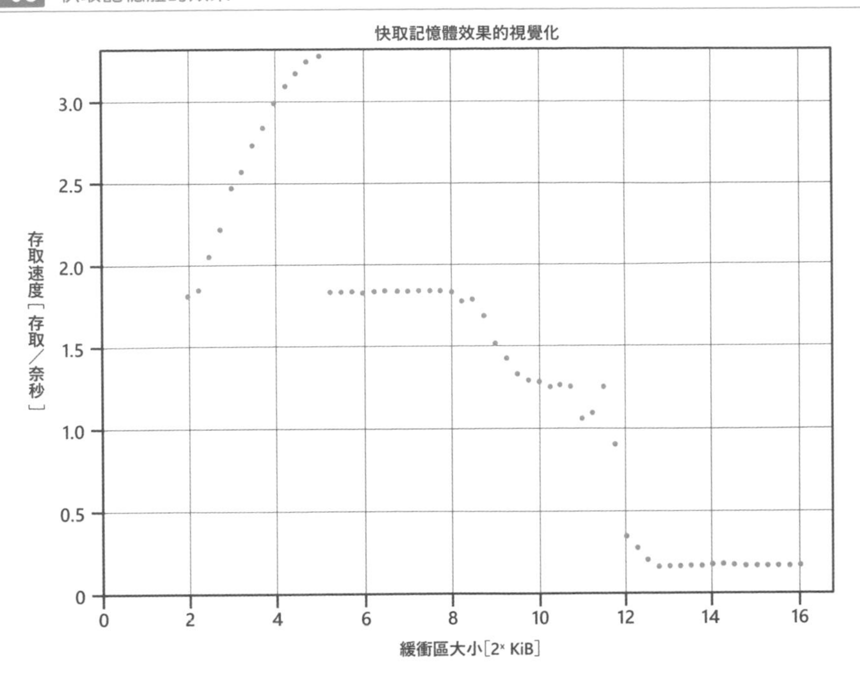

請注意到緩衝區大小是會 $2^{(x軸的值)}$。

從上圖我們可以得知存取時間大致會以各個快取的大小為邊界並呈現階梯狀的變化，以及緩衝區的大小達到 L1、L2、L3 快取記憶體的容量時，或者是在其前後存取速度會變化。

這邊將針對從 2^2(4)KiB 達到 2^5(32)KiB 這之間，速度變快的部分做補充說明。

關於這個程式的測量所需時間，正確來說不僅是在執行中對於已獲得緩衝區進行的存取時間而已，將用以決定存取記憶體的變數 i 進行增量的命令或 if 語句等執行其他命令的時間也被包含在內。這有可能是因為當緩衝區大小還很小的時候，其他命令的執行成本是個無法忽視的量，所以才會導致這個結果。

不過，cache 程式的目的並非是要找出存取速度的絕對值，而是在確認隨著所存取的記憶體區域大小的變化，記憶體存取效能會如何變化罷了，所以各位也不太需要想得太多。

Simultaneous Multi Threading（SMT）

如先前所敘述過的，跟 CPU 的計算處理的所需時間相比，記憶體存取的所需時間會更長得很多。除此之外，快取記憶體的存取所需時間，也比 CPU 的計算處理稍微來得慢。

因此，有時候以 `time` 指令的 `user` 或 `sys` 來統計出來的 CPU 使用時間當中的大半，只是在等待來自記憶體或快取記憶體的資料傳送而已，而 CPU 的計算資源是處於空閒狀態。

除了等待資料的傳送之外，會導致 CPU 的計算資源空閒的原因有很多。好比說，CPU 之中具有整數運算用單位與浮點運算用單位存在，不過在進行整數運算的當下，浮點運算器 (floating point unit) 是處於空閒的狀態。

像這種空閒資源，就可透過硬體的「同時多執行緒 (Simultaneous Multi Threading)」(SMT) 這個功能來有效運用。在 SMT 的上下文所使用到的執行緒，與被用在行程相關內容上的執行緒，是完全無關的。

SMT 會將 CPU 核心中的暫存器等部分的資源建立複數個 (筆者的實驗環境上 CPU 是 2 個)，讓這些都作為執行緒來使用。Linux 核心是將各執行緒辨識為邏輯 CPU。

1 個 CPU 上有 t0、t1 這 2 個執行緒存在，而且 t0 上是行程 p0 在運作，t1 上是行程 p1 在運作。只要 p0 在 t0 上運作的時候一旦有 CPU 的某個資源是空閒的話，t1 上的 p1 就可使用該資源先進行處理。幸運的是，p0 與 p1 之間所使用的資源只要沒有重疊的話，那麼 SMT 的效果就會很大。

舉例來說，像 p0 只執行整數運算，而 p1 只執行浮點運算的狀況就屬於這樣的情形。另一方面，當使用資源處於頻繁地交疊的情況下，SMT 的效果不只不大，其效能還可能會比不使用 SMT 的時候還要來得差。

讓我們以第 3 章所用過的 `cpuperf.sh` 程式為例子，來確認 SMT 的效果吧。在開啟 SMT 的狀態下，也就是邏輯 CPU 共有 8 個的狀態下執行 `./cpuperf.sh -m 12` 的結果，如圖 08-09 與圖 08-10 所示。

圖 08-09 開啟 SMT，最大行程數為 12 的時候的平均往返時間

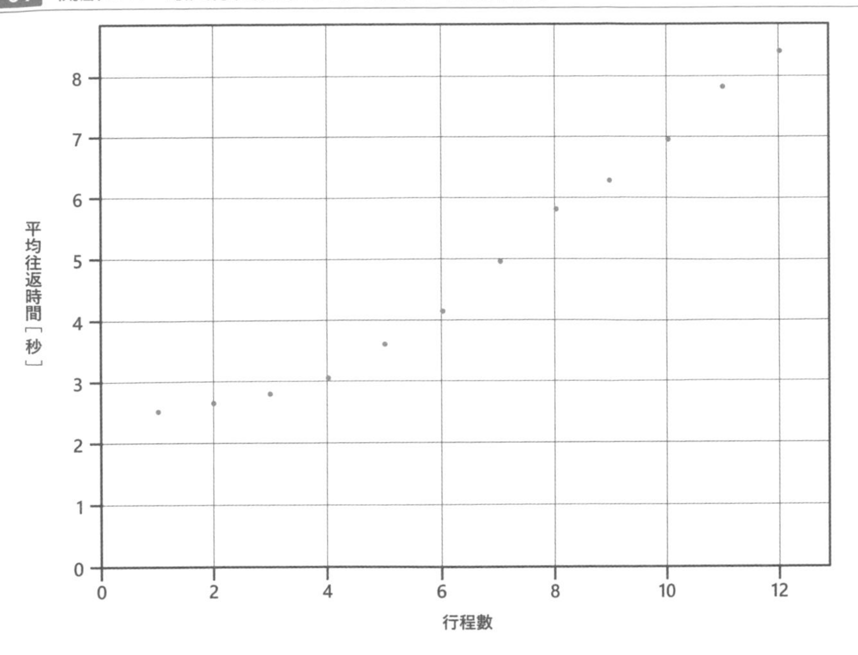

圖 08-10 開啟 SMT，最大行程數為 12 的時候的吞吐量

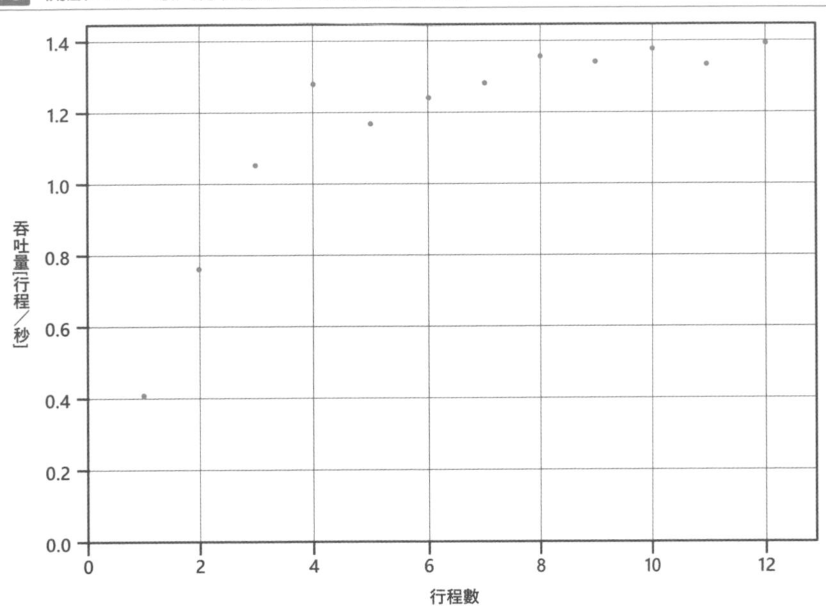

從以上圖表，我們可得知邏輯 CPU 雖然多達 8 個，但是平均往返時間超過核心數 (4) 之後，吞吐量就開始急速地劣化，而且，吞吐量也在這個時間點達到了上限。

看來在 `cpuperf.sh` 內部運作的，處理負載的 `load.py` 程式，似乎與 SMT 之間的相容性不太好。

Translation Lookaside Buffer

行程為了對指定的虛擬位址的資料進行存取，需要依照以下的步驟。

❶ 透過參照存在於實體記憶體上的分頁表，將虛擬位址轉換成實體位址。

❷ 存取❶所得到的實體記憶體。

我們在先前有說明過，透過快取記憶體可以高速進行❷的處理，不過❶的部分，仍然要對記憶體上的分頁表進行存取。這樣是無法充分地發揮快取記憶體的效果。

為了解決這個問題，CPU 中有一個被稱為「轉譯後備緩衝區（Translation Lookaside Buffer）」（TLB）的區域存在。TLB 是用來儲存從虛擬位址到實體位址的轉換表，所以可加快❶的處理。

之前在第 4 章所提到的大型分頁，除了可以刪減分頁表的大小之外，還具有可刪減 TLB 的量的優點。

分頁快取

本節將針對在第 4 章所提到的分頁快取做詳細說明。

首先，讓我們對已經說明過的內容做個複習。相較於 CPU 對於記憶體的存取速度，CPU 對於儲存裝置的存取速度較慢。尤其是遇到 HDD 的時候，會慢上 1000 倍以上。核心為了彌補這個速度差距而採取的機制，就是分頁快取。

分頁快取與快取記憶體是非常相似的。相較於快取記憶體是將記憶體的資料暫存於快取記憶體上，分頁快取則是將檔案的資料暫存在記憶體上。快取記憶體是使用快取塊為單位來處理資料，而分頁快取則是使用分頁單位來處理資料。除此之外，也具有用來表示髒的分頁的「髒頁（dirty page）」，以及顯示將髒頁寫入磁碟的「回寫」等概念存在。

當行程對檔案的資料進行讀取時，核心並不會將檔案的資料直接複製到行程的記憶體上，而是如圖 08-11 所示，暫時先複製到核心的記憶體上的分頁快取這個區域之後，再將該資料複製到行程的記憶體上。然而，在這邊為了簡化說明，會將行程的虛擬位址空間省略。

圖 08-11　分頁快取

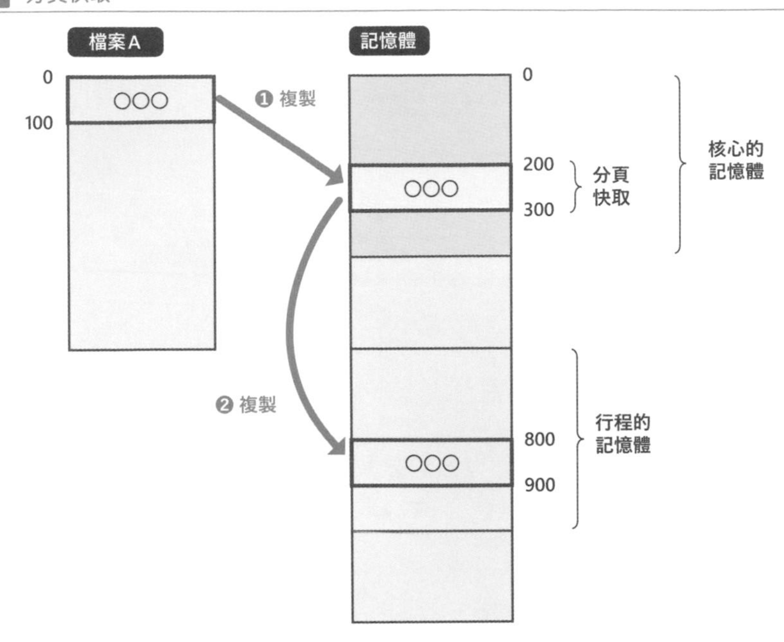

核心在本身的記憶體內，具有一個存放著被暫存於分頁快取中的區域相關資訊的管理區域（圖 08-12）。

圖 08-12 分頁快取的管理區域

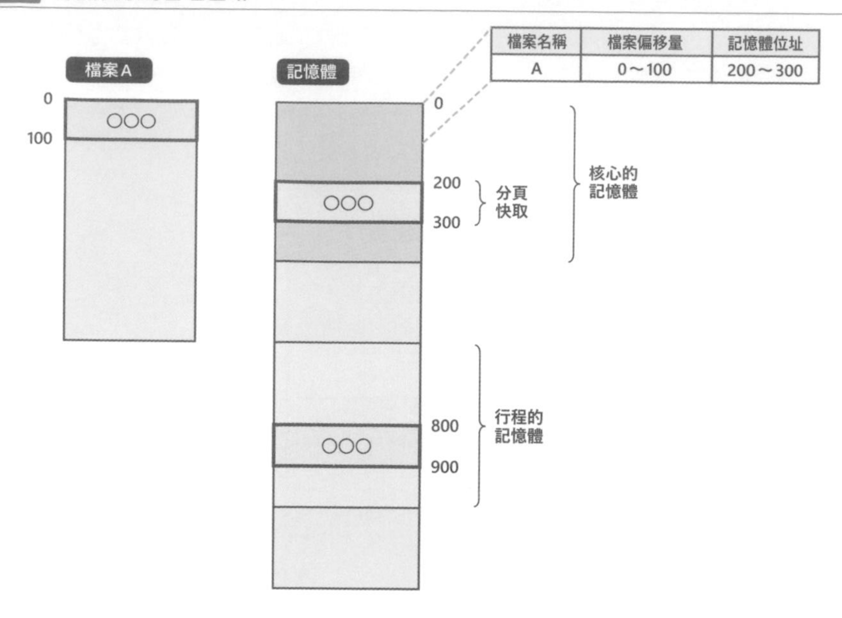

這個行程或是其他行程，再次對存在於分頁快取上的資料進行存取時，核心是不需要對儲存裝置進行存取就可以將分頁快取的資料回傳，快速地完成處理（圖 08-13）。

圖 08-13 讀取存在於分頁快取上的資料

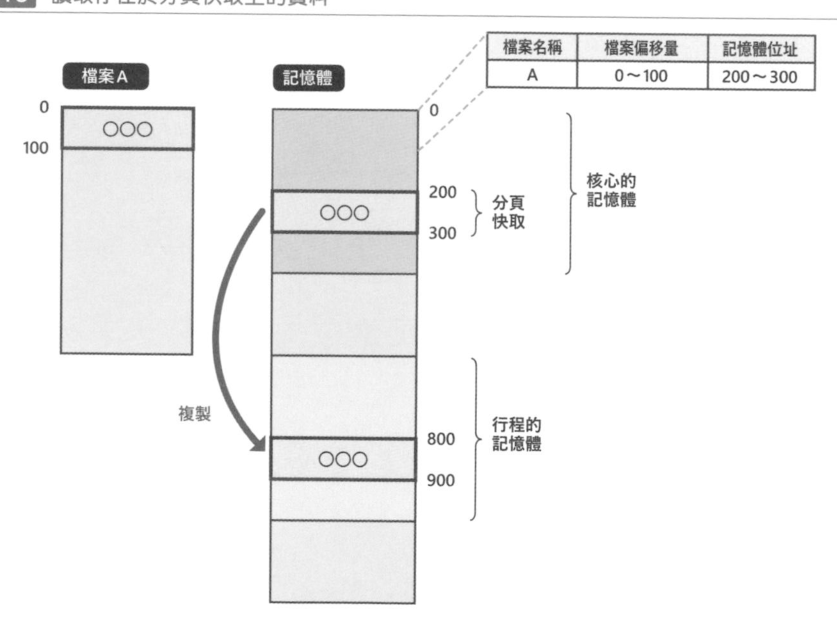

當行程將資料寫入到檔案時，會如圖 08-14 所示，核心只會將資料寫入到分頁快取上。在這時候，關於管理區域內已被改寫分頁的 entry，會被加上「資料的內容比儲存裝置內的還要新」這個標示。像這樣被標示的分頁，稱為髒頁。

圖 08-14 寫入到分頁快取

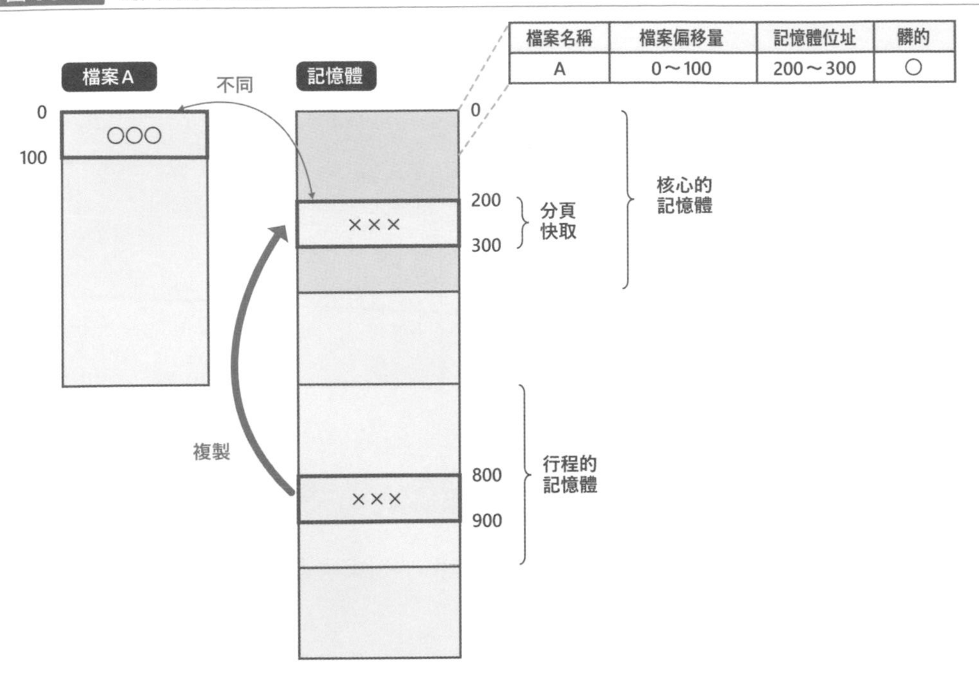

寫入也跟讀取一樣，會比對儲存裝置進行存取還要來得快速。

髒頁上的資料，會在後續說明到的指定的時機反映到儲存裝置。這被稱為回寫處理。這個時候髒頁這個標示就會消失（圖 08-15）。關於回寫的時機將會在後續做說明。

圖 08-15 回寫

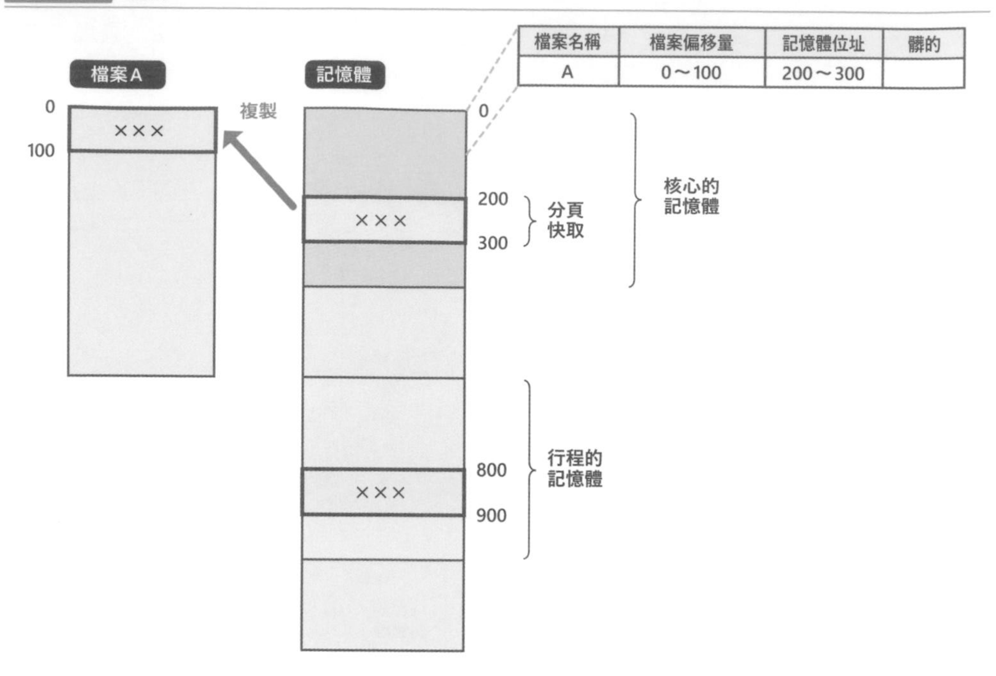

那麼，當分頁快取上有髒的分頁存在的狀態下，如果機器突然遇到斷電的情形會發生什麼事？

這個時候，分頁快取上的資料就會消失不見。當我們所面臨的是無法容忍這種狀況發生的情境時，可在以 open() 系統呼叫開啟檔案時設定 O_SYNC 旗標。如此一來，對檔案發出 write() 系統呼叫時，就可以同步對分頁快取及儲存裝置進行資料的寫入。

分頁快取的效果

讓我們準備好大小為 1GiB 的檔案（testfile），透過測量對這個檔案進行讀寫所耗費的時間，來確認分頁快取的效果吧。

首先讓我們透過同步寫入來建立新的檔案。在這邊會用到 dd 指令來進行讀寫。加上 oflag=sync 這個選項之後就可以進行同步寫入。

```
$ dd if=/dev/zero of=testfile oflag=sync bs=1G count=1
...
1073741824 bytes (1.1 GB, 1.0 GiB) copied, 1.58657 s, 677 MB/s
```

共耗費了 1.58 秒。在筆者的環境上具有充分的空閒記憶體，所以 testfile 的資料，全部存在於分頁快取上。在這狀態下，這次讓我們將 oflag=sync 拿掉，再次將 1GiB 的資料給寫入。

```
$ dd if=/dev/zero of=testfile bs=1G count=1
...
1073741824 bytes (1.1 GB, 1.0 GiB) copied, 0.708557 s, 1.5 GB/s
```

這次 0.708 秒就完成了。處理速度大約加快一倍以上。在筆者的環境上，儲存裝置是使用 NVMe SSD，所以跟記憶體之間的存取速度的差異才會不太明顯，如果用的是 HDD 的話，差距就會相當顯著。

接著進行讀取。首先讓我們將 testfile 的分頁快取全部作廢。為了達到這個目的，我們需要將「3」寫入到 /proc/sys/vm/drop_caches 這個檔案內。實際寫入之後的結果如下所示。

```
$ free
              total        used        free      shared  buff/cache   available
Mem:       15359056      381080    10746368        1560     4231608    14647468   ●──❶
Swap:             0           0           0
$ sudo su
# echo 3 >/proc/sys/vm/drop_caches
# free
              total        used        free      shared  buff/cache   available
Mem:       15359056      377500    14768852        1560      212704    14712968   ●──❷
Swap:             0           0           0
```

在寫入到 drop_caches 檔案前，buff/cache 大約有 4GiB 左右，而在寫入後剩下約 200MiB 左右。減少的量會遠大於 testfile 的大小 1GiB，是藉由這個寫入處理而將系統整體的分頁快取進行作廢*2 所導致的。

雖然這鮮少會被用在商務場合上，但這用在確認分頁快取對系統效能所帶來影響的用途上，是非常便利的。附帶一提，至於值為什麼是「3」，這部分由於不是很重要所以請各位不用太在意。

那麼，讓我們回到主題，到目前為止，testfile 的快取記憶體並不存在於記憶體中。在這狀態下將 testfile 的內容讀取 2 次的話，第 1 次是從儲存裝置來進行讀取，第 2 次則是從快取記憶體進行讀取。

*2 當然，髒頁的狀態會是被反映在磁碟上之後的狀態。

```
$ dd if=testfile of=/dev/null bs=1G count=1
...
1073741824 bytes (1.1 GB, 1.0 GiB) copied, 0.586834 s, 1.8 GB/s
$ dd if=testfile of=/dev/null bs=1G count=1
...
1073741824 bytes (1.1 GB, 1.0 GiB) copied, 0.359579 s, 3.0 GB/s
```

讀取速度也提高了數十％了。

最後，別忘了將 testfile 刪除。

```
$ rm testfile
```

緩衝快取

還有一個與分頁快取很相似，被稱為「緩衝快取」的機制。

緩衝快取是一個用來對磁碟的資料當中，檔案資料以外的部分進行暫存的機制。緩衝快取的使用時機如下。

- 在不使用檔案系統之下，透過裝置檔對儲存裝置進行直接存取的時候。
- 對檔案大小與權限等後設資料進行存取的時候*3。

緩衝快取也跟分頁快取一樣，寫入到緩衝快取的資料，有可能會處於尚未反映到磁碟上的髒的狀態。

假設在某裝置上有一個檔案系統存在，而且該檔案系統已處於被掛載的狀態。這個時候，裝置的緩衝快取與檔案系統的分頁快取各自存在，而且彼此並未同步。因此，假設在檔案系統的掛載中以下述的方式進行備份：

```
dd if=<對應到檔案系統的裝置的裝置檔名> of=<備份檔案名稱>
```

檔案系統的髒頁的內容，並未反映在備份檔案上。為了避免這種問題的發生，檔案系統的掛載中，請各位不要存取對應的裝置檔。

＊3　Btrfs 是個例外，對這類資料也會以分頁快取方式來進行暫存。

寫入的時機

髒頁，通常是透過在背景運作的核心的回寫處理，來寫入到磁碟的。運作時機如下所示。

- 定期地運作。預設為 5 秒運作 1 次。
- 當髒頁增加時運作。

回寫週期，可藉由 sysctl 的 vm.dirty_writeback_centisecs 參數來進行變更。單位為一個較不常見的厘秒（1/100 秒），需要去習慣它。

```
$ sysctl vm.dirty_writeback_centisecs
vm.dirty_writeback_centisecs = 500
```

當參數的值被設為 0 的時候，定期回寫就會被關掉。不過，危險的是如果突然遇到斷電，這將會受到很大的影響，除非是用在實驗用途上，不然別這樣設定會比較好。

系統所搭載的所有實體記憶體當中，髒頁佔有率如果超過由 vm.dirty_background_ratio 參數所指定的比例（% 單位），回寫處理也會被運作（預設值為 10）。

```
$ sysctl vm.dirty_background_ratio
vm.dirty_background_ratio = 10
$
```

如果各位想以位元組單位來做指定的時候，只要使用 vm.dirty_background_bytes 參數即可（預設值為被用來代表還沒被設定的 0）。

髒的分頁的比例越變越高，如果超過 vm.dirty_ratio 參數所顯示的比例（% 單位）時，在對檔案進行寫入處理時也順便同步地將資料寫入到磁碟中（預設值為 20）。

```
$ sysctl vm.dirty_ratio
vm.dirty_ratio = 20
$
```

這邊也是，如果各位想要以位元組單位進行指定的時候，可以使用 vm.dirty_bytes 參數（預設值為被用來代表還沒被設定的 0）。

就髒頁容易變多的系統來說，由於記憶體的不足而使得髒頁的回寫經常發生，結果導致系統陷入假當機（hang-up）狀態，更嚴重的時候甚至還有可能會導致 OOM 的發生，這些案例真的時從層出不窮。我們可以對上述參數進行妥善調整，以降低發生這類問題的可能性。

direct I/O

分頁快取與緩衝快取幾乎可用在大多的場合上，不過如果遇到像下述的情況的話，有時候還是不要使用會比較好。

- 進行一次讀寫之後就再也不會被用到的資料。舉例來說，將某個檔案系統的資料，以 USB 可攜式儲存裝置進行備份時，備份目的地的儲存裝置會在備份之後馬上被拔掉，就沒有分配分頁快取的意義存在。不只沒意義，甚至還會因為準備這資料的分頁快取，結果將其他有用的分頁快取給釋放掉了。
- 當行程本身想要實作與分頁快取相當的機制時。

像這種時候，我們只需要使用「direct I/O」這個機制，就可在不去用到分頁快取的情況下進行處理。想要使用 direct I/O 的時候，只需要將檔案以 `open()` 開啟時賦予 `O_DIRECT` 旗標即可。我們不需要專程為此進行程式編寫，只需要對 dd 指令的 `iflag` 或 `oflag` 指定 `direct` 這個值，就可以使用。

以下為對於 dd 使用 direct I/O 的範例。

```
$ free
              total        used        free      shared  buff/cache   available
Mem:       15359056      379448    14457512        1564      522096    14700612   ●──❶
Swap:             0           0           0
$ dd if=/dev/zero of=testfile bs=1G count=1 oflag=direct,sync
...
$ free
              total        used        free      shared  buff/cache   available
Mem:       15359056      388236    14358836        1564      611984    14691808   ●──❷
Swap:             0           0           0
$ rm testfile
```

至於為什麼對 `oflag` 不只加上 `direct` 而已，還加上 sync 呢？這是因為 direct I/O 本身會對裝置發出 I/O 並在不等待完成之下就返回。因此，為了要能讓它等待 I/O 完成之後再返回，就需要與正常的 I/O 一樣，加上 sync 選項。

只要是正常的寫入，在建立 1GiB 的檔案後，我們可得知從❶到❷之間，除了分頁快取大約增加 1GiB 之外，就 direct I/O 來說是幾乎沒有變化的。

其他，關於 direct I/O 的細節，請參閱 `man 2 open` 的 `O_DIRECT` 的說明。

置換（swap）

我們先前在第 4 章，有說明過當實體記憶體被用完時會陷入一個稱為 OOM 的狀態。然而，我們只需要使用「置換」這個功能，就可以讓記憶體在枯竭時不會立刻發生 OOM。

所謂的置換，就是將儲存裝置的一部分，暫時代替記憶體來使用的機制。具體來說，當系統的實體記憶體處於枯竭的狀態下想要取得更多的記憶體時，會讓使用中的實體記憶體的一部分撤退到儲存裝置上，以清出空閒的記憶體空間。在這時候所用到的撤退區域，就被稱為置換空間（swap space）＊4。

假設實體記憶體處於枯竭的狀態下，行程 B 對實體記憶體上尚未綁定的虛擬位址 100 進行存取時，將會發生分頁錯誤（圖 08-16）。

圖 08-16 實體記憶體的枯竭

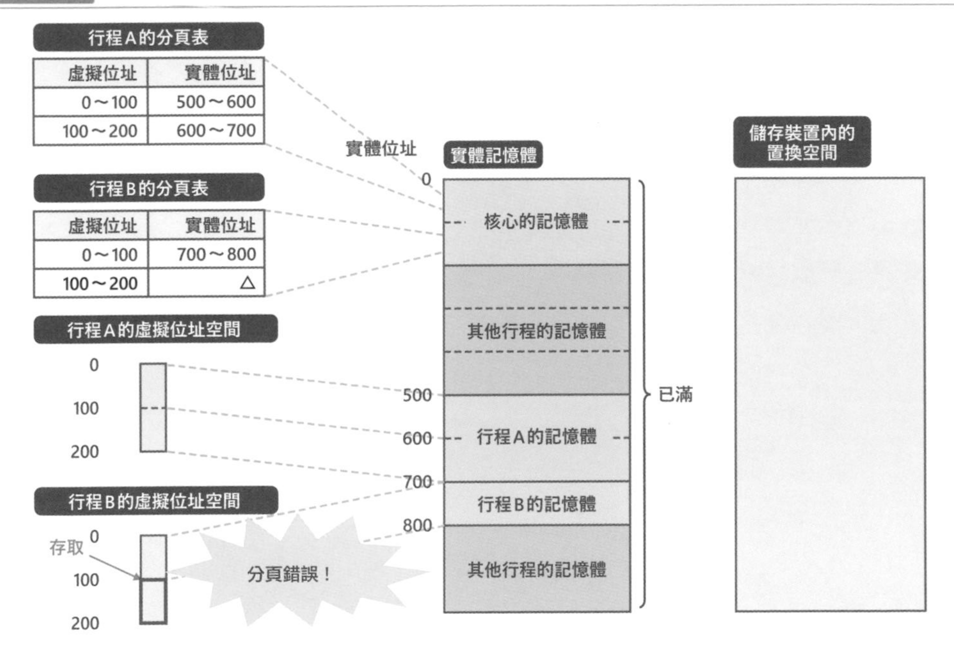

＊4　容易讓人混淆的是，在 Windows 上是將這個置換空間稱為「虛擬記憶體」。

這個時候，實體記憶體當中被核心判斷為暫時不會用到的記憶體，會被新增到置換空間。這個處理就被稱為分頁換出（page out）（或是換出，swap out）。在這邊，被映射到行程 A 的虛擬位址 100-200 的實體位址 600-700 所對應的分頁就屬於此（圖 08-17）。

圖 08-17　分頁換出

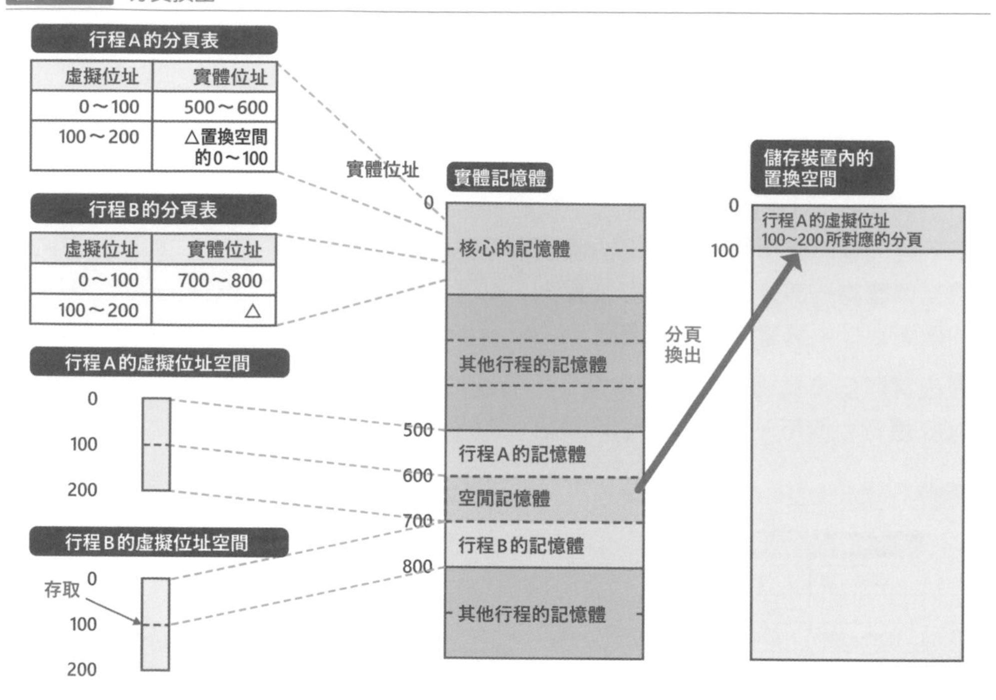

就圖 08-17 來說，撤退的分頁的置換空間上的位置，看起來像是記錄在分頁表項中，但實際上是被記錄在核心記憶體內。

接下來，核心會將空出來的記憶體分配給行程 B（圖 08-18）。

圖 08-18　將透過分頁換出而空出來的記憶體分配給行程 B

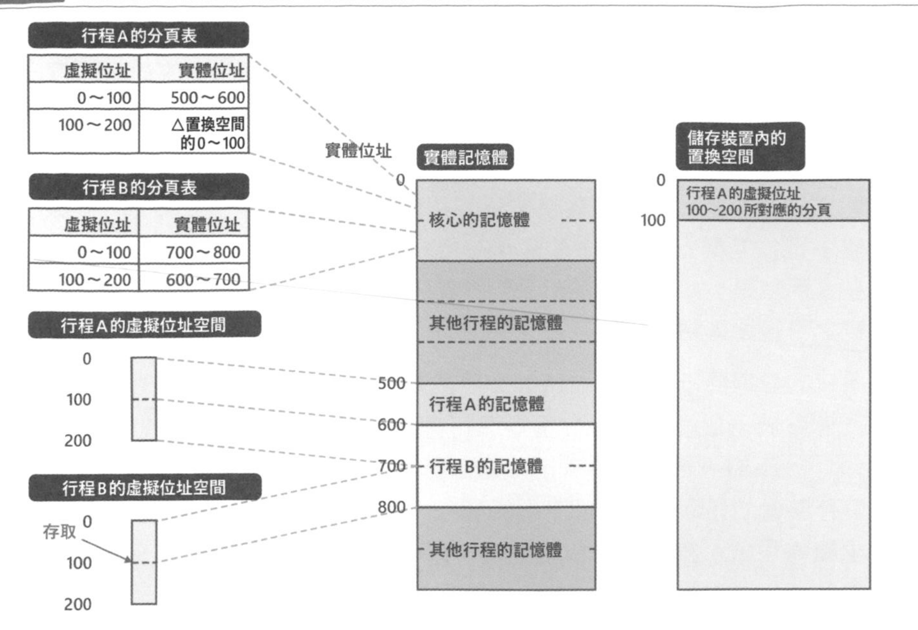

之後，在有了空閒記憶體的狀況下，行程 A 對於剛才進行過分頁換出的分頁進行存取時，對應的資料會再次被讀取到記憶體中。這被稱為分頁換入（page in）（或是換入，swap in）（圖 08-19）。

圖 08-19　分頁換入

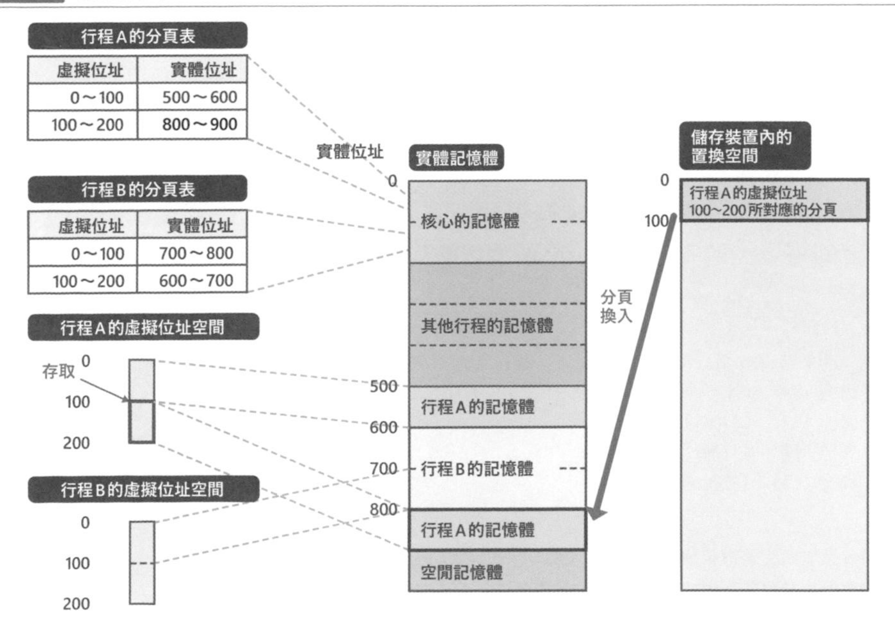

分頁錯誤當中，是把透過分頁換入方式對儲存裝置進行存取所發生的錯誤稱為「主要錯誤」，除此之外的錯誤則被稱為「次要錯誤」。當這兩種錯誤發生時都會使得核心內處理被運作，所以會使得效能受到影響，而主要錯誤所帶來的影響度一般來說都是比較大。我們在這邊終於可以了解到在第 4 章所稍微提到的 fault/s 與 majflt/s 的差異。

藉由置換這個機制，系統上看起來所能夠使用的記憶體量，會變成「實際所搭載的記憶體＋置換空間」，乍看之下是非常美好的。但是，在這邊其實有一個很大的陷阱存在。那就是，如我們先前所說明過的，儲存裝置的存取速度與記憶體的存取速度相較之下較慢這點。

如果系統的記憶體不足並非暫時的，而是常態性不足的話，每當對記憶體進行存取時，就會處於一個會不斷地去重複進行分頁換入、分頁換出，被稱為「輾轉現象」的狀態＊5。不知道各位讀者有沒有過在使用電腦的時候，明明沒對檔案進行讀寫，但是儲存裝置的存取指示燈卻不斷亮著＊6 的這種經驗嗎？在這個情況下，有可能正在發生輾轉現象。當輾轉現象發生時，有可能會遇到就這樣陷入假當機（hang）狀態，或是發生 OOM。

對於發生輾轉現象的系統，我們需要採取如透過減少記憶體的使用量以減輕工作負載，或者是增加記憶體等對策。

統計數據

本節將針對分頁快取、緩衝快取，以及置換相關的統計數據做說明。因為這些都錯綜複雜地交雜在一起，有些部分可能對讀者來說難以理解，不過只要能夠事先有個概念，想必會對將來有很大的幫助。

讓我們針對先前在第 4 章所稍微提及到的 sar -r 指令的重要欄位的意義，根據下述筆者的環境上的執行結果，重新進行解說（表 08-03）。

```
$ sar -r 1
Linux 5.4.0-74-generic (coffee)       2021年12月25日  _x86_64_        (8 CPU)
20時10分18秒 kbmemfree    kbavail   ……  kbbuffers  kbcached  ……   kbactive   kbinact   kbdirty
20時10分19秒  13709132   14719880             24    1232900        1265492    136124         0
20時10分20秒  13709132   14719880             24    1232900        1265492    136124         0
20時10分21秒  13709108   14720036             24    1232956        1265752    136200         0
```

＊5　與分頁快取的輾轉現象是不同的。

＊6　如果儲存裝置所使用的是 HDD 的話，還會不停地聽到嘎吱嘎吱的機械聲。

```
20時10分22秒  13709108  14720036                24  1232956        1265752   136200        0
...
```

表 08-03 sar -r 指令的重要欄位

欄位名稱	意義
kbmemfree	空閒記憶體的量（KiB單位）。分頁快取與緩衝快取，置換空間不被算在內。
kbavail	事實上的空閒記憶體的量（KiB單位）。將kbmemfree加上kbbuffers與kbcached所得到的值。置換空間不被算在內。
kbbuffers	緩衝快取的量（KiB單位）。
kbcached	分頁快取的量（KiB單位）。
kbdirty	髒的分頁快取與緩衝快取的量（KiB單位）。

舉例來說，當kbdirty的值比平常還要大的時候，有可能會在不久之後開始進行同步的回寫。

我們只要使用sar -B指令，就可以獲得與分頁換入與分頁換出相關的資訊。至於分頁換入與分頁換出，到目前為止都被用在置換相關的說明上，不過分頁快取或緩衝快取與磁碟之間的資料通訊也同樣被稱為分頁換入、分頁換出。

```
$ sar -B 1
Linux 5.4.0-74-generic (coffee)        2021年12月25日  _x86_64_        (8 CPU)
21時50分27秒  pgpgin/s pgpgout/s   fault/s  majflt/s  pgfree/s pgscank/s pgscand/s pgsteal/s    %vmeff
21時50分28秒      0.00    520.00      5.00      0.00      4.00      0.00      0.00      0.00      0.00
21時50分29秒      0.00      0.00      0.00      0.00      6.00      0.00      0.00      0.00      0.00
21時50分30秒      0.00      0.00      0.00      0.00      3.00      0.00      0.00      0.00      0.00
```

主要欄位的意義如表08-04所示。

表 08-04 sar -B 指令的重要欄位

欄位	意義
pgpgin/s	每秒分頁換入的資料量（KiB單位）。包含所有的分頁快取、緩衝快取、置換。
pgpgout/s	每秒分頁換出的資料量（KiB單位）。包含所有的分頁快取、緩衝快取、置換。
fault/s	分頁錯誤的數量。
majflt/s	進行分頁換入時所產生的分頁錯誤的數量。

關於系統的置換空間，我們可以透過swapon --show指令來做確認。

```
# swapon --show
NAME           TYPE      SIZE USED PRIO
/dev/nvme0n1p3 partition  15G   0B   -2
```

我們可以得知在筆者的環境上，/dev/nvme0n1p3 這個分割區是作為置換空間來使用的。大小約 15GiB。置換空間的大小，可透過 free 指令來做確認。

```
# free
              total        used        free      shared  buff/cache   available
Mem:       15359056      380192    13535604        1560     1443260    14700172
Swap:      15683580           0    15683580
```

輸出結果的第 3 行，以「Swap:」為開頭的這一行所顯示的就是有關置換空間的資訊。total 欄位的值即為 KiB 單位的置換空間的大小，free 欄位的值即為當中的空間區域的大小。

只要透過 sar -W 指令，就可以得知是否現在有置換發生。以下為以 1 秒為單位進行輸出範例。

```
$ sar -W 1
...
23:30:00     pswpin/s pswpout/s
23:30:01         0.00      0.00
23:30:02         0.00      0.00
23:30:03         0.00      0.00
...
```

pswpin/s 欄位所顯示的是分頁換入的數量，而 pswpout/s 欄位所顯示的是分頁換出的數量。當突然遇到系統的效能降低的時候，而且這兩個欄位的數值都不是 0 的話，效能降低的原因就有可能是置換所導致的。

我們只需要使用 sar -S 指令，就可以得知置換空間的使用狀況。

```
$ sar -S 1
...
23:28:59    kbswpfree kbswpused  %swpused  kbswpcad   %swpcad
23:29:00       976892         0      0.00         0      0.00
23:29:01       976892         0      0.00         0      0.00
23:29:02       976892         0      0.00         0      0.00
23:29:03       976892         0      0.00         0      0.00
...
```

基本來說，我們只需要查看 kbswpused 欄位所代表的置換空間使用量的變化即可。如果這個值有著不斷增加的趨勢的話，是很危險的。

第9章

區塊層

在本章之中，我們將針對用以發揮區塊裝置（儲存裝置）效能的，名為區塊層的核心功能來做說明。

雖然區塊裝置的具體運作方法會依裝置而異，不過只要是相同種類的裝置的話，發揮效能的方法會很相似。因此，在 Linux 上用來發揮區塊裝置效能的處理，並不是以裝置驅動程式，而是以區塊層來另外切割出來的（圖 09-01）。

圖 09-01 區塊層的功用

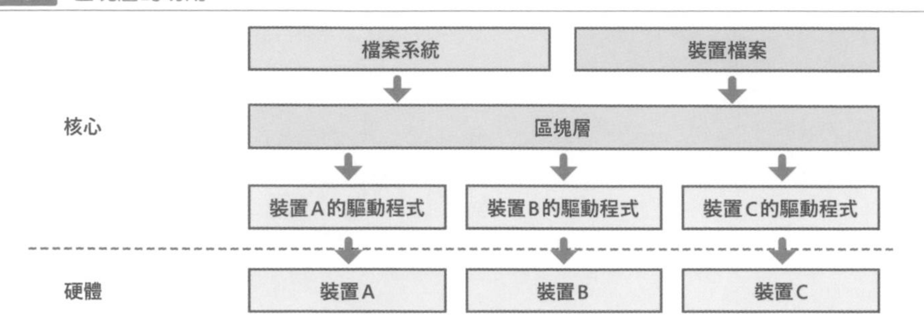

當區塊層問世的時候，當時的區塊裝置都是使用 HDD，所以區塊層是專為 HDD 而設計的。在那之後，因應 SSD、NVMe SSD 這些其他種類裝置的問世，區塊層為了要能夠對應這些裝置也跟著進化了。有鑑於此，我們在本章將依照下述順序來進行區塊層的說明。

❶ HDD 的特徵
❷ 針對 HDD 的區塊層的基本功能
❸ 區塊裝置的效能指標與測量方法
❹ 區塊層對於 HDD 的效能所帶來的影響
❺ 伴隨技術革新所帶給區塊層的變化
❻ 區塊層對於 NVMe SSD 的效能所帶來的影響

HDD的特徵

HDD 是一個將資料以磁性資訊來呈現，並將它們記錄在被稱為磁盤（platter）的磁性圓盤上的儲存裝置。資料不是使用位元組單位，而是以 512B 或 4KiB 的被稱為磁區（sector）單位來進行讀寫。如圖 09-02 所示，磁區被分割為半徑方向及圓周方向，且各自都有被分配到序號＊1。

圖 09-02 HDD 的磁區

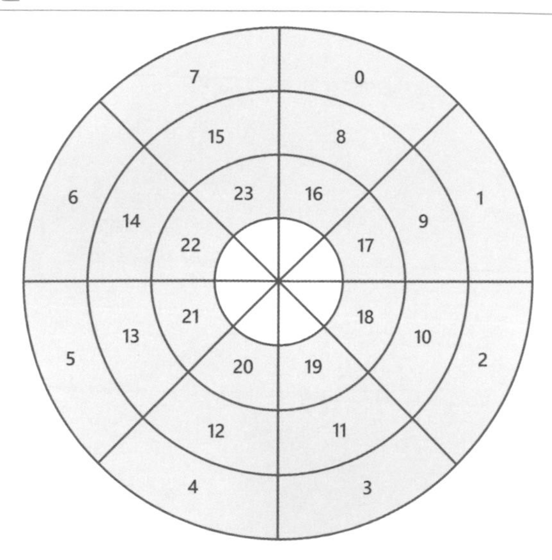

HDD 是透過磁頭這個零件，去對磁區上的資料進行讀寫的。磁頭是被安裝在能夠朝向磁盤的半徑方向移動的擺臂（swing arm）上。除此之外，再透過磁盤的旋轉，可讓磁頭移動到讀寫對象的磁區上。從 HDD 傳送資料的流程如下所示（圖 09-03）。

❶ 裝置驅動程式，會將資料的讀寫所需要的資訊傳給 HDD。如磁區編號、磁區的數量、存取的種類（讀取或寫入）等。

❷ 運作擺臂及磁盤，將磁頭的位置對準目的的磁區上。

❸ 將資料進行讀寫。

＊1　實際上，關於一圈的磁區數，外圍部分會比內側部分還要多。

圖 09-03 HDD 的存取方式

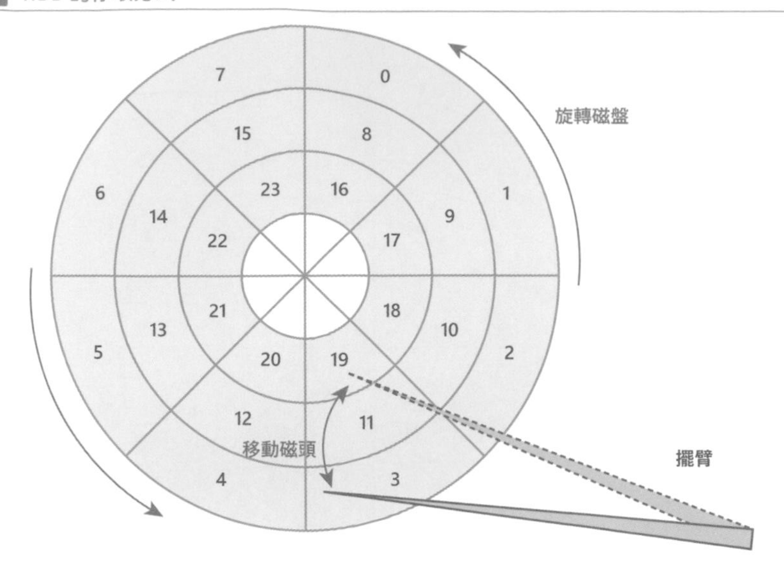

上述的存取處理當中的❶與❸是屬於高速的電氣性處理，不過❷是屬於比前者要慢很多的機械性處理。因此，對於 HDD 進行的存取，其所需時間的大半都是屬於機械性處理（圖 09-04）。換句話說，要如何去減少機械性處理，將會是能否發揮 HDD 效能的關鍵。

圖 09-04 對於 HDD 進行存取所需時間的示意圖

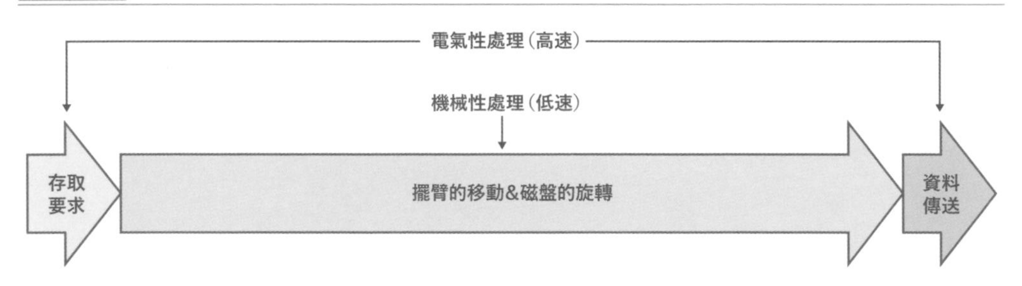

HDD 還可以將連續的複數磁區的資料，藉著一次的存取要求一併讀取出來。這是因為，藉由運作擺臂，只要先將磁頭的位置向半徑方向對齊之後，再透過旋轉就能夠一口氣對複數的連續磁區上的資料進行讀取。一次所能讀取的量，每個 HDD 會各有其限制在。一口氣將磁區 0 到 2 的資料進行讀取時，磁頭的軌跡如圖 09-05 所示。

圖 09-05　一併讀取相鄰磁區

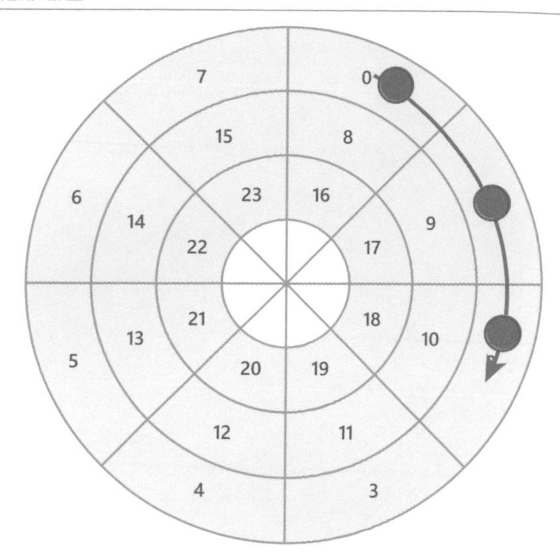

附帶一提，就是考慮到這種效能特性，各種檔案系統都會盡量將各檔案的資料配置到連續的區域上。各位讀者在編寫程式時，只要能夠注意到以下的要點，想必就能提高 I/O 效能。

- 檔案內會被同時存取的資料，盡量配置在連續或附近的區域。
- 對於連續的區域進行存取時，避免分成複數次進行，改以一次性讀取方式。

接下來，讓我們看到對於不連續，但存在於附近的區域上的複數磁區進行存取的情形。舉例來說，當要對於磁區 0、3、6 進行存取時，如果請求的發出順序是 3、0、6 的話，效率就會如下述所示，相當不好 (圖 09-06)。

❶ 存取磁區 3
❷ 讓磁盤旋轉一圈以存取磁區 0
❸ 讓磁盤旋轉一圈以存取磁區 6

圖 09-06　對連續的磁區進行有效率的存取

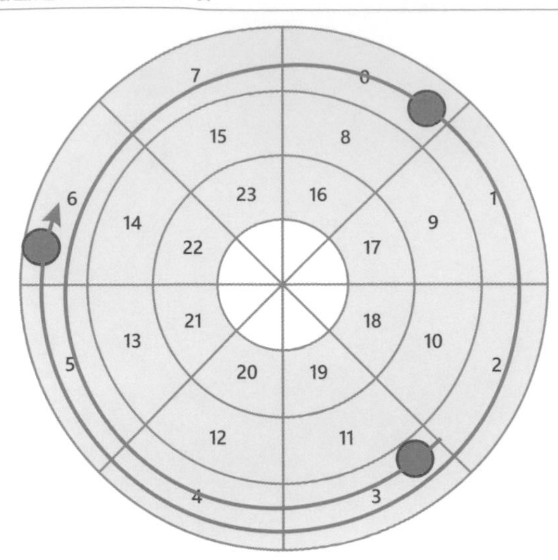

另一方面，如果是依照 0、3、6 的順序來進行的話，就可達成有效率的存取（圖 09-07）。

圖 09-07　對不連續的磁區進行有效率的存取

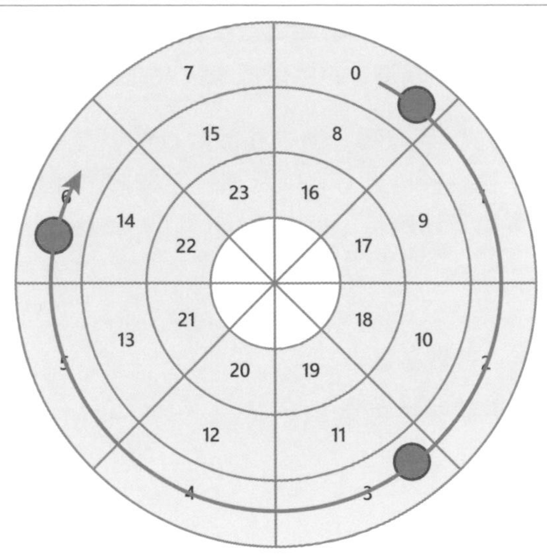

區塊層的基本功能

區塊層的基本功能，是根據前述 HDD 的特徵所建構的。代表的功能有「I/O 排程器」與「readahead（預先讀取）」。

I/O 排程器會將對於區塊裝置進行存取的要求，在一定期間進行累積，經下述的最佳化處理之後，再對裝置驅動程式發出 I/O 要求。

- 合併（Merge）：將對於複數且連續的磁區發出的 I/O 要求，彙整成 1 個。
- 排序（Sort）：將對於複數且不連續的磁區發出的 I/O 要求，依照磁區編號順序重新排序。

有時候在經過排序後還有可能會發生合併，像這種情況就會更加地提昇 I/O 的效能。I/O 排程器的運作情形如圖 09-08 所示。

圖 09-08 I/O 排程器的運作

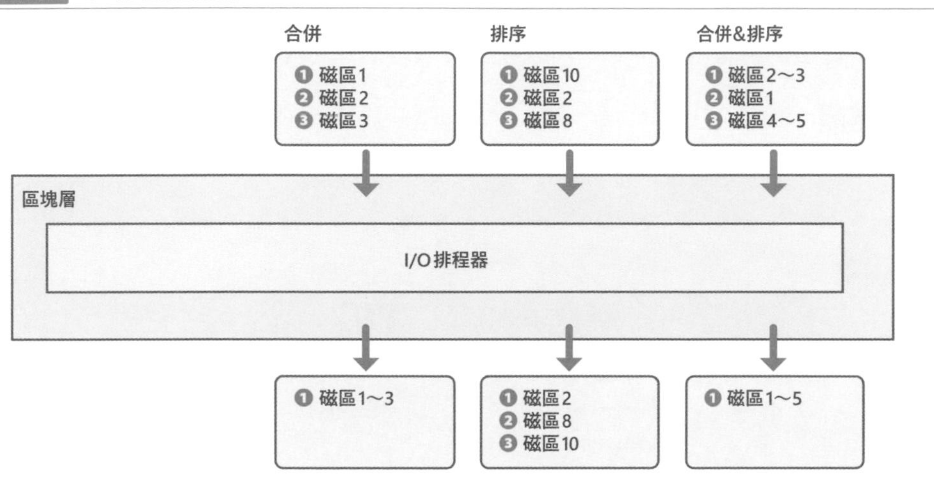

多虧 I/O 排程器的幫助，就算使用者程式的建立者對於區塊裝置的效能特性不太了解，還是可以發揮某種程度效能。

在第 8 章所敘述過的空間區域性，除了記憶體之外還可以套用在儲存裝置的資料上。有一個就是利用到這個特徵，被稱為 readahead（預先讀取）的功能。readahead 是一個會在對區塊裝置內某個區域進行讀取時，推測在不久的將來有很大的可能性會對後續區域進行存取，而將後續區域預先讀取並儲存於分頁快取上的功能。讓我們以對磁區 0～2 進行存取為例來做說明，所圖 09-09 所示。

圖 09-09 readahead

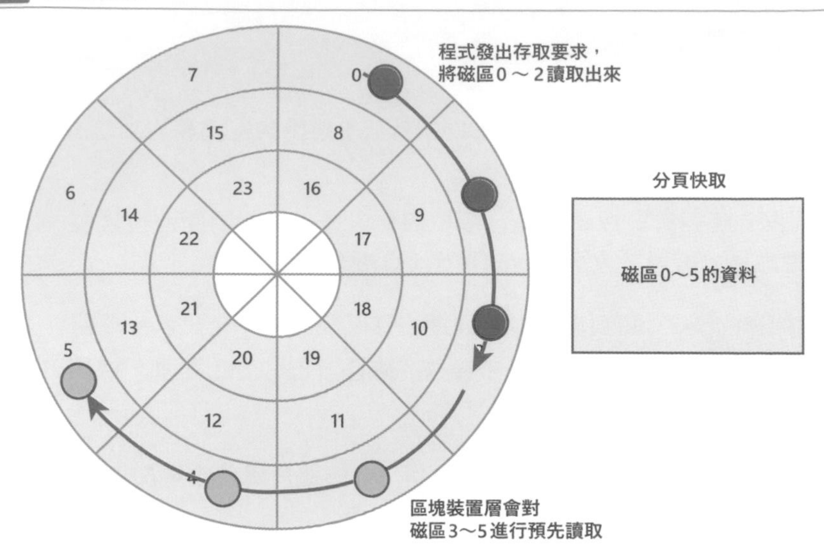

在這之後，實際對於已經預先讀取好的區域發生讀取的存取時，由於資料已經存在於記憶體上的分頁快取中了，所以存取可以高速進行（圖 09-10）。

圖 09-10 readahead 的成功案例

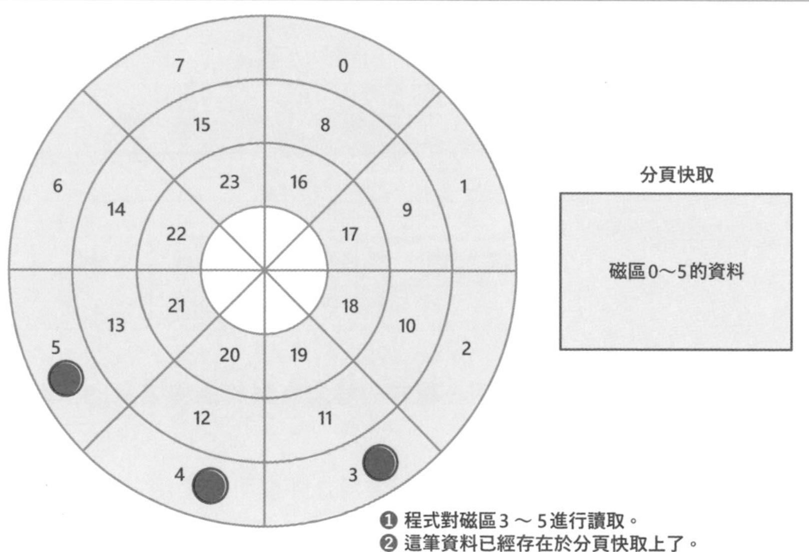

關於 readahead，特別是對於區塊裝置進行存取的模式，如果是以循序存取方式為主的話，可以發揮相當不錯的效能。

如果所預測的存取沒有發生的話，預先讀取的資料只是不會被馬上使用到而已。readahead 並不會在無條件的情況下發生，只要得知對於區塊裝置所進行的存取如果是以隨機存取為主的話，有時候會將預先讀取的範圍縮短，甚至完全不進行預先讀取。

區塊裝置的效能指標與測量方法

為了讓各位理解核心的區塊裝置層對於效能會帶來什麼樣的影響，在這邊我們將針對區塊裝置的效能（以下簡稱為「效能」）的定義做說明。

效能這個名詞所意指的有很多，大致可分為下述這些項目。

- 吞吐量
- 延遲時間
- IOPS

針對這些項目，我們將在下個章節依序做說明。首先，讓我們以只有單一行程對區塊裝置進行存取，發出「區塊 I/O」（以下簡稱為「I/O」）的簡單案例為例，來針對這些效能指標進行說明。在這之後我們將針對當複數行程平行地發出 I/O 的情形來做說明。

單一行程發出I/O的情形

所謂的吞吐量，就是指每單位時間的資料傳送量。像是要對大型資料進行複製的時候，就會考慮到這個值。在效能之中，對於各位讀者來說最為熟悉的，應該就是這個值吧。

舉例來說，當我們要將位於 2 個區塊裝置上的 1GiB 資料，從裝置複製到記憶體上的時候，如圖 09-11 所示。

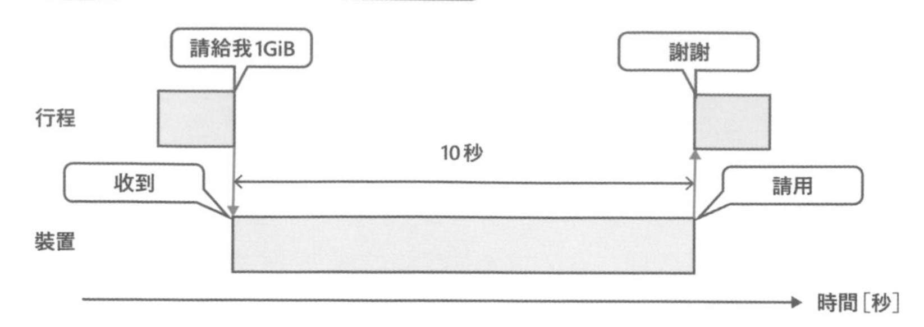

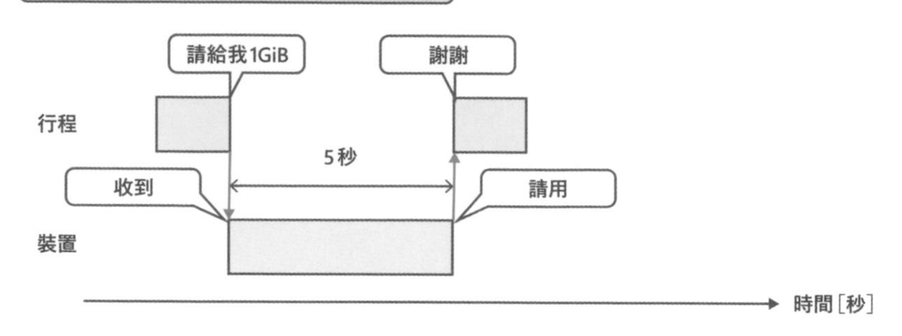

關於圖 09-11 的部分，實際上在行程與裝置之間，還有核心內的檔案系統、區塊裝置層、裝置驅動程式等存在，不過在這邊為求說明的簡化會將這些省略。

所謂延遲時間，就是每次進行 I/O 所需要耗費的時間。用來顯示儲存裝置的回應效能。這與 I/O 的大小沒有關聯性。就圖 09-11 來說，100MiB/s 的話是 10 秒，200MiB/s 的話是 5 秒。不過會要注意到這個值的情形，主要不是在進行大型資料的傳送時，而是在頻繁地發出小量 I/O 的時候。

讓我們藉由要在某個系統的區塊裝置上，建構一個用來儲存商品的訂單資料的關聯式資料庫（以下簡稱為「資料庫」）的案例來做說明。在這情況下，資料庫理當會遵從使用者的指示以記錄單位來將資料進行讀寫。針對 2 個區塊裝置 A 與 B，使用者從這個資料庫讀取 1 筆記錄時的延遲時間，如圖 09-12 所示。

圖 09-12 延遲時間

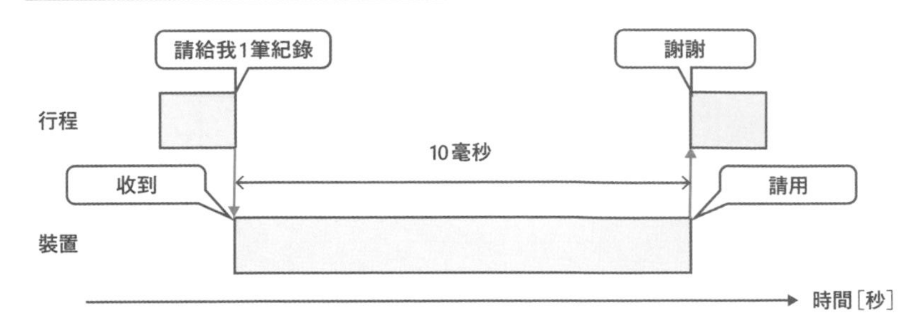

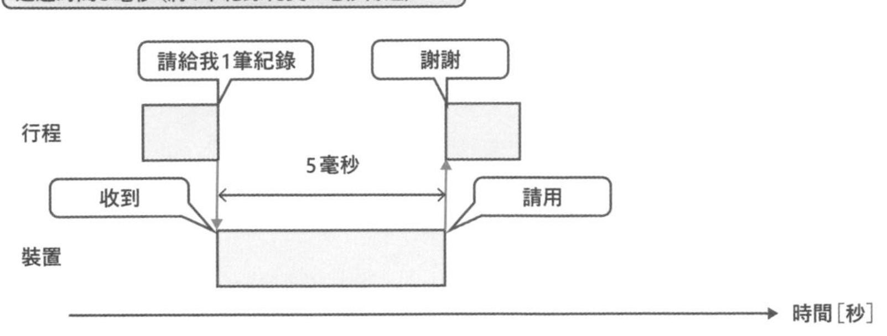

延遲時間是一個從使用者角度來看，對於系統的回應速度造成很大影響的重要指標。舉一個很極端例子來說，假設各位讀者作為這個系統的使用者，點擊按鈕來讀取紀錄，如果讀取 1 筆紀錄需要耗費 1 秒，也就是延遲時間為 1 秒的系統，與延遲時間為 1 毫秒的系統相比，各位可以想像一下自己會想使用哪個系統。

IOPS 是「I/O per second」的縮寫，用以顯示每秒可以處理的 I/O 數量。舉例來說，從存在有 2 個裝置的相同資料庫，連續地將 5 筆紀錄讀取出來時，便會如圖 09-13 所示。

圖 09-13 IOPS

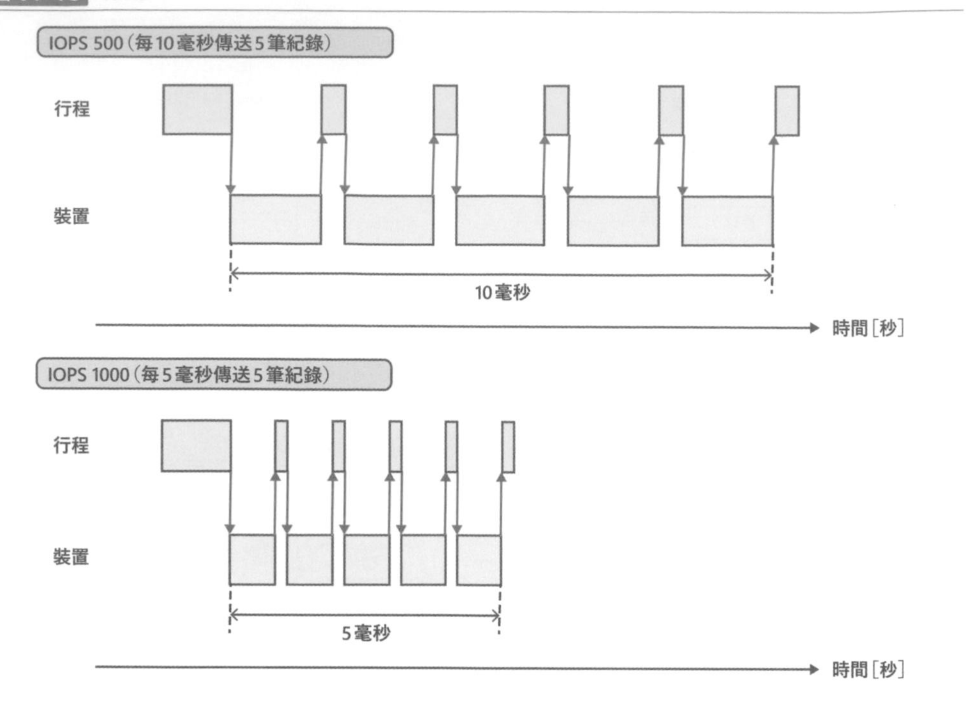

各位說不定會覺得：「這該不會只是延遲時間的倒數吧？」，這部分將於下個章節之後會敘述到的平行 I/O 的部分，將這兩者之間的差異說明清楚。

當複數行程以平行方式發出I/O的情形

讓我們來看到對於某個區塊裝置，由 2 個行程以平行的方式發出 1GiB 的 I/O 讀取的情形。圖 09-14 的上方是無法進行平行存取裝置的情形，下方為可以進行平行存取裝置的情形。相較於上方，下方的方式就系統整體來看，吞吐量是加倍的（圖 09-14）。

圖 09-14 平行 I/O 時的吞吐量

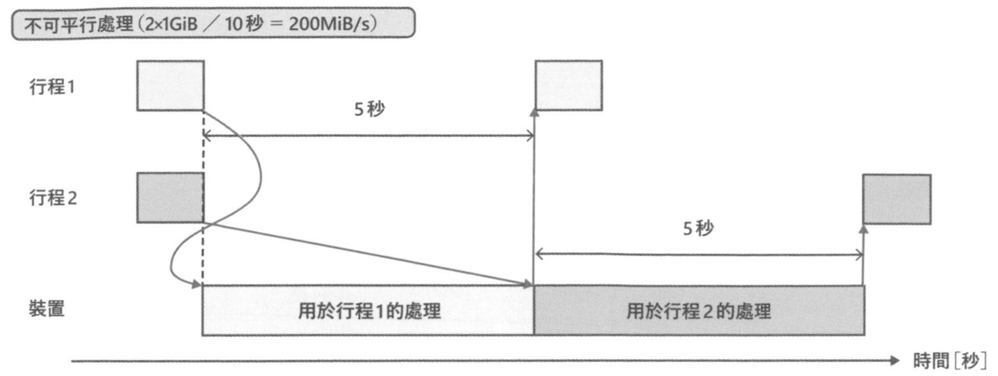

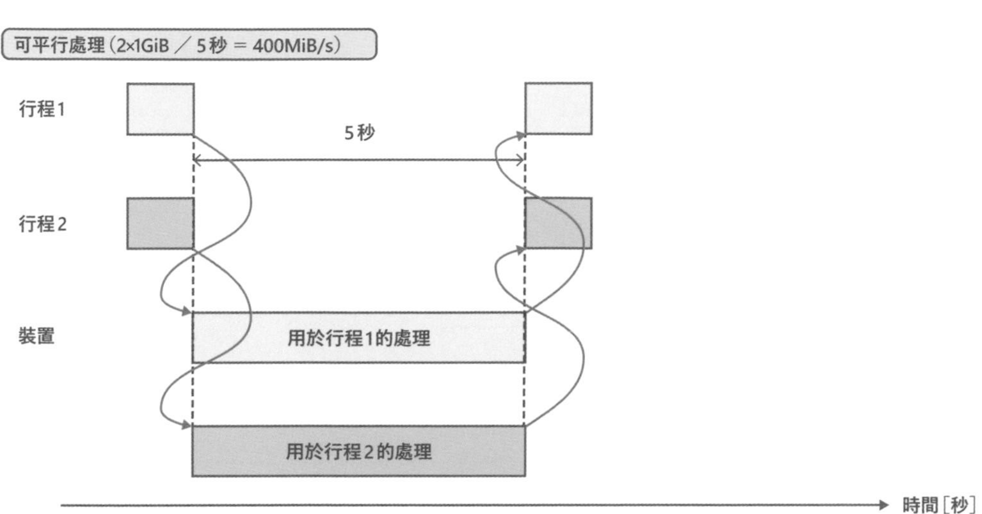

不過，實際上並非平行度越高，吞吐量也會跟著不斷地上升。因為受到來自裝置或匯流排等各種的限制，裝置的吞吐量大多都會在平行度上升到某個程度的時候達到極限。

2 個行程，從存在有資料庫的裝置，同時對各筆紀錄進行讀取狀況，如圖 09-15 所示。

圖 09-15 平行 I/O 時的延遲時間

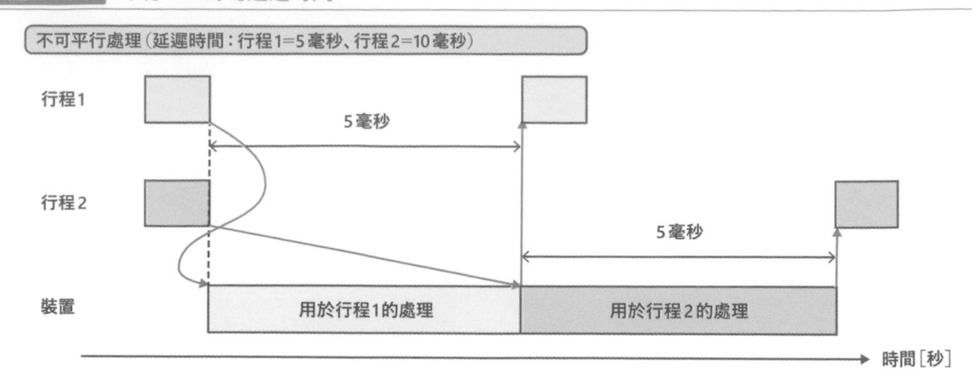

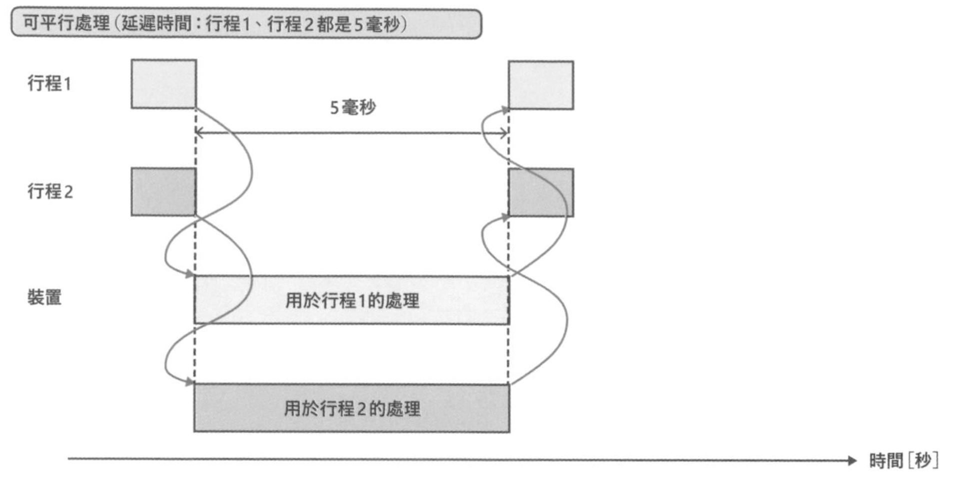

圖 09-15 的上方為無法平行化的情形。行程 2 的 I/O 處理，由於比行程 1 還要晚進行，所以延遲時間才會變長。由於下方能夠進行平行處理，所以雙方能夠以相同的延遲時間來完成處理。

一般來說，對於裝置的負載越低，延遲時間具有也會跟著越低的趨勢。

讓我們透過圖 09-16，來查看 I/O 被平行發出時的 IOPS 吧。

圖 09-16 的上方為單一行程狀態下的 I/O。行程在接收到 I/O 完成之後，於使用 CPU 進行處理的這段期間內，裝置是處於什麼都沒處理的狀態。透過像圖示下方的 I/O 的平行發出，這段間隙就會被填補起來。就圖 09-16 來看，為了處理 2 倍的 I/O 卻只使用到 1.6 倍的時間。如果能夠像圖 09-15 或圖 09-16 的下方這樣，裝置能夠對 I/O 進行平行處理的話，就能夠對 IOPS 帶來更大幅的效能提昇。

IOPS 越高的裝置，每單位時間能就處理的請求就越多，換句話說就是具有很高的可擴縮性。

圖 09-16　平行 I/O 的 IOPS

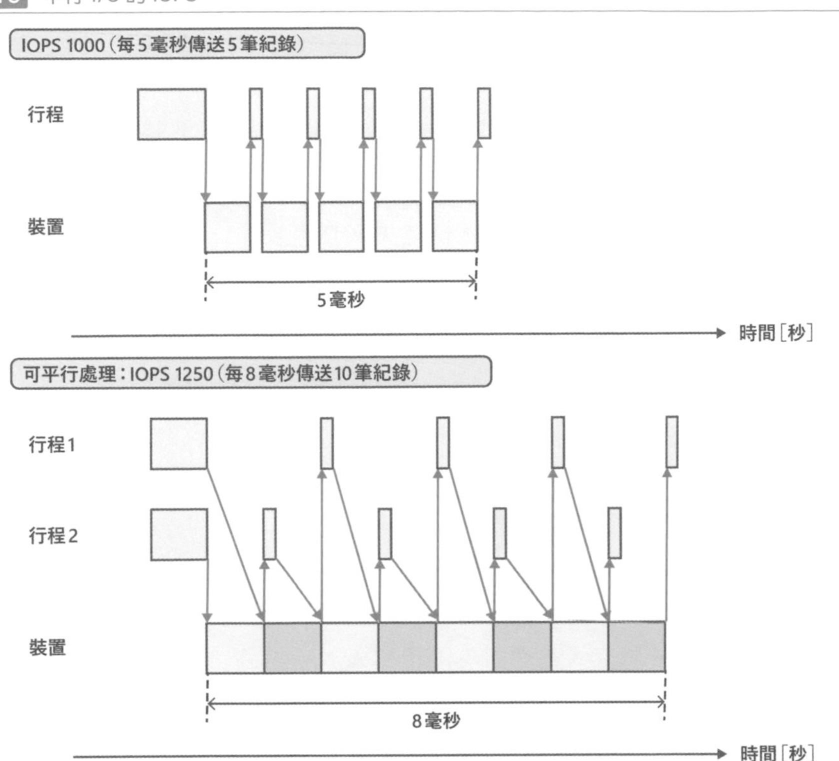

與其推測，不如量測

所謂效能，不是只看裝置的規格就能得知的。舉例來說，IOPS 的最大值，有時候不是單從 1 個行程所發出 I/O 可以達到的，多半都需要在某個程度平行度較高的情況下才會出現。而且，I/O 大小在較大的情況下與較小的情況下，極限值都會顯著地不同。

效能會依各個裝置以外的因素而有所不同。舉例來說，當我們將複數的裝置連接到 1 個匯流排上，有可能會遇到就算還沒達到裝置的效能極限，不過卻已經達到了匯流排的效能極限，而無法發揮出如我們預想效能的情形。

因此，草率地根據裝置的規格去判斷：「這個系統，只要有搭載這個裝置就應該能發揮如此般的效能」的話是很危險的。推測本身是非常重要沒錯，但是在推測之後，仍有必要在實際的環境上加上實際的負載，以測試實際上能夠發揮到哪個程度的效能。

效能測量工具：fio

有一個被稱為「fio」的效能測量工具。這個工具，原本是個檔案系統的效能測量工具，不過也可用作裝置的效能測量工具來使用。fio 具有以下的特徵。

- 可詳細設定 I/O 的模式、平行數、當時所使用的 I/O 機制（在 fio 上被稱為 I/O engine）。
- 可採集延遲時間、吞吐量、IOPS 等各個種類的效能資訊。

fio 可將效能測量對象的 I/O 負載，透過指令列參數進行細微控制。在這邊，我們將針對其中會在本書中使用到的基本選項來做介紹。

- --test：各個效能測量工作的名稱。
- --filename：I/O 對象檔案的名稱。
- --filesize：上述檔案的大小。
- --size：I/O 的總計大小。
- --bs：I/O 的大小。總計 I/O 次數，等於將透過 --size 指定的值，除以透過 --block 指定的值所得到的數字。
- --readwrite：用來選擇 I/O 的種類。如 read（循序讀取）、write（循序寫入）、randread（隨機讀取）、randwrite（隨機寫入）等。
- --sync=1：將各個寫入處理設為同步寫入。
- --numjobs：I/O 的平行度。預設為 1，代表關閉平行化功能。
- --group_reporting：當平行度為 2 以上的時候，對於效能測量結果的輸出，並非個別地將各筆處理輸出（預設），而是將所有處理經彙整之後輸出。
- --output-format：輸出的格式。

除此之外還有很多選項存在，有興趣的讀者可以參照 man 1 fio。

首先讓我們先不要拘泥細節，直接使用 fio 看看吧。在這邊讓我們試著發出下述 I/O。

- 工作的名稱為 test。工作（job）是 fio 的用語，這是用來辨識效能測量對象的各個 I/O 處理所需要的名稱。
- I/O 的模式為隨機讀取。
- 從名稱為 testdata 這個的 1GiB 檔案，以 4KiB 為單位將總計 4MiB 的資料給讀取出來。

為了準備，讓我們依照下述方式來執行 fio 指令。

```
$ fio --name test --readwrite=randread --filename testdata --filesize=1G --size=4M --bs=4K
--output-format=json
```

也有一個不需用到指令列選項，也能夠寫入設定檔案的方法，不過會在此省略。

執行這個指令之後，就會得到如下述所示的結果。

```
$ fio --name test --readwrite=randread --filename testdata --filesize=1G --size=4M --bs=4K
--output-format=json
{
  "fio version" : "fio-3.16",
  "timestamp" : 1640957075,
  "timestamp_ms" : 1640957075053,
  "time" : "Fri Dec 31 22:24:35 2021",
  "jobs" : [
    {
      "jobname" : "test",
      ...
      "elapsed" : 1,
      "job options" : {
        "name" : "test",
        "rw" : "randread",
        "filename" : "testdata",
        "filesize" : "1G",
        "size" : "4M",
        "bs" : "4K"
      },
      "read" : {
        "io_bytes" : 4194304,
        "io_kbytes" : 4096,
        "bw_bytes" : 35848752,  ●──❶
        "bw" : 35008,
        "iops" : 8752.136752,  ●──❷
        ...
        "lat_ns" : {
          "min" : 72967,
          "max" : 3519225,
          "mean" : 111214.847656,  ●──❸
          "stddev" : 130442.440934
        },
        ...
      },
      "write" : {
        "io_bytes" : 0,
```

```
        "io_kbytes" : 0,
        "bw_bytes" : 0,    ●──❹
        "bw" : 0,
        "iops" : 0.000000,    ●──❺
        ...
        "lat_ns" : {
          "min" : 0,
          "max" : 0,
          "mean" : 0.000000,    ●──❻
          "stddev" : 0.000000
        },
        ...
}
```

輸出的量實在是多到讓人吃驚，不過在本書中是不會用到這麼詳細的數據，所以我們該要注意的，就只有執行結果中的❶到❻的部分。

至於❶～❸，是只有在施加讀取負載的時候才具有意義。同樣的，❹～❻也是只有在施加讀取負載的時候才具有意義。

- ❶、❹是位元組單位的吞吐量。
- ❷、❺是 IOPS。
- ❸、❻是奈秒單位的平均延遲時間。

執行完畢之後，最後讓我們將檔案給刪掉吧。

```
$ rm testdata
```

區塊層對HDD效能所帶來的影響

在本節中，我們將針對區塊層為效能所帶來的影響，透過 fio 來做確認。

具體來說，我們將會測量區塊層的 I/O 排程器與 readahead 處於功能開啟的狀態下，以及處於功能關閉的狀態下的效能，並藉著對其結果進行比較以確認各個功能所帶來的影響。

為了要將 I/O 排程器關掉，需要將「none」寫入到 /sys/block/<裝置名稱>/queue/scheduler 這個檔案內＊2。為了將 readahead 關掉，會需要將 0 寫入到 /

＊2　正確來說，雖然可關閉排序功能，不過合併是無法關閉的。由於其他方法並不存在，所以我們只能將就妥協。

sys/block/<裝置名稱>/queue/read_ahead_kb 內。

在這邊我們會對下述 2 個模式的效能數據做採集。

- 模式 A：確認 I/O 排程器的效果。小型複數資料的隨機寫入（重要的是延遲時間與 IOPS）。
- 模式 B：確認 readahead 的效果。循序讀取 1 個大型資料（重要的是吞吐量）。

不論是上述的哪個模式，都會對 fio 賦予表 09-01 的共通參數。

表 09-01 fio 的參數（模式 A、模式 B 共通）

參數名稱	值
filesize	1GiB
group_reporting	——

針對模式 A，會賦予表 09-02 的參數。

表 09-02 fio 的參數（模式 A）

參數名稱	值
readwrite	randwrite
size	4MiB
bs	4KiB
direct	1 ＊3

除此之外，還會對 numjobs 賦予 1～8 參數後所得到的資料做採集。

針對模式 B，會賦予表 09-03 的參數。

表 09-03 fio 的參數（模式 B）

參數名稱	值
readwrite	read
size	128MiB
bs	1MiB

在賦予表 09-03 的參數的同時，對於 I/O 排程器處於開啟的狀態下，以及處於關閉的狀態下的資料進行採集。numjobs 永遠是 1。

＊3 會這麼做，是為了不要讓寫入處理，在寫入到分頁快取之後處理就被終止，而會再去進行磁碟的寫入（受到副作用的影響導致分頁快取變得無法使用）。

I/O 排程器有很多個種類。在本書中，想要將 I/O 排程器給關掉的時候，就可以依照先前所說明的方式設定為 none。想要將功能開啟的時候，會使用 mq-deadline 排程器。至於其他排程器的部分，由於已超出本書的範圍了，所以不會在此提及。

於未使用 I/O 排程器的狀態下，選擇 mq-deadline 排程器的案例如下所示。

```
# cat /sys/block/nvme0n1/queue/scheduler
[none] mq-deadline
# echo mq-deadline >/sys/block/nvme0n1/queue/scheduler
# cat /sys/block/nvme0n1/queue/scheduler
[mq-deadline] none
#
```

以模式 B 來說，還會針對 readahead 處於開啟的狀態與關閉的狀態，去採集這兩方的資料。開啟的狀態，會將 128（預設值）寫入到 /sys/block/< 裝置名稱 >/queue/read_ahead_kb。關閉的狀態，則會將 0 寫入。

接著，為了要能夠在執行測量時將來自現存分頁快取的影響給排除，需要在執行 fio 之前，每次都透過 `echo 3 >/proc/sys/vm/drop_caches`，將分頁快取的內容給刪除。

在測量時，使用到了透過上述模式於內部呼叫 fio 的 measure.sh 程式（列表 09-01）與 plot-block.py 程式（列表 09-02）。

列表 09-01 measure.sh

```
#!/bin/bash -xe

extract() {
    PATTERN=$1
    JSONFILE=$2.json
    OUTFILE=$2.txt

    case $PATTERN in
    read)
        RW=read
        ;;
    randwrite)
        RW=write
        ;;
    *)
        echo "無效的 I/O 模式： $PATTERN" >&2
        exit 1
    esac
```

```
    BW_BPS=$(jq ".jobs[0].${RW}.bw_bytes" $JSONFILE)
    IOPS=$(jq ".jobs[0].${RW}.iops" $JSONFILE)
    LATENCY_NS=$(jq ".jobs[0].${RW}.lat_ns.mean" $JSONFILE)
    echo $BW_BPS $IOPS $LATENCY_NS >$OUTFILE
}

if [ $# -ne 1 ] ; then
    echo "使用方式：$0 <設定檔案名稱>" >&2
    exit 1
fi

if [ $(id -u) -ne 0 ] ; then
    echo "執行這個程式需要有 root 權限" >&2
    exit 1
fi

CONFFILE=$1

. ${CONFFILE}

DATA_FILE=${DATA_DIR}/data
DATA_FILE_SIZE=$((128*1024*1024))
QUEUE_DIR=/sys/block/${DEVICE_NAME}/queue
SCHED_FILE=${QUEUE_DIR}/scheduler
READ_AHEAD_KB_FILE=${QUEUE_DIR}/read_ahead_kb

if [ "$PART_NAME" = "" ] ; then
    DEVICE_FILE=/dev/${DEVICE_NAME}
else
    DEVICE_FILE=/dev/${PART_NAME}
fi

if [ ! -e ${DATA_DIR} ] ; then
    echo "資料目錄(${DATA_DIR})並不存在" >&2
    exit 1
fi

if [ ! -e ${DEVICE_FILE} ] ; then
    echo "裝置檔(${DEVICE_FILE})並不存在" >&2
    exit 1
fi

mount | grep -q ${DEVICE_FILE}
RET=$?
if [ ${RET} != 0 ] ; then
    echo "裝置檔(${DEVICE_FILE})並未被掛載" >&2
```

```
    exit 1
fi

if [ ! -e ${SCHED_FILE} ] ; then
    echo "I/O 排程器的檔案 (${SCHED_FILE}) 並不存在 " >&2
    exit 1
fi

SCHEDULERS="mq-deadline none"

if [ ! -e ${READ_AHEAD_KB_FILE} ] ; then
    echo "readahead 的設定檔案 (${READ_AHEAD_KB_FILE}) 並不存在 " >&2
    exit 1
fi

mkdir -p ${TYPE}
rm -f ${DATA_FILE}
dd if=/dev/zero of=${DATA_FILE} oflag=direct,sync bs=${DATA_FILE_SIZE} count=1

COMMON_FIO_OPTIONS="--name linux-in-practice --group_reporting --output-format=json --filename=${DA
TA_FILE} --filesize=${DATA_FILE_SIZE}"

# readahead 的效果確認用的資料採集

## 資料採集

SIZE=${DATA_FILE_SIZE}
BLOCK_SIZE=$((1024*1024))

for SCHED in ${SCHEDULERS} ; do
    echo ${SCHED} >${SCHED_FILE}
    for READ_AHEAD_KB in 128 0 ; do
        echo ${READ_AHEAD_KB} >${READ_AHEAD_KB_FILE}
        echo "pattern: read, sched: ${SCHED}, read_ahead_kb: ${READ_AHEAD_KB}" >&2
        FIO_OPTIONS="${COMMON_FIO_OPTIONS} --readwrite=read --size=${SIZE} --bs=${BLOCK_SIZE}"
        FILENAME_PATTERN="${TYPE}/read-${SCHED}-${READ_AHEAD_KB}"
        echo 3 >/proc/sys/vm/drop_caches
        fio ${FIO_OPTIONS} >${FILENAME_PATTERN}.json
        extract read ${FILENAME_PATTERN}
    done
done

## 資料加工

OUTFILENAME=${TYPE}/read.txt
rm -f ${OUTFILENAME}

for SCHED in ${SCHEDULERS} ; do
```

```
    for READ_AHEAD_KB in 128 0 ; do
        FILENAME=${TYPE}/read-${SCHED}-${READ_AHEAD_KB}.txt
        awk -v sched=${SCHED} -v read_ahead_kb=${READ_AHEAD_KB} '{print sched, read_ahead_kb, $1}' <$
FILENAME >>${OUTFILENAME}
    done
done

# I/O 排程器的效果確認用的資料採集

## 資料採集

SIZE=$((4*1024*1024))
BLOCK_SIZE=$((4*1024))
JOB_PATTERNS=$(seq $(grep -c processor /proc/cpuinfo))

for SCHED in ${SCHEDULERS} ; do
    echo ${SCHED} >${SCHED_FILE}
    for NUM_JOBS in ${JOB_PATTERNS}; do
        echo "pattern: randwrite, sched: ${SCHED}, numjobs: ${NUM_JOBS}" >&2
        FIO_OPTIONS="${COMMON_FIO_OPTIONS} --direct=1 --readwrite=randwrite --size=${SIZE} --bs=${BL
OCK_SIZE} --numjobs=${NUM_JOBS}"
        FILENAME_PATTERN="${TYPE}/randwrite-${SCHED}-${NUM_JOBS}"
        echo 3 >/proc/sys/vm/drop_caches
        fio ${FIO_OPTIONS} >${FILENAME_PATTERN}.json
        extract randwrite ${FILENAME_PATTERN}
    done
done

## 資料加工

for SCHED in ${SCHEDULERS} ; do
    OUTFILENAME=${TYPE}/randwrite-${SCHED}.txt
    rm -f ${OUTFILENAME}
    for NUM_JOBS in ${JOB_PATTERNS} ; do
        FILENAME=${TYPE}/randwrite-${SCHED}-${NUM_JOBS}.txt
        awk -v num_jobs=${NUM_JOBS} '{print num_jobs, $2, $3}' <$FILENAME >>${OUTFILENAME}
    done
done

./plot-block.py

rm ${DATA_FILE}
```

列表 09-02 plot-block.py

```
#!/usr/bin/python3

import numpy as np
from PIL import Image
import matplotlib
import os

matplotlib.use('Agg')

import matplotlib.pyplot as plt

SCHEDULERS = ["mq-deadline", "none"]
plt.rcParams['font.family'] = "sans-serif"
plt.rcParams['font.sans-serif'] = "TakaoPGothic"

def do_plot(fig, pattern):
    # 為了迴避 Ubuntu 20.04 的 matplotlib 的程式錯誤，先存成 png 檔之後再轉換成 jpg 檔
    # https://bugs.launchpad.net/ubuntu/+source/matplotlib/+bug/1897283?comments=all
    pngfn = pattern + ".png"
    jpgfn = pattern + ".jpg"
    fig.savefig(pngfn)
    Image.open(pngfn).convert("RGB").save(jpgfn)
    os.remove(pngfn)

def plot_iops(type):
    fig = plt.figure()
    ax = fig.add_subplot(1,1,1)
    for sched in SCHEDULERS:
        x, y, _ = np.loadtxt("{}/randwrite-{}.txt".format(type, sched), unpack=True)
        ax.scatter(x,y,s=3)
    ax.set_title("I/O 排程器為開啟狀態下與關閉狀態下的 IOPS")
    ax.set_xlabel(" 平行度 ")
    ax.set_ylabel("IOPS")
    ax.set_ylim(0)
    ax.legend(SCHEDULERS)
    do_plot(fig, type + "-iops")

def plot_iops_compare(type):
    fig = plt.figure()
    ax = fig.add_subplot(1,1,1)
    x1, y1, _ = np.loadtxt("{}/randwrite-{}.txt".format(type, "mq-deadline"), unpack=True)
    _, y2, _ = np.loadtxt("{}/randwrite-{}.txt".format(type, "none"), unpack=True)
    y3 = (y1 / y2 - 1) * 100
    ax.scatter(x1,y3, s=3)
    ax.set_title("I/O 排程器處於開啟狀態下的 IOPS 的變化率 [%]")
    ax.set_xlabel(" 平行度 ")
```

```
    ax.set_ylabel("IOPS 的變化率 [%]")
    ax.set_yticks([-20, 0, 20])

    do_plot(fig, type + "-iops-compare")

def plot_latency(type):
    fig = plt.figure()
    ax = fig.add_subplot(1,1,1)
    for sched in SCHEDULERS:
        x, _, y = np.loadtxt("{}/randwrite-{}.txt".format(type, sched), unpack=True)
        for i in range(len(y)):
            y[i] /= 1000000
        ax.scatter(x,y,s=3)
    ax.set_title("I/O 排程器處於開啟狀態下與關閉狀態下的延遲時間 ")
    ax.set_xlabel(" 平行度 ")
    ax.set_ylabel(" 延遲時間 [ 毫秒 ]")
    ax.set_ylim(0)
    ax.legend(SCHEDULERS)

    do_plot(fig, type + "-latency")

def plot_latency_compare(type):
    fig = plt.figure()
    ax = fig.add_subplot(1,1,1)
    x1, _, y1 = np.loadtxt("{}/randwrite-{}.txt".format(type, "mq-deadline"), unpack=True)
    _, _, y2 = np.loadtxt("{}/randwrite-{}.txt".format(type, "none"), unpack=True)
    y3 = (y1 / y2 - 1) * 100
    ax.scatter(x1,y3, s=3)
    ax.set_title("I/O 排程器處於開啟狀態下的延遲時間的變化率 [%]")
    ax.set_xlabel(" 平行度 ")
    ax.set_ylabel(" 延遲時間的變化率 [%]")
    ax.set_yticks([-20,0,20])

    do_plot(fig, type + "-latency-compare")

for type in ["HDD", "SSD"]:
    plot_iops(type)
    plot_iops_compare(type)
    plot_latency_compare(type)
    plot_latency(type)
```

measure.sh 程式，會將在第 1 參數所指定的設定檔案進行讀取並測量效能之後，再透過 plot-block.py 程式的執行圖表的繪製。各位讀者在自己的環境上執行的時候，請將這兩個 2 個程式放在同一個目錄內。

關於 HDD 的部分，在筆者的環境上是使用到 hdd.conf（列表 **09-03**）來執行下述處理。

列表 09-03 hdd.conf

```
# 磁碟的種類。"HDD" 或者是 "SSD"
TYPE=HDD
# 存在於效能基準對象的檔案系統上的裝置名稱。如果是 HDD 的話，名稱就會像 sdb 或 sdc 這樣。如果是 NVMe SSD 的話，就會像 nvme0n1 這樣
DEVICE_NAME=sda
# 如果檔案系統有被建立在上述裝置中的分割區上的話，就會顯示有分割區名稱。除此之外，如果檔案系統是直接被建立在裝置上的話，就會維持空欄位
PART_NAME=sda1
# 用來儲存效能基準資料的目錄。這個目錄必須是要存在於 "DEVICE_NAME" 上，或者是 PART_NAME" 上的檔案系統上
DATA_DIR=./mnt-hdd
```

```
$ ./measure.sh hdd.conf
```

在各位讀者的環境上運作這個程式的時候，請依狀況適度地改寫 hdd.conf 的內容。

當我們執行這個程式時，就會建立下述檔案。

- 模式 A
  - HDD-iops.jpg：顯示 I/O 排程器為開啟狀態下與關閉狀態下的 IOPS 的圖表
  - HDD-iops-compare.jpg：顯示 I/O 排程器處於開啟狀態下的 IOPS 的變化率的圖表
  - HDD-latency.jpg：顯示 I/O 排程器處於開啟狀態下與關閉狀態下的延遲時間的圖表
  - HDD-latency-compare.jpg：顯示 I/O 排程器處於開啟狀態下的延遲時間的變化率的圖表
- 模式 B
  - HDD/read.txt：所有模式的吞吐量資料。各行的格式為 <I/O 排程器名稱 > <read_ahead_kb 的值 > < 吞吐量 [位元組 /s]>

在這邊，我們只有對容易觀察到區塊層對 HDD 效能所帶來影響的模式進行效能測量，對於其他模式感興趣的讀者，不妨可以自行將 fio 的參數進行各種變更來嘗試看看。

模式A的測量結果

I/O 排程器為開啟（mq-deadline）狀態與關閉（none）狀態時的 IOPS、延遲時間的比較資料，如圖 09-17、圖 09-18 所示。

圖 09-17 I/O 排程器為開啟狀態下與關閉狀態下的 IOPS

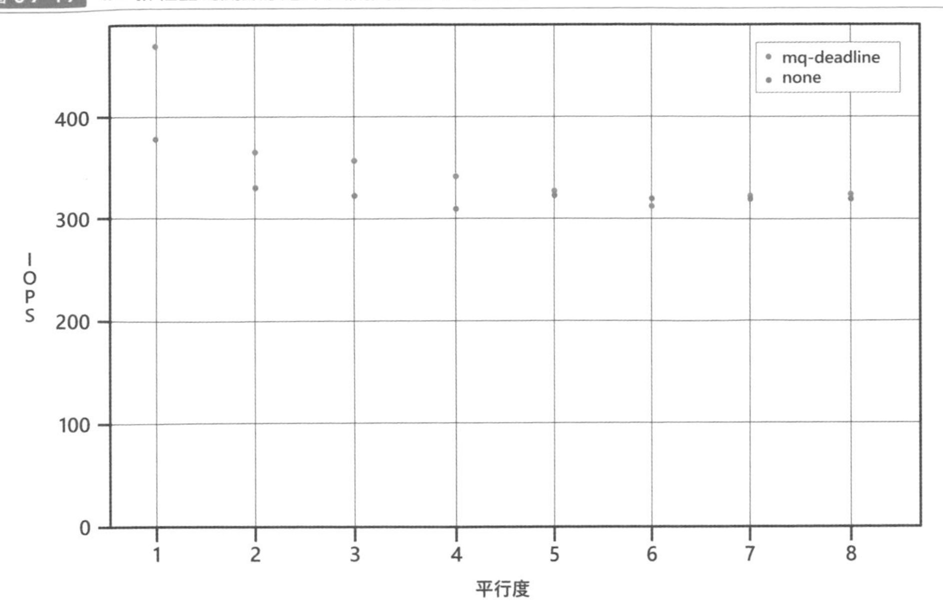

圖 09-18 I/O 排程器處於開啟狀態下與關閉狀態下的延遲時間

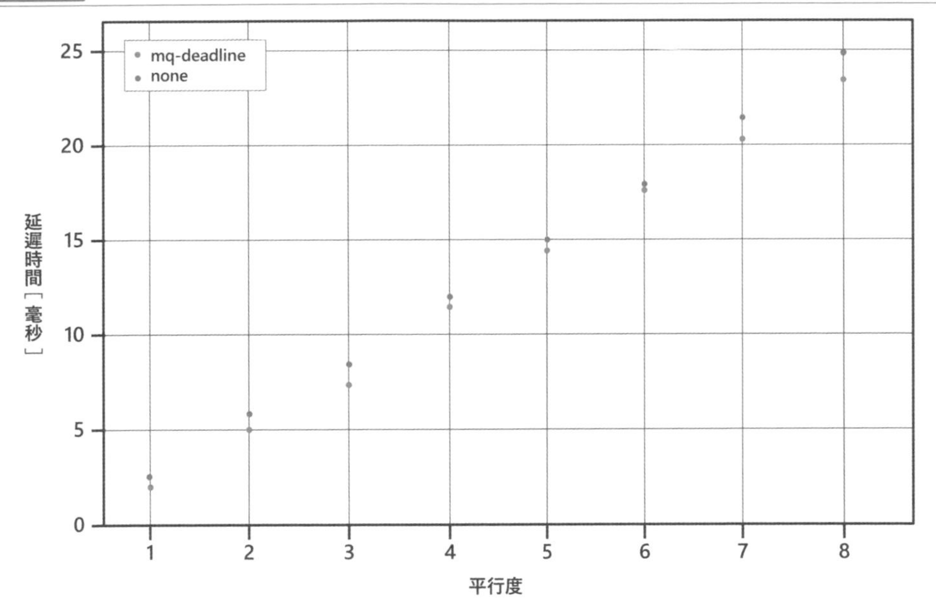

只有這些的話會不太清楚，所以讓我們將開啟 I/O 排程器後所帶來的 IOPS 及延遲時間的變化率，彙整於圖 09-19、圖 09-20。

圖 09-19 I/O 排程器處於開啟狀態下的 IOPS 的變化率

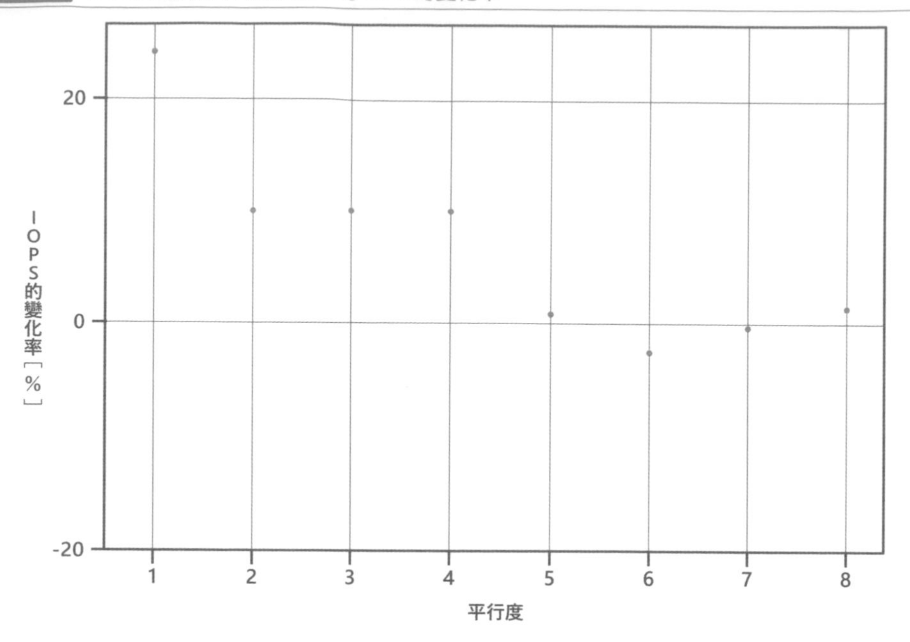

圖 09-20 I/O 排程器處於開啟狀態下的延遲時間的變化率

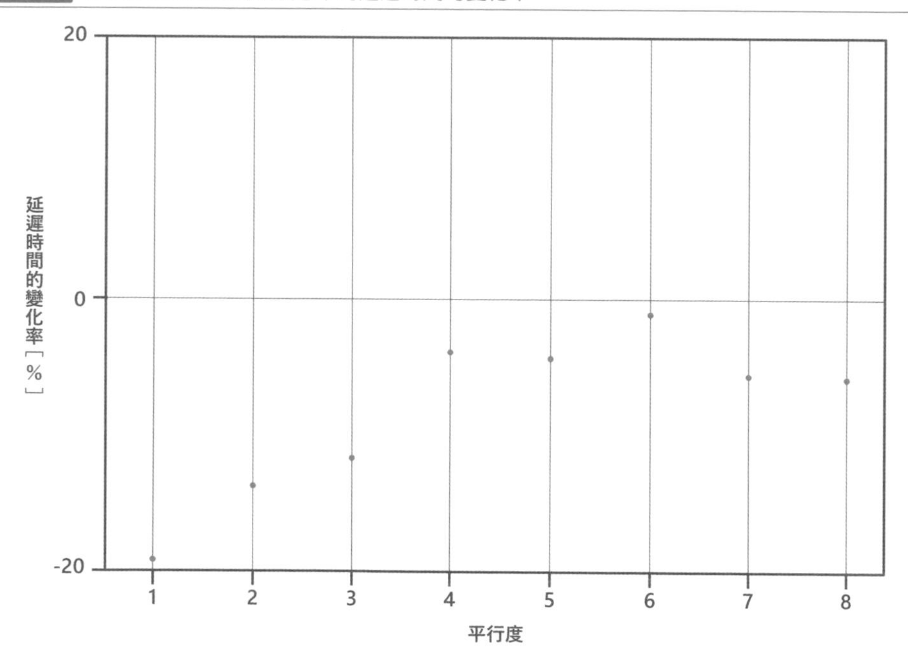

從這邊我們可得知當 I/O 排程器處於開啟狀態時，IOPS 較高，而且延遲時間有所下降。這是因為透過 I/O 排程器，對磁碟發出的 I/O 要求被有效率地調整順序所致。

模式B的測量結果

readahead 的效果被彙整於表 09-04。

表 09-04 readahead 的效果(就 HDD 來看)

I/O排程器	readahead	吞吐量[MiB/s]
開啟	開啟	34.1
開啟	關閉	13.5
關閉	開啟	34.8
關閉	關閉	13.5

從上述結果，可得知 readahead 為開啟時，與關閉時相比，效能高於 2 倍以上。效果真是厲害。除此之外，還可得知的是吞吐量不論 I/O 排程器是否開啟，幾乎沒有受到任何影響。這是因為，在這存取模式下，讀取是採同步的方式[*4]進行，然而 I/O 並非平行的，所以導致 I/O 排程器根本沒有發揮功效的機會(合併或排序)。

＊4　意指從磁碟將資料讀取完畢之後，才進行下個讀取的方式。

效能測量的目的

Column 

所謂效能測量，要在「測量的執行目的」決定之後才有執行的意義在，希望這點各位都可以放在心上。

初學者常在尚未決定好目的的情況下，在盲目地使用知名效能基準工具進行採集之後，感到滿足就結束了。像這種情形，雖然可藉由大量資料的獲得而讓人充滿成就感，不過，既然沒有目的的話也不會產生什麼結果，變成只是在浪費時間罷了[*a]。

在決定好目的之後，就必須要決定要以什麼模式來進行效能測量，以及為了進行測試該要使用哪種效能基準工具(或者是自作工具)等。由於效能測量的所需時間通常都很長，所以要請各位多留意，最好盡量避免像「這也要、那也順便」的過多內容，盡量挑選為了達成目的所需要的最小限度的資料為主。

＊a　如果不是工作場合，而只是屬於個人的嗜好，如「因為想試而試」的話，筆者當然不會對此抱持否定意見。因為嗜好是不需要任何意義，只要能夠樂在其中即可。

伴隨技術革新給區塊層帶來的變化

在這 10 年、20 年來，區塊裝置周圍的環境已經發生了巨大的變化。主要的變化有 SSD 的問世與 CPU 的多核心化。

SSD 是將資料儲存在快閃記憶體上。讀取跟寫入都不需要用到像 HDD 般的機械性運作，只需要進行電氣性運作即可。因此，一般來說存取速度都遠高於 HDD（圖 09-21）。

圖 09-21　HDD 與 SSD 的資料存取所需時間的差異

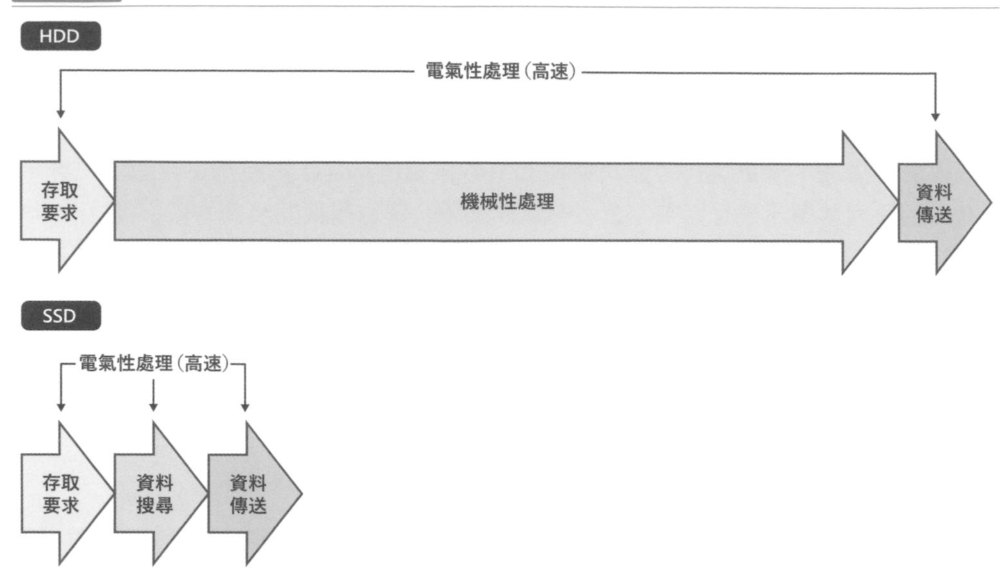

差異最為顯著的，便是隨機存取效能的部分。

更進一步，根據連接方式的不同，SSD 被分為 2 個種類。SSD 可使用與 HDD 相同的界面來跟機器連接，也就是所謂的 SATA SSD 或 SAS SSD 等界面，還有以完全不同形式的高速界面來做連接的 NVMe SSD 界面，共這 2 種。就前者的連接方式來說，與 HDD 之間的差已經算很顯著了，至於後者的話，差異大到根本無法相提並論。

那麼，是不是世上的所有儲存裝置都只要從 HDD 切換成 SSD，甚至是 NVMe SSD，就很完美了嗎？實際的情況不是這麼單純的。每單位容量的價格，還是 HDD 會比 SSD 便宜，所以當我們遇到效能要求並不高的情況時，HDD 到目前為止還是一個很有魅力的選項。兩者之間的價格差距的確有在變小，不過在短時間內，想必還是會共存的。

NVMe SSD 跟 HDD 相比，就硬體效能來看，這兩者的 IOPS 可說是天差地遠。如果想要獲得較高的 IOPS，需要盡量從較多的邏輯 CPU 以平行的方式同時發出 I/O，才可以發揮效果。

隨著最近 CPU 多核心化的進展，各位可能會認為能這麼做的條件已經滿足，但事實並非如此。過去的 I/O 排程器，就算是從複數邏輯 CPU 收到請求，由於該處理過去只在 1 個邏輯 CPU 上執行，所以完全沒有可擴縮性。而為了克服這個缺點，目前的 I/O 排程器是採用多佇列（Multi-Queue）的機制，透過在複數 CPU 上的運作，將可擴縮性大幅提昇了。mq-deadline 排程器的「mq」為「multi-queue」的縮寫。

但是，如後續會提到的，越是提高了硬體的效能，相較於區塊層會將 I/O 要求先進行累積，再以 I/O 排程器重新調整順序的這個處理的優點，延遲時間變得很大這個缺點會蓋過優點的案例增加了不少。因此，就 Ubuntu 20.04 來說，在預設狀態下是完全不會對 NVMe SSD 使用 I/O 排程器的。先前在 HDD 的效能測量時所用到的 none，雖然進行合併了，在這邊是真的什麼都不做。

區塊層對 NVMe SSD 的效能所帶來的影響

本節將針對與「區塊層對 HDD 效能所帶來的影響」這章節完全相同的存取模式，來測量 NVMe SSD 的效能，並透過結果的確認來查看對區塊層所帶來的影響。

為了進行測量，讓我們依照下述方式執行 measure.sh 程式。

```
./measure.sh ssd.conf
```

這個結果，會將下述檔案輸出。

- 模式 A
  - SSD-iops.jpg：顯示 I/O 排程器為開啟狀態下與關閉狀態下的 IOPS 的圖表
  - SSD-iops-compare.jpg：顯示 I/O 排程器處於開啟狀態下的 IOPS 的變化率的圖表
  - SSD-latency.jpg：顯示 I/O 排程器處於開啟狀態下與關閉狀態下的延遲時間的圖表
  - SSD-latency-compare.jpg：顯示 I/O 排程器處於開啟狀態下的延遲時間的變化率的圖表
- 模式 B
  - SSD/read.txt：所有模式的吞吐量資料。各行的格式為 <I/O 排程器名稱 > <read_ahead_kb 的值 > < 吞吐量 [位元組 /s]>。

模式A的測量結果

當 I/O 排程器處於開啟（mq-deadline）狀態下與關閉（none）狀態下的，IOPS 及延遲時間的比較資料，如圖 09-22、圖 09-23 所示。

圖 09-22 I/O 排程器為開啟狀態下與關閉狀態下的 IOPS

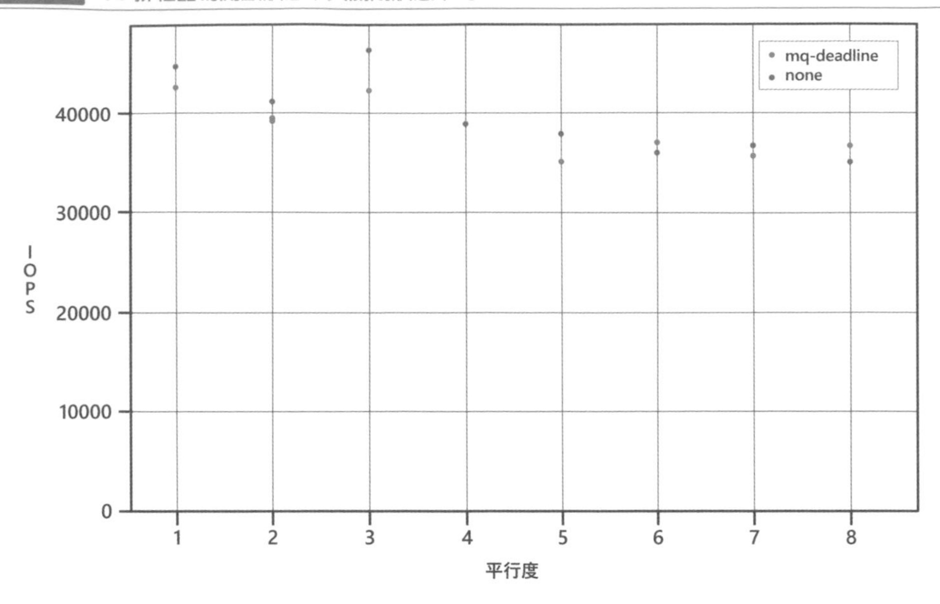

圖 09-23 I/O 排程器處於開啟狀態下與關閉狀態下的延遲時間

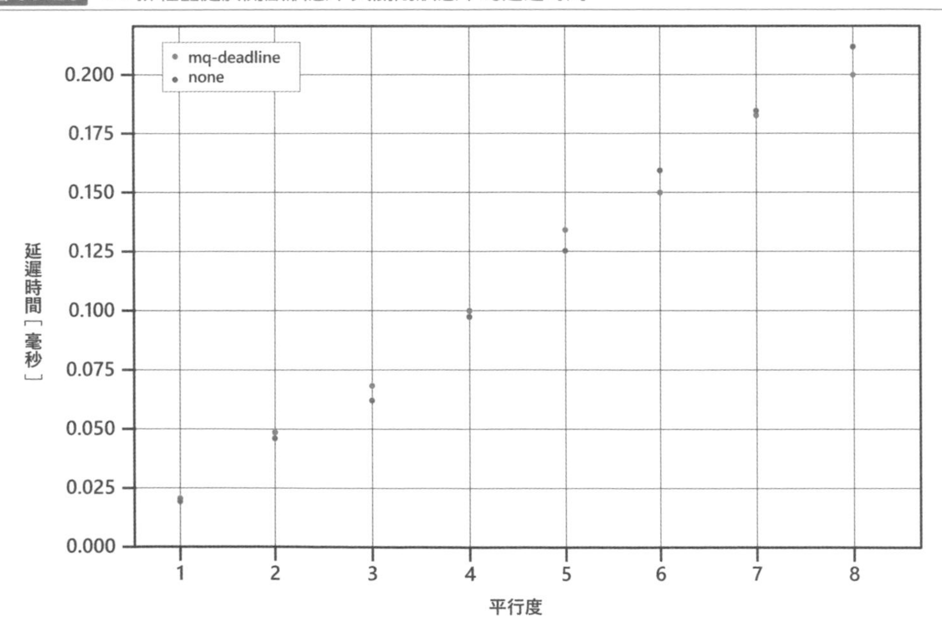

跟先前使用到 HDD 範例一樣，將開啟 I/O 排程器所帶來的 IOPS 與延遲時間的變化率，個別彙整於圖 09-24、圖 09-25。

圖 09-24 I/O 排程器處於開啟狀態下的 IOPS 的變化率

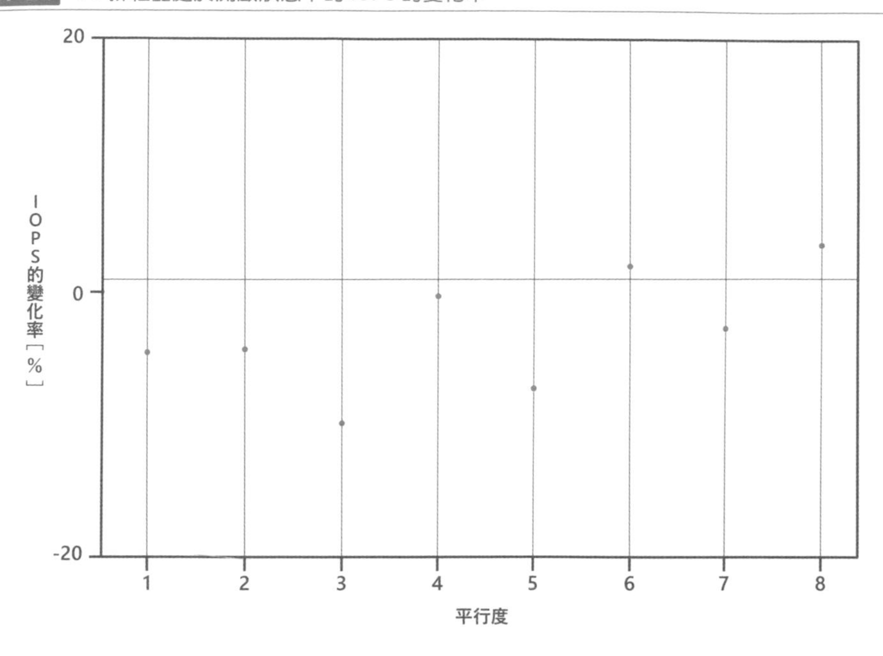

圖 09-25 I/O 排程器處於開啟狀態下的延遲時間的變化率

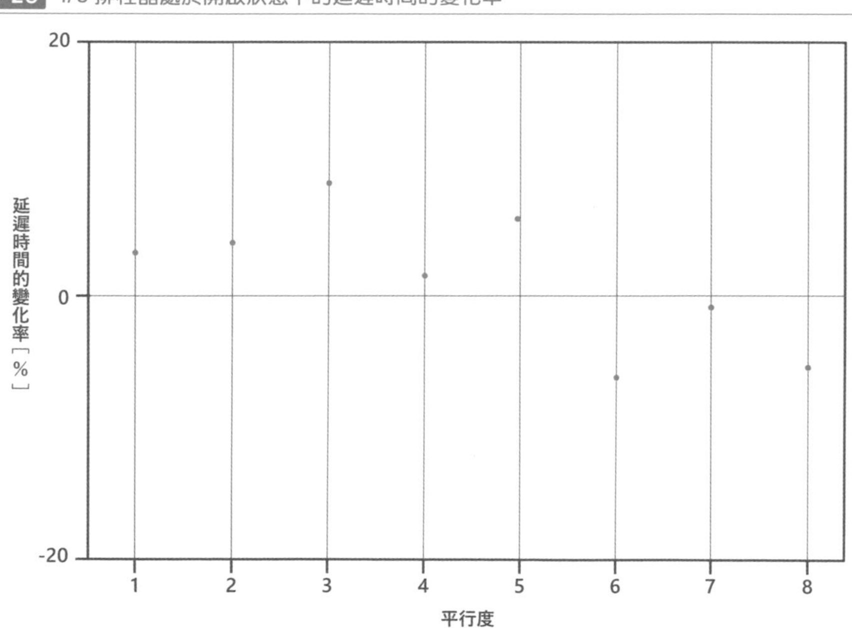

此結果的趨勢會與使用到 HDD 時不同，將 I/O 排程器關閉的時候，特別是平行度還很低的時候，IOPS 會很高。至於延遲時間的部分，則是平行度較低時 I/O 排程器處於關閉的狀態下會較短，平行度較高時則是在開啟的狀態下較短。這是因為，像 NVMe SSD 這類高速的裝置，為了 I/O 排程器而一旦先將 I/O 要求進行累積的成本，比起 HDD 還要來得相對地高所導致的。

除了 I/O 排程器的影響之外，跟 HDD 的資料進行比較，可發覺 IOPS 高出了 100 倍左右。

模式 B 的測量結果

readahead 的效果彙整於表 09-05。

表 09-05 readahead 的效果（就 NVMe SSD 來看）

IO排程器	readahead	吞吐量[GiB/s]
開啟	開啟	1.92
開啟	關閉	0.186
關閉	開啟	2.15
關閉	關閉	0.201

我們可以得知，跟 HDD 的時候一樣，藉由 readahead 功能而使得吞吐量變高了。而且其效果，遠高於 HDD。結果我們發現，I/O 排程器不但沒有發揮效果，反而是開啟之後使得效能變差了。這個現象，就是先前在模式 A 的說明時所提到過的，像在使用 NVMe SSD 這種高速的裝置時，I/O 排程器的使用成本會相對地偏高。

我們會發現，相較於 HDD（表 09-04），吞吐量高了數十倍。

現實世界的效能測量

在本章中，我們透過 fio 對儲存裝置的效能進行了測量，不過現實生活中的系統，在大多的情況下，需要考慮到除此之外的軟體或網路等其他要素的效能。

讓我們來看到下述顧客資訊管理系統的範例吧。

- 伺服器與客戶端機器是透過網際網路相互連接的。
- 顧客資訊存在於伺服器上的儲存裝置中，透過該機器上的資料庫管理系統（之後簡稱為「資料庫」）來進行讀寫。

- 使用者是透過存在於客戶端機器上的網路應用程式的運作，向伺服器上的資料庫傳送請求。

在這系統上，由網路應用程式去取得顧客資訊時的資料流程，將重點放在伺服器上的話大致會如圖 09-26 所示。

圖 09-26 網路應用程式取得顧客資訊的流程

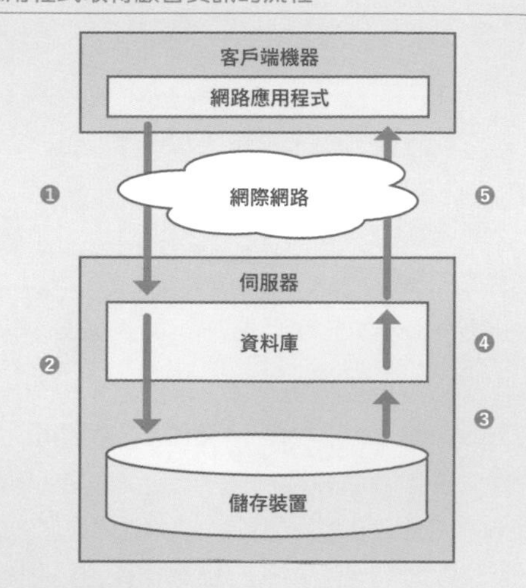

圖中的編號各帶有以下的含意。

❶資料庫，接收來自網路應用程式的請求。

❷被請求資料是存在於儲存裝置上的哪個位置，由資料庫進行計算之後向儲存裝置要求資料。

❸儲存裝置將被要求的資料傳回至資料庫。

❹資料庫將於❸所取得的資料，轉換成網路應用程式所要求的格式（如 JSON 等）。

❺將於❹所建立的資料傳送至網路應用程式。

❶、❺是與網路效能有關[*a]，❷、❹是與資料庫或 CPU 的效能有關，❸是與儲存裝置的效能有關。

在這邊，讓我們以用來取得顧客 1 人資訊時的延遲時間目標值為 100 毫秒，但實際上卻耗費了 500 毫秒的情形作為範例（圖 09-27）。在這個段階，盲目地對如儲存裝置等某個組件感到懷疑並非上策，最好是將下述問題分解成單純的內容，再來找出正確解答。

＊a 原本，伺服器、客戶端機器的網路裝置，以及與這些相互連接的網際網路內的諸多相關設備等是非常地複雜的，為了簡化說明而對圖 09-26 中做省略。

圖 09-27　比預想還要長的延遲時間

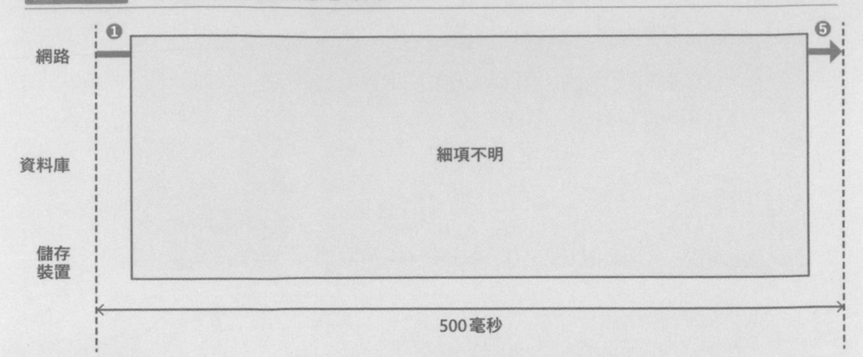

- 去了解經過效能測量的處理，以上例來說，就是❶～❺的細項。
- 找出是❶～❺的哪部分耗費較多時間。
- 對有問題的部分進行調查。有必要的話針對更小的範圍再次進行效能測量。

圖 09-28 這個範例中❷為瓶頸。這時候，我們可能需要對資料庫的處理邏輯做重新審視，視情況還需要將 CPU 換成效能較高的規格。因此，程式設計師需要能夠在事前先對各個處理測量出所需要的時間，而系統的營運管理者則需要知道該日誌的存放位置，以及閱讀方式。如到目前為止所介紹的，這些儘管都被稱為效能測量，不過內涵可是相當深廣的。

圖 09-28　比預想還要長的延遲時間的細項

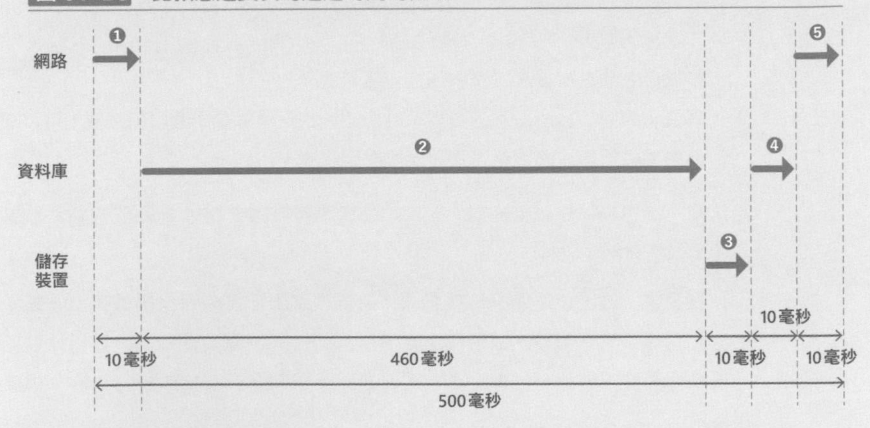

第 10 章

虛擬化功能

在實體機器上所安裝的 OS 上，再將其他 OS 安裝在虛擬機器上，像這種運用方式已經很普遍了。然而，筆者的認知是，理解這個實現方法的人似乎不多。

所以本章的目的，在於改善這種狀況，讓各位理解並接受「虛擬機器到底是什麼」。然而，虛擬化功能與第 4 章所說明過的虛擬記憶體是完全不同的。還真讓人混淆呢。

為了要能夠對虛擬化功能的機制有所理解，OS 及 OS 核心的知識是不可或缺的。

不過，各位讀者已經獲得本書中至前章為止的相關知識了。有鑑於此，相信各位讀者應該可以對本章的內容有近一步理解。如果遇到不清楚的地方，請適度地參考前章的內容。

什麼是虛擬化功能

虛擬化功能，是一個可在 PC 或伺服器等物理性機器上，運作虛擬機器所需的軟體功能，以及協助我們實現這點的硬體功能的組合。至於虛擬機器的用途，舉例來說，有下述這些項目。

- 硬體的有效運用：在 1 台實體機器上運作複數個系統。在 1 台機器上建立有複數個虛擬機器的狀態下，向顧客提供租借服務的虛擬機器 IaaS (Infrastructure as a Service) 為其一例。
- 整合伺服器：將「由複數的實體機器所組成的系統」中的實體機器置換為虛擬機器，集中到更少的實體機器上。
- 延長傳統系統 (Legacy System) 的壽命：讓硬體支援已結束的舊系統在虛擬機器上運作*1。
- 在某個 OS 上運作別種 OS：在 Windows 上運作 Linux，反之亦然。
- 開發 / 測試環境：在沒有實體機器的情況下建構出與商務系統環境相同或是類似的環境。

舉例來說，筆者對於虛擬機器的使用方式如下所示。

- 在自家的 Windows 上運作 Linux。為了運作如遊戲或照片沖印等只對應到 Windows 的軟體，所以平常是使用 Windows，除此之外是使用 Linux。

*1 有時候虛擬機器也會將搭載於舊系統的軟體支援給關掉……。

- 在從事興趣的 Linux 核心開發時，對被變更後的核心是否能正確運作進行自動測試。還可以做到替換核心時不需要將實體機器進行重設這件事。

虛擬化軟體

虛擬機器是由存在於實體機器上的虛擬化軟體所建立、管理及移除的。虛擬機器，一般來說不只可以建立 1 台，只要實體機器的資源在允許的情況下要建立幾台都可以。請參照圖 10-01。

圖 10-01 實體機器與虛擬機器

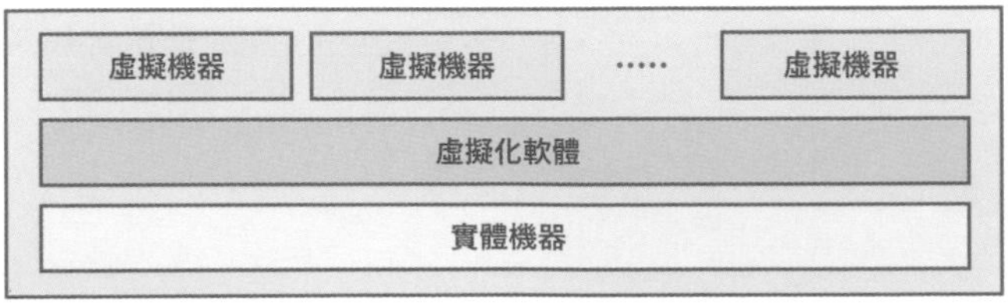

如圖 10-02 所示，虛擬化軟體會將實體機器上的硬體資源進行管理，並將這些資源分配給虛擬機器。這的時候，實體機器上的 CPU 被稱為「物理 CPU（Physical CPU、PCPU）」，虛擬機器上的 CPU 被稱為「虛擬 CPU（Virtual CPU、VCPU）」。

圖 10-02 虛擬化軟體的構造

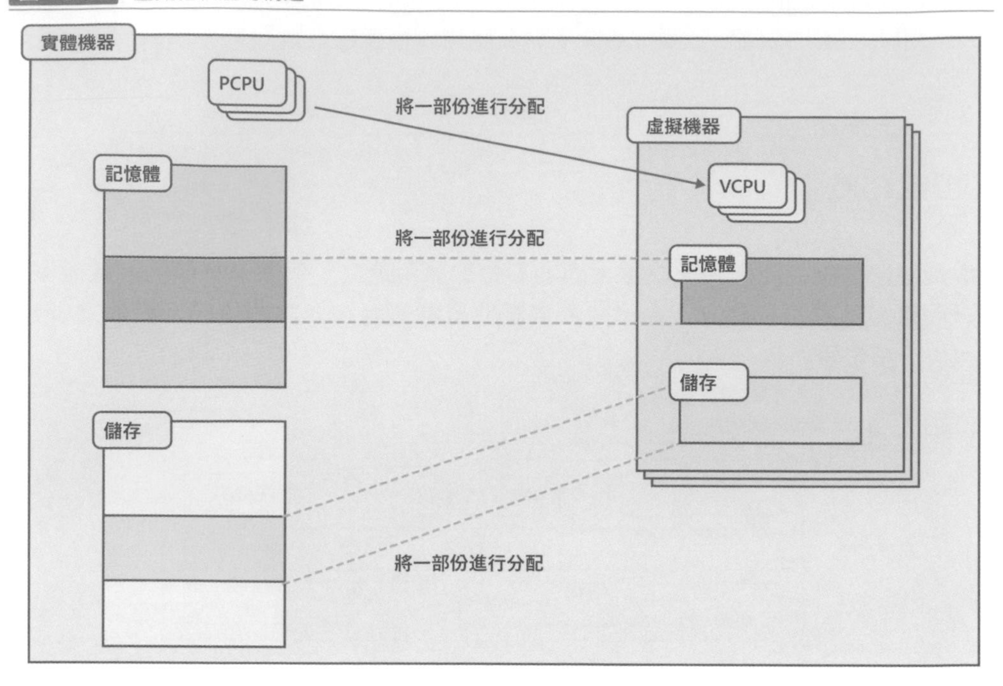

虛擬化軟體與虛擬機器之間的關係，跟核心的行程管理系統與行程之間的關係非常地相似。在實體機器上安裝 OS 時，系統的整體構造如圖 10-03 所示。

圖 10-03 在實體機器上安裝 OS 的情形

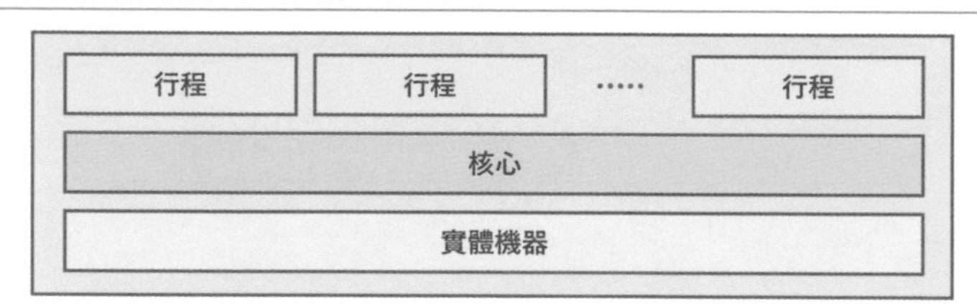

相較於此，在虛擬機器上安裝 OS 的情形，如圖 10-04 所示。

圖 10-04 在虛擬機器上安裝 OS 的情形

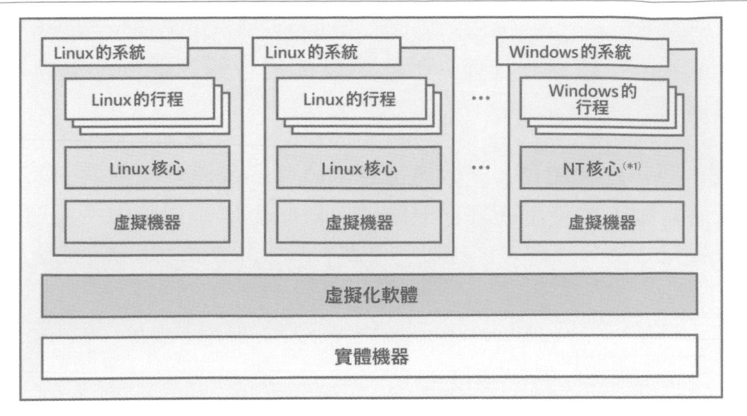

*1) Windows的核心部分的名稱

如各位所見，這是一個在虛擬化軟體的上方還有如圖 10-03 所示系統存在的構造。我們可得知除了在圖 10-04 上以「……」來表示省略的部分之外，還有 2 個 Linux 與 1 個 Windows 系統存在。虛擬機器與實體機器，除了裝置的組成之外並沒有什麼不同，只要是支援虛擬機器所提供的各種硬體的 OS 的話，都可以安裝。

實現虛擬化軟體的方法有很多種。舉例來說，有在物理硬體上直接安裝被稱為虛擬機管理程式 (Hypervisor) 的虛擬化軟體的方式，以及在既有 OS 上作為應用程式來運作的方式等存在。關於具體的軟體名稱，有名的如下所示。

- VMware 公司的各種產品
- Oracle 公司的 VirtualBox
- Microsoft 公司的 Hyper-V
- Citrix Systems 公司的 Xen

本章所使用的虛擬化軟體

本章將透過下述 3 個軟體的組合，來建立、管理虛擬機器。

- KVM (Kernel-based Virtual Machine)：由 Linux 核心所提供的虛擬化功能。

- QEMU：CPU、硬體的模擬器。與 KVM 搭配使用的時候，不會使用 CPU 的模擬部分。
- virt-manager：建立、管理、移除虛擬機器。建立之後加以執行的部分就是 QEMU 的工作。

至於為什麼會選擇這個組合，是因為這些都屬於開放原始碼軟體 (OSS)，而且在大多的 Linux 發行版上的使用方式都很簡單。搭配上述軟體來做使用時，系統的結構如圖 10-05 所示。

圖 10-05 虛擬化系結構範例

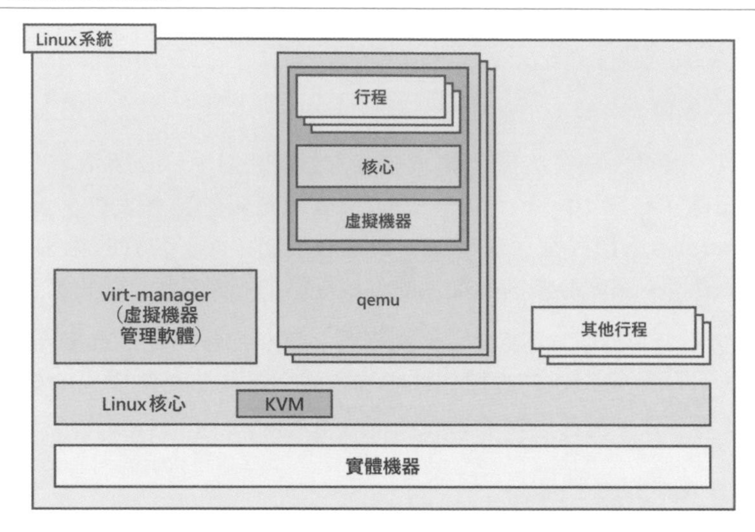

在這邊，通常會將在實體機器上運作的 OS 稱為「主機作業系統 (host OS)」，而在虛擬機器上運作的 OS 稱為「客戶機作業系統 (guest OS)」。

virt-manager 與 QEMU，對 Linux 核心來說只是普通的行程罷了。在虛擬化軟體的旁邊，一般的行程都可以運作。虛擬機器從建立到移除為止的流程如下所示。

❶ 由 virt-manager 建立新虛擬機器的雛型 (CPU 的數量、記憶體容量、其他搭載硬體等)。

❷ 由 virt-manager 根據上述雛型建立虛擬機器，並啟動 QEMU。

❸ QEMU 與 KVM 協作，視需求運作虛擬機器 (中間會遇到電源開啟／關閉或重新啟動)。

❹ 由 virt-manager 將不需要的虛擬機器給移除。

virt-manager 可以對虛擬機器進行下述的操作。

- 從各虛擬機器所提供的視窗，顯示虛擬機器的螢幕輸出。
- 在上述視窗上，藉由鍵盤、滑鼠進行輸入時，可操作虛擬機器的鍵盤、滑鼠。
- 開啟／關閉虛擬機器的電源，進行重新啟動。
- 新增／刪除虛擬機器的裝置，將 iso 檔案掛載／卸載至虛擬 DVD 光碟機。

我們只需要想像成，各位讀者對於實體機器所做的事情，會由 virt-manager 代為對虛擬機器進行即可 (圖 10-06)。

圖 10-06 virt-manager 的構造

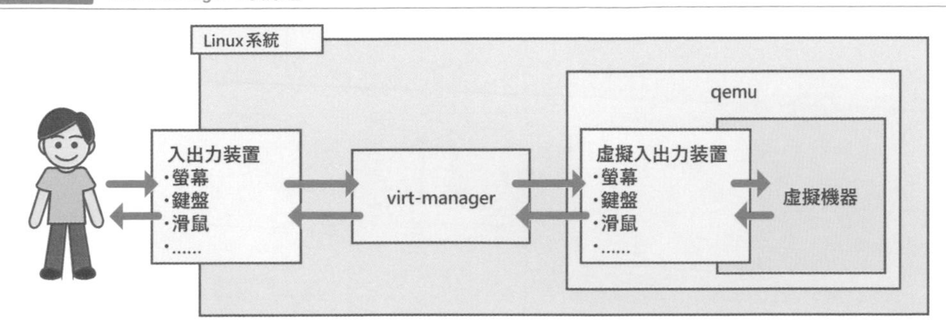

Nested Virtualization

Column

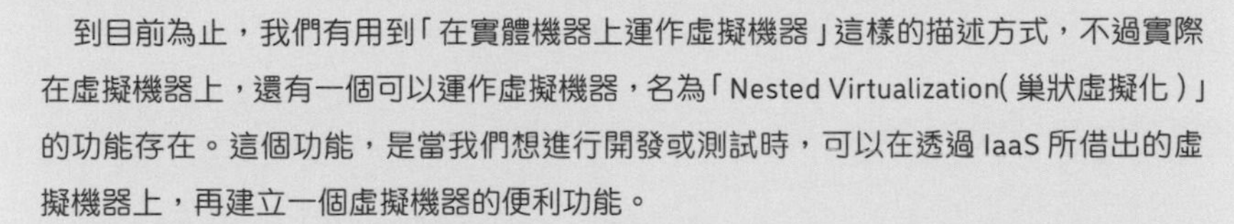

到目前為止，我們有用到「在實體機器上運作虛擬機器」這樣的描述方式，不過實際在虛擬機器上，還有一個可以運作虛擬機器，名為「Nested Virtualization(巢狀虛擬化)」的功能存在。這個功能，是當我們想進行開發或測試時，可以在透過 IaaS 所借出的虛擬機器上，再建立一個虛擬機器的便利功能。

筆者所屬的 Cybozu, Inc. 公司的工作內容中，就有在 Google Compute Engine（Google 計算引擎）的虛擬機器上建構「由複數的虛擬機器所組成的虛擬資料中心*a」，以供 Continuous Integration（持續整合）等用途使用。

在使用到 Nested Virtualization 的情況下使用「實體機器」這個用語雖然是不太恰當的，不過，為了避免麻煩，本書會使用這個用語。是否可以使用 Nested Virtualization，會依 IaaS 或虛擬化軟體而異，至於各位讀者是否可在自己的環境上使用，需要自行查閱所使用的虛擬化軟體的使用手冊。

*a　https://blog.cybozu.io/entry/2019/07/10/100000

支援虛擬化的CPU功能

各位還記得在第 1 章所敘述到的，被分為使用者模式與核心模式的 CPU 功能嗎？如圖 10-07 所示，CPU 在運作行程的時候，是透過使用者模式來運作的。相較於此，以系統呼叫或中斷的發生為契機，運作核心的時候，是透過核心模式來運作的。在使用者模式下，從裝置的行程直接進行參照的話，不能被存取的資源會被設下存取限制，而另一方面，在核心模式下是什麼都辦得到。

圖 10-07 CPU 的模式轉換：核心模式與使用者模式

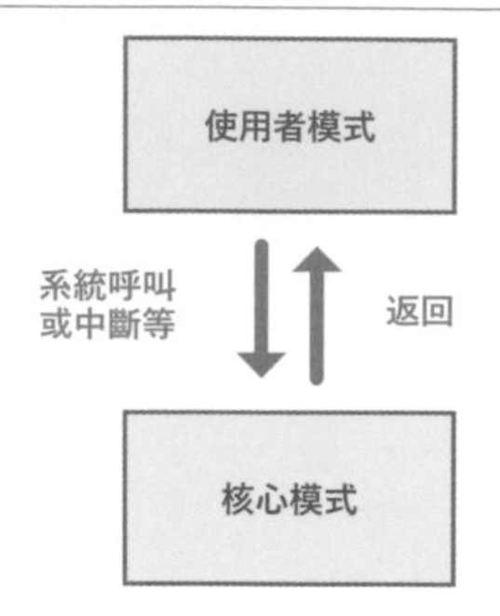

支援虛擬化功能的 CPU 則擴展了這個想法。具體來說，有一個在進行實體機器的處理時會用到的「VMX-root」模式，以及一個進行虛擬機器的處理時會用到的「VMX-nonroot」模式。在進行虛擬機器的處理時，對於硬體的存取或實體機器的中斷發生時，CPU 會回到 vmx-root 模式，自動地將控制移至實體機器上（圖 10-08）。

圖 10-08 CPU 的模式轉換：VMX-root 模式與 VMX-nonroot 模式

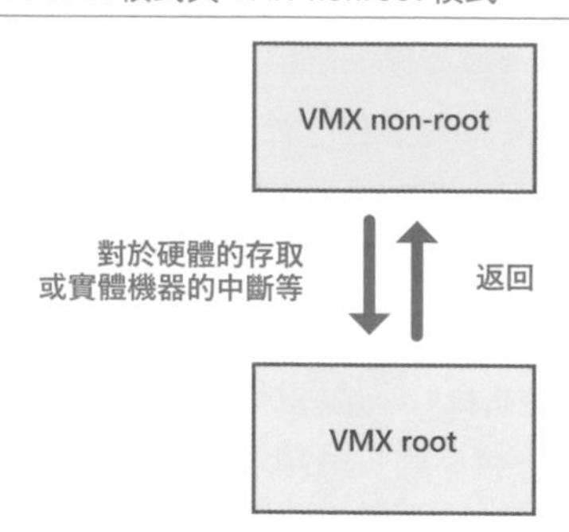

核心模式／使用者模式與 VMX-root 模式／VMX-nonroot 模式之間的關聯性如圖 10-09 所示。

圖 10-09 2 個種類的 CPU 模式

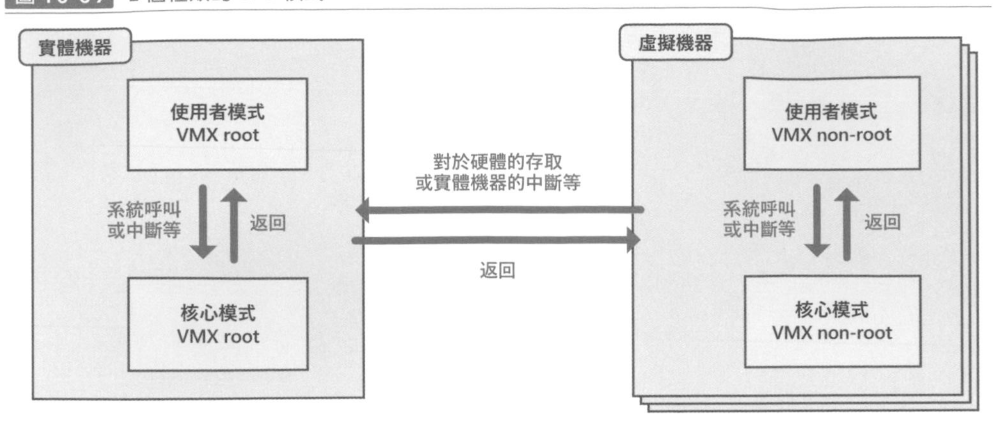

在 x86_64 架構的 CPU 上，如圖 10-09 所示 CPU 的虛擬化支援功能，於 Intel 公司的 CPU 上被稱為「VT-x」，於 AMD 的處理器上被稱為「SVM」。它們在功能上大同小異，不同之處在於用來實現功能的 CPU 層級的指令集上。不過，KVM 將這個差異給吸收了。這也是一個由核心所帶來的硬體功能的抽象化之一。

在各位讀者的環境上，VT-x 或 SVM 是否處於開啟狀態，可透過下述指令的發出來做確認。

```
$ egrep -c '^flags.*(vmx|svm)' /proc/cpuinfo
```

指令的輸出如果是 1 以上的話就代表開啟狀態，0 則代表關閉狀態。在這邊關於功能是否存在，不是以「有／沒有」來呈現，而是以「開啟／關閉」來呈現是有原因的。至於原因，CPU 本身雖然具有虛擬化功能，不過有時會透過 BIOS 被關閉功能，在這情況下，上述指令會將 0 返回。因此，輸出如果是 0 的話，為求謹慎還請各位確認一下 BIOS 的設定＊2。

從下個章節開始，解說的部分原則上都會以虛擬化功能為開啟狀態的 CPU 為前提來進行說明。

QEMU ＋ KVM的情形

在這章節中，我們將在虛擬機器上安裝有 Linux 的狀態下，來查看由 QEMU ＋ KVM 所帶來的虛擬化的運作。

＊2 筆者曾在當 x86_64 CPU 開始搭載虛擬化功能時，購買了一台 CPU 搭載有該功能的 PC，不過在 BIOS 上是處於關閉狀態的，尚且，因為相關設定項目並不存在而使得筆者有過欲哭無淚的慘痛經驗。

在這邊，讓我們透過由行程發出的系統呼叫，對某個裝置的暫存器進行存取的情形為例來做說明。實體機器上會如圖 10-10 所示。

圖 10-10 實體機器上的裝置存取

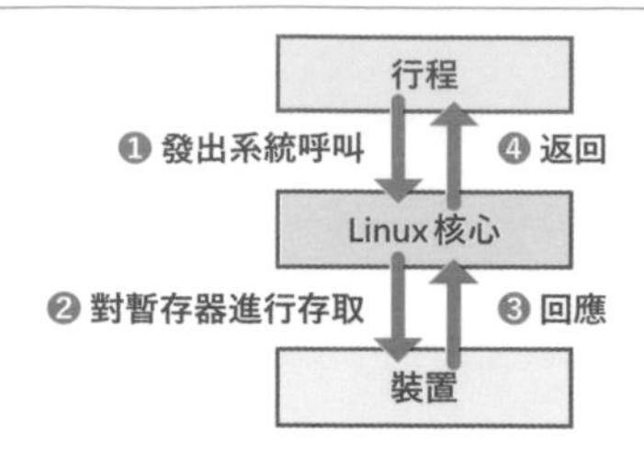

此時的 CPU 與裝置的處理流程如圖 10-11 所示。

圖 10-11 圖 10-10 中 CPU 與裝置的處理流程

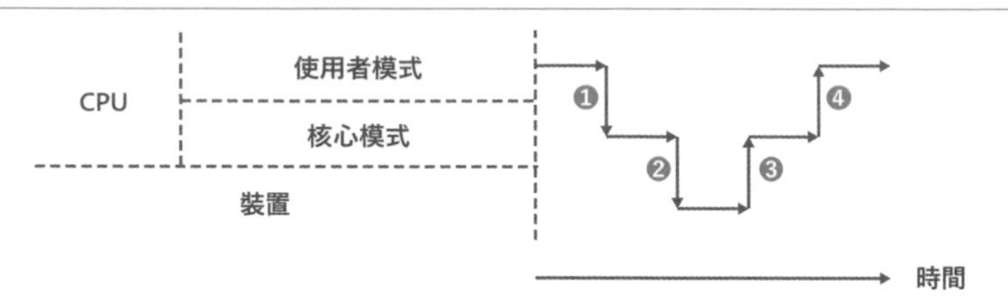

這如果是虛擬化環境的話，便會如圖 10-12 與圖 10-13 所示。

圖 10-12 虛擬機器上的裝置存取

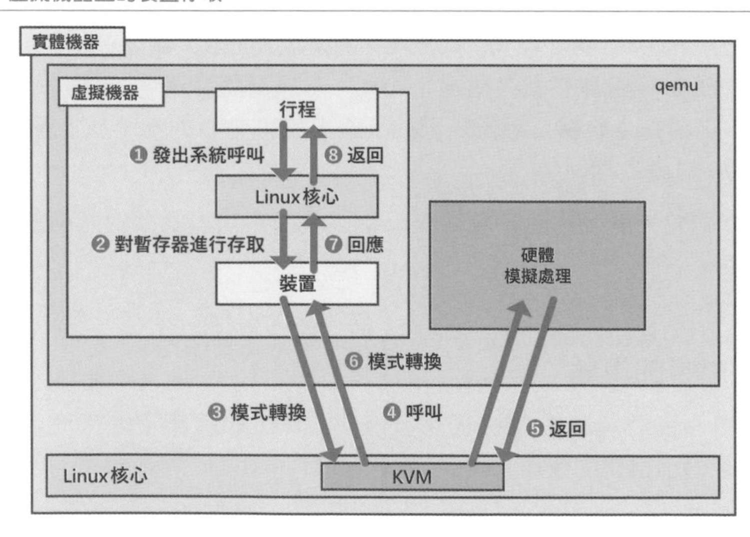

圖 10-13 圖 10-12 中 CPU 與裝置的處理流程

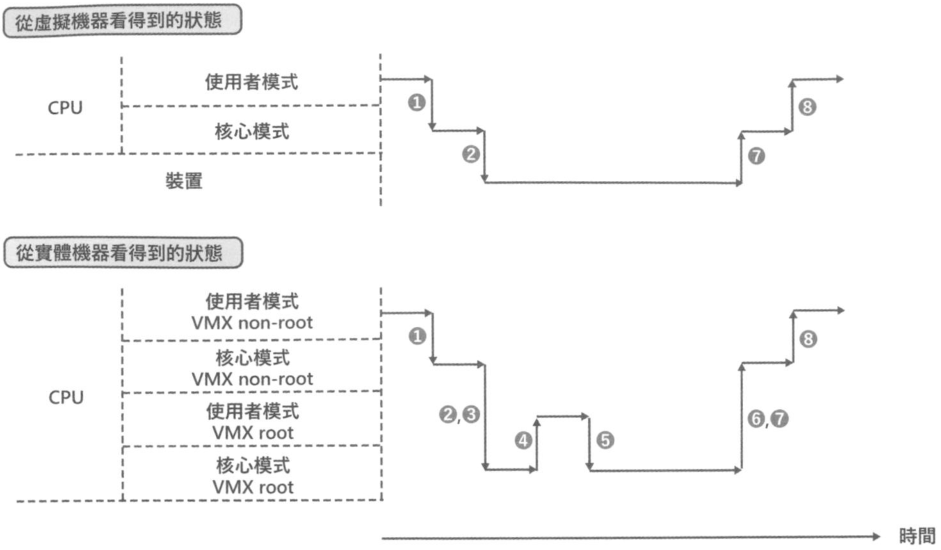

從虛擬機器看得到的狀態

CPU：使用者模式／核心模式

裝置

❶ ❷ ❼ ❽

從實體機器看得到的狀態

CPU：使用者模式 VMX non-root／核心模式 VMX non-root／使用者模式 VMX root／核心模式 VMX root

❶ ❷,❸ ❹ ❺ ❻,❼ ❽

時間

從虛擬機器的角度來看，它似乎在做與圖 10-11 中實體機器相同的事情（處理❶、❷、❼、❽），但是實際上，卻是實體機器上的 QEMU 與 KVM 在進行硬體的模擬（處理❸～❻）。還真是複雜呢。十多年前，當時筆者已經對硬體及核心具有相當知識，有辦法自行製作小規模的核心的時候，也曾經看著這類的圖示抱頭苦惱過。

自虛擬機器的硬體存取，延伸到對實體機器的硬體進行存取這類案例，會更為複雜。這個案例將會在後續說明。

當CPU不具有虛擬化功能時的虛擬化方式

就在 x86_64 CPU 上運作的 OS 來說，從 CPU 尚未具備有虛擬化功能的時代就已經有虛擬化軟體存在了。不過，如本文中所解說過的，為了要能運作虛擬機器，實體機器需要將來自虛擬機器對硬體進行存取一事給偵測出來（也就是圖 10-13 的❷。而這些軟體是如何將它偵測出來的呢？

舉例來說，有一個將在虛擬機器上運作的核心的執行檔案進行改寫並進行硬體存取時，將控制權交付給虛擬化軟體的方法。具體的實現方法有很多種，在這邊會予以省略。有興趣的讀者，請按照「半虛擬化」或「Para-virtualization」等名詞，自行在網路上搜尋看看吧。

主機作業系統是怎麼看待虛擬機器的呢？

在本節中，將針對虛擬機器是如何被主機作業系統看待的，透過實驗來做確認。首先，為了進行實驗，讓我們按照表 10-01 所示來安裝虛擬機器。

表 10-01 實驗用虛擬機器組成結構

名稱	參數
虛擬 CPU 數	1。讓這個 VCPU，只能在 PCPU0 上運作（進行 pin（分配））。
OS	Ubuntu 20.04/x86_64
記憶體	8GiB
磁碟	1 個。驅動程式為預設的 virtio（後續說明）。

我們只需要使用到 virt-manager 就能夠以 GUI 來建立虛擬機器，所以在這邊將具體的步驟給省略。

想從指令列建立虛擬機器的讀者，請執行以下指令[*3]。

```
$ virt-install --name ubuntu2004 --vcpus 1 --cpuset=0 --memory 8192 --os-variant ubuntu20.04 ↵
--graphics none --extra-args 'console=ttyS0 --- console=ttyS0' ↵
--location http://us.archive.ubuntu.com/ubuntu/dists/focal/main/installer-amd64/
```
實際為 1 行

`--extra-args 'console=ttyS0 --- console=ttyS0'`，是為了讓安裝程式的輸出顯示在主控台上所必要的。

讓我們將進行實驗所需要的套件虛擬機器，依照下述方式來進行安裝吧。

```
$ sudo apt install sysstat fio golang python3-matplotlib python3-pil fonts-takao jq openssh-
server
```

接著，假設我們可以透過 ssh 連接到已安裝好的客戶機作業系統。

從現在開始，讓我們使用名為 virsh 的 CUI 指令，透過 CUI 來操作虛擬機器。使用 `virsh dumpxml ubuntu2004` 這個指令，就可將如列表 10-01 所示 XML 給輸出。

＊3 因為頁面尺寸的關係而換行排列，這其實是沒有換行的一整串。

列表 10-01 以「virsh dumpxml ubuntu2004」輸出的 XML

```
<domain type='kvm' id='23'>
  <name>ubuntu2004</name>
...
  <memory unit='KiB'>8388608</memory>
...
  <vcpu placement='static' cpuset='0'>1</vcpu>
...
 <devices>
...
   <disk type='file' device='disk'>
...
      <source file='/var/lib/libvirt/images/ubuntu2004.qcow2' index='1'/>
...
```

由上述所列舉的要素來看，似乎與硬體有所關連。實際上這就是使用 virtmanager 所建立的虛擬機器的真正面貌。虛擬化功能聽起來很複雜，不過在這個段階實際上並沒有這麼複雜，跟其他的軟體一樣，只是將設定儲存於檔案內罷了。至於大量存在於上述 XML 的要素之中的，重要的內容所代表的意義，被彙整於表 10-02 中。

表 10-02 被用在虛擬機器設定上的值的意義

引數	值	意義
name	ubuntu2004	對虛擬機器賦予唯一的識別名稱。
memory	8388608(8GiB)	在虛擬機器上所搭載的記憶體量。
vcpu	1	VCPU 數。cpuset attribute 的值是可由 VCPU 運作的 VCPU 的清單。
devices	——	在虛擬機器上所搭載硬體的清單。
disk	——	儲存裝置。後續的 file 是對應到儲存裝置的檔案名稱。

在這之後，透過 virt-manager 去變更虛擬機器的設定時，XML 的值也會被改寫，還請各位讀者多多嘗試。只要使用到 `virsh edit` 指令，也可以透過 XML 的文字編輯器進行編輯。

從主機作業系統看到的客戶機作業系統

讓我們確認一下，在啟動前面章節所建立的虛擬機器後，主機作業系統是如何被看待的吧。請從 virt-manager 將虛擬機器啟動。我們還可以透過 `virsh start` 指令來啟動。

```
$ virsh start ubuntu2004
```

在這之後只要執行 `virsh list` 指令，就可以啟動在前面章節建立的名為 ubuntu2004 的虛擬機器。

```
$ virsh list
 Id    Name          State
----------------------------
 23    ubuntu2004    running
```

在這狀態下執行 `ps ax` 指令的話，就會有一個名為 qemu-system-x86_64 的行程存在。

```
$ ps ax | grep qemu-system
  19904 ?        Sl     3:06 /usr/bin/qemu-system-x86_64 -name guest=ubuntu2004 ...
```

其實，這是運作中的虛擬機器的實體。換句話說，1 個虛擬機器，會對應到 1 個 qemu-system-x86_64 行程。

雖然這在上述執行範例中被省略了，不過這個行程被賦予了大量的指令列參數。讓我們看到當中比較重要且容易理解的部分，就會發現到如 cpu、device、drive 等與硬體看似有關的條列項目。而且，它們的值與前面章節所介紹的 XML 檔案的內容十分相似。這是因為 virsh 將虛擬機器的 XML 檔案的內容轉換成 qemu-system-x86_64 指令可以解釋的形式，再作為參數傳遞所導致的（圖 10-14）。

圖 10-14 虛擬機器的建立到啟動為止

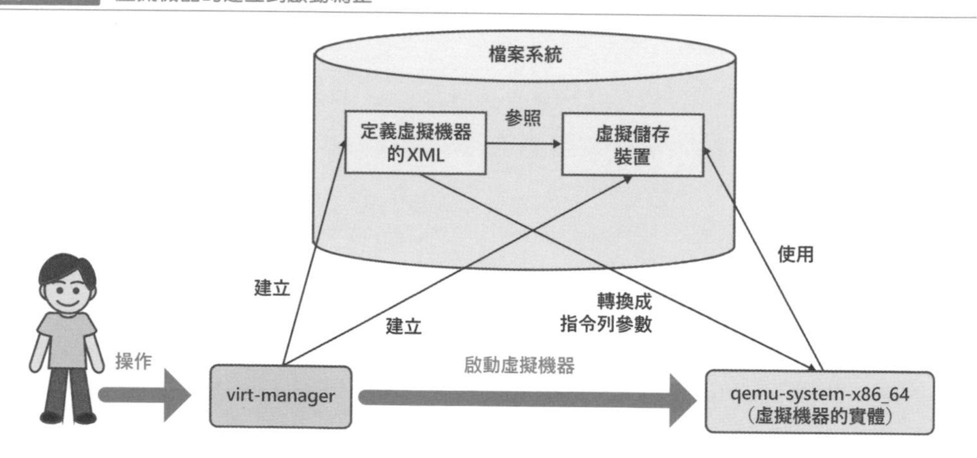

我們會對參數當中重要的數個項目以表 10-03 進行介紹。

表 10-03 傳遞給 qemu-system-x86_64 的參數

引數	值的意義
m	虛擬機器所搭載的記憶體的量。MiB 單位。
guest	用來識別虛擬機器的名稱。相當於 virsh list 的輸出中 name 欄位。
smp	虛擬機器的邏輯 CPU 數。
device	虛擬機器所搭載的各個硬體。
drive	虛擬機器所搭載的儲存裝置。後續的 file 是對應到儲存裝置的檔案名稱。

當虛擬機器變得不需要的時候，可透過 virt-manager 將其終止。也可以透過 virsh destroy 指令來辦到一樣的事情。

啟動複數機器的情形

讓我們來確認一下啟動複數個機器會是個什麼樣的狀況。為了這個目的，讓我們將 ubuntu2004 進行複製並命名為 ubuntu2004-clone 這個名稱。虛擬機器可透過 virt-manager 簡單地進行複製。也可以使用 virt-clone 這個 CUI 指令來進行複製。

```
$ virt-clone -o ubuntu2004 -n ubuntu2004-clone --auto-clone
Allocating 'ubuntu2004-clone.
...
Clone 'ubuntu2004-clone' created successfully.
`virt-clone`
```

那就讓我們啟動 2 個虛擬機器吧。

```
$ virsh start ubuntu2004
...
$ virsh start ubuntu2004-clone
...
```

之後，只要執行 ps ax 指令，就可得知 qemu-system-x86_64 行程變成 2 個了（圖 10-15）。

```
$ ps ax | grep qemu-system
  21945 ?        Sl     0:09 /usr/bin/qemu-system-x86_64 -name guest=ubuntu2004 ...
  22004 ?        Sl     0:07 /usr/bin/qemu-system-x86_64 -name guest=ubuntu2004-clone ...
...
```

圖 10-15　複數虛擬機器的啟動

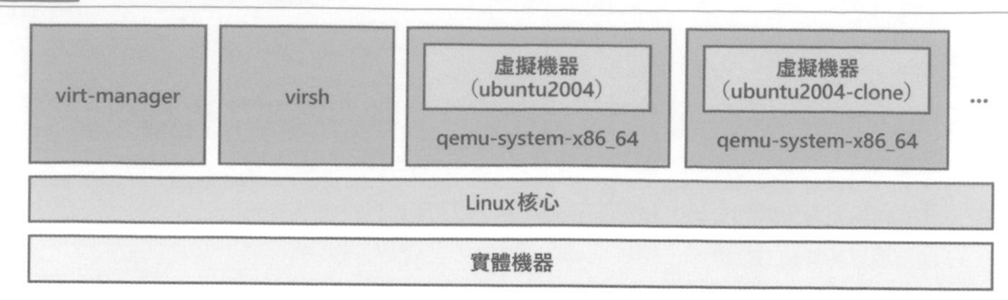

IaaS的自動規模調整（auto scale）機制

Column

如本文章所敘述過的，虛擬機器的建立、定義的變更、啟動等操作，全部都可以透過 CUI 的 virsh 指令來辦到。更進一步來說，virsh 也只是在內部使用一個名為 libvirt 的函式庫罷了。也就是說，虛擬機器可以在不假借他人之手的情況下，透過 libvirt 由程式進行操作。就算使用 libvirt 以外的機制來管理虛擬機器，也會是相同的。

在 IaaS 環境上，有一個會因應系統的負載，去變更內建於系統中的虛擬機器數量的自動規模調整功能，不過這並非 IaaS 廠商或系統管理者以手動的方式去操作虛擬機器，而是如圖 10-16 所示，當系統的負載有變動時會由程式去增減虛擬機器的數量，來辦到的功能。這能夠讓我們像操作一般程式那樣操作虛擬機器，還真是令人驚訝。

圖 10-16　IaaS 的自動規模調整功能

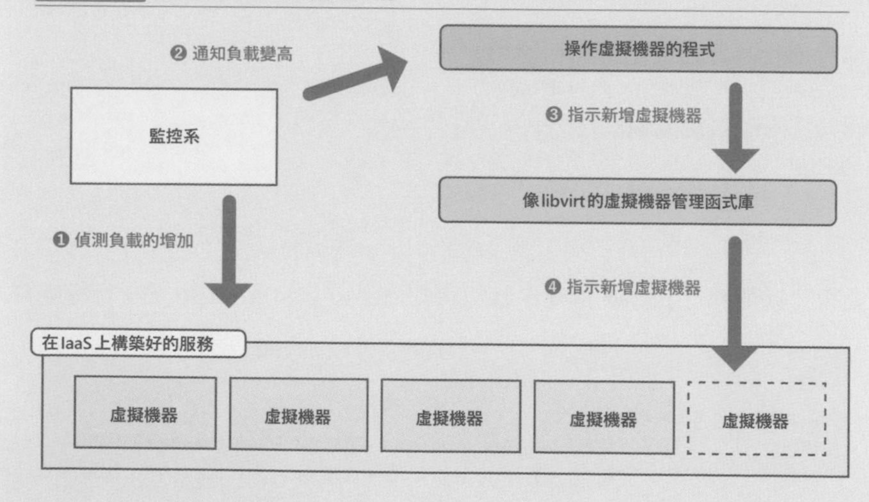

從此之後，我們就不需要複數台虛擬機器了，請記得要將 ubuntu2004-clone 刪除。我們可以按照下述內容使用 virsh 指令來進行刪除。

```
$ virsh destroy ubuntu2004-clone
...
$ virsh undefine ubuntu2004-clone --remove-all-storage
Domain ubuntu2004-clone has been undefined
Volume 'vda'(/var/lib/libvirt/images/ubuntu2004-clone.qcow2) removed.
```

虛擬化環境的行程排程

在本節中，我們將針對虛擬化環境上的行程排程來做說明。

讓我們將第 3 章所介紹過的 sched.py 程式，依照下述方式，在虛擬機器上以平行數為 2 運作後的結果，彙整成如圖 10-17 所示圖表。

```
$ ./sched.py 2
```

圖 10-17 在虛擬機器上運作 sched.py 程式的結果

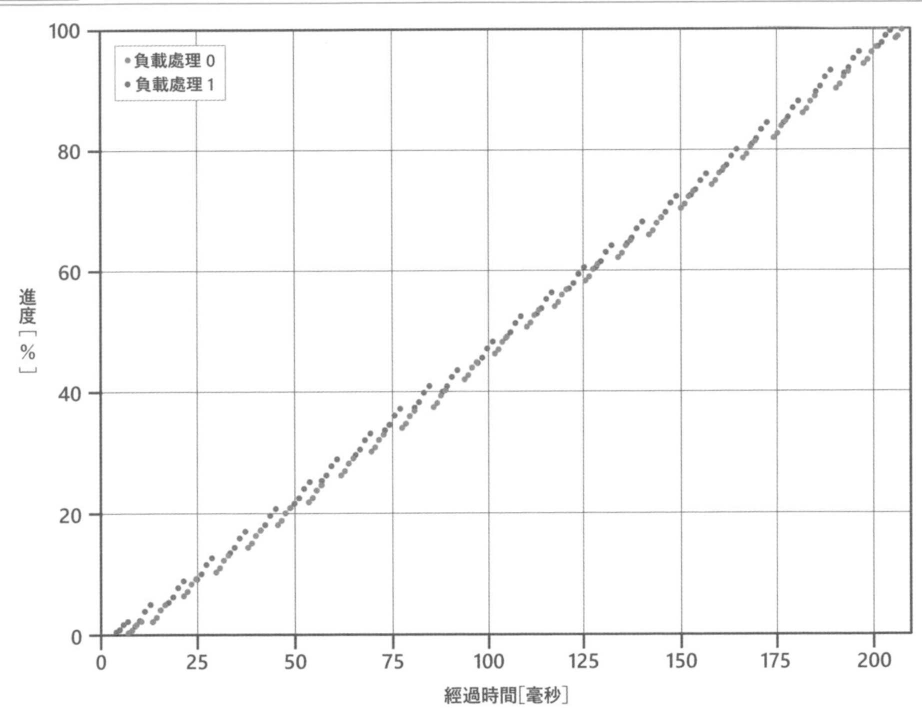

讓我們以先前在實體機器上運作時一樣的方式，交互地運作 2 個行程來做確認。

其實，虛擬機器中的各個 VCPU，被視為對應到虛擬機器的 qemu-system-x86 行程的執行緒（核心執行緒）。qemu-system-x86 行程中，還有其他具有各種各樣功用的執行緒，在這邊省略說明。各位讀者至少需要了解到「每個 VCPU 至少都具有 1 個以上的執行緒」即可。

將 `sched.py` 程式在虛擬機器上運作時的 PCPU0，以及位於其上方的 VCPU0 的運作狀況，彙整於圖 10-18。

圖 10-18 VCPU0 的運作狀況

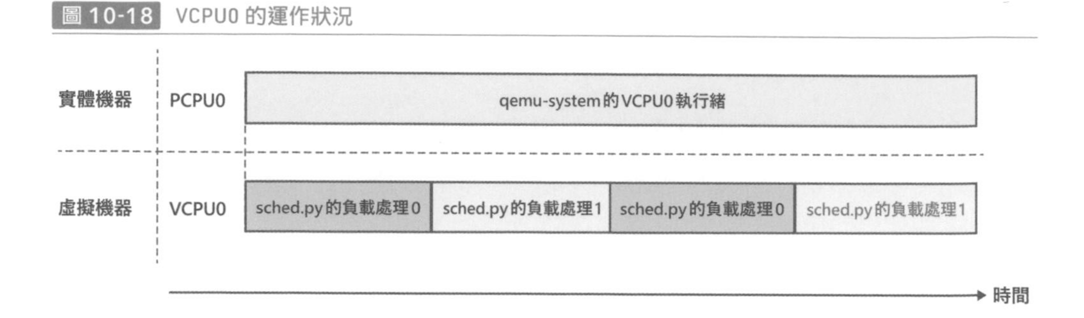

在實體機器上有行程在運作的情形

由圖 10-18 來看，幾乎只有 VCPU0 執行緒在 PCPU0 上運作。那麼，讓我們看到當 VCPU0 執行緒以外的處理在 PCPU0 上運作時的情況吧。

為了實現這個想法，讓我們在 PCPU0 上正在執行第 1 章所用到的 `inf-loop.py` 程式的狀態下，在虛擬機器上運作 `sched.py` 程式。

但是，只執行 `sched.py` 程式是行不通的。這是因為，`sched.py` 程式在執行開始時會對「使用 1 毫秒 CPU 時間」估算必要的處理量，而且在 `inf-loop.py` 程式執行後的狀態下，受到 `inf-loop.py` 程式的影響，而導致這個估算錯誤所致。為了避開這個問題，在上述估算處理之後會等待來自使用者的 Enter 鍵的輸入，當 Enter 被輸入後，使用會與 `sched.py` 執行相同運作的 `sched-virt` 程式（列表 10-02）。`sched-virt.py` 程式，會在內部透過執行 `plot_sched_virt.py` 程式（列表 10-03）來繪製圖表。在各位的環境上執行 `sched-virt.py` 程式的時候，請將 `plot_sched_virt.py` 程式配置在相同目錄內。

列表 10-02 sched-virt.py

```
#!/usr/bin/python3
import sys
import time
import os
import plot_sched_virt
def usage():
    print("""使用方式：{} <平行度>
        * 在邏輯 CPU0 上依照 <平行度> 的數量同時啟動會消耗到 100 毫秒左右的 CPU 資源的負載處理後，等
待所有行程結束。
        * 將用來顯示執行結果的圖表寫入到名為 "sched-<處理的編號 (0~(平行度 -1)>.jpg" 的檔案中。
        * 圖表的 x 軸為從行程開始後的經過時間 [毫秒]、y 軸為進度 [%]""".format(progname, file=sys.st
derr))
    sys.exit(1)
# 為了估算出適合實驗的負載而在事前處理加上負載。
# 如果在這個程式的執行上耗費太多時間的話，請把值減少。
# 相反的如果太快就結束了的話，請把值加大。
NLOOP_FOR_ESTIMATION=100000000
nloop_per_msec = None
progname = sys.argv[0]
def estimate_loops_per_msec():
      before = time.perf_counter()
      for _ in  range(NLOOP_FOR_ESTIMATION):
              pass
      after = time.perf_counter()
      return int(NLOOP_FOR_ESTIMATION/(after-before)/1000)
def child_fn(n):
    progress = 100*[None]
    for i in range(100):
        for _ in range(nloop_per_msec):
            pass
        progress[i] = time.perf_counter()
    f = open("{}.data".format(n),"w")
    for i in range(100):
        f.write("{}\t{}\n".format((progress[i]-start)*1000,i))
    f.close()
    exit(0)
if len(sys.argv) < 2:
    usage()
concurrency = int(sys.argv[1])
if concurrency < 1:
    print("<平行度>請填入 1 以上的整數：{}".format(concurrency))
    usage()
# 強制在邏輯 CPU0 上執行
os.sched_setaffinity(0, {0})
nloop_per_msec = estimate_loops_per_msec()
input("估算處理結束了。請按下 ENTER 鍵：")
```

```
start = time.perf_counter()
for i in range(concurrency):
    pid = os.fork()
    if (pid < 0):
        exit(1)
    elif pid == 0:
        child_fn(i)
for i in range(concurrency):
    os.wait()
plot.plot_sched(concurrency)
```

列表 10-03 plot_sched_virt.py

```
#!/usr/bin/python3

import numpy as np
from PIL import Image
import matplotlib
import os

matplotlib.use('Agg')

import matplotlib.pyplot as plt

plt.rcParams['font.family'] = "sans-serif"
plt.rcParams['font.sans-serif'] = "TakaoPGothic"

def plot_sched(concurrency):
    fig = plt.figure()
    ax = fig.add_subplot(1,1,1)
    for i in range(concurrency):
        x, y = np.loadtxt("{}.data".format(i), unpack=True)
        ax.scatter(x,y,s=1)
    ax.set_title("時間片的視覺化(平行度={})".format(concurrency))
    ax.set_xlabel("經過時間[毫秒]")
    ax.set_xlim(0)
    ax.set_ylabel("進度[%]")
    ax.set_ylim([0,100])
    legend = []
    for i in range(concurrency):
        legend.append("負載處理"+str(i))
    ax.legend(legend)

    # 為了迴避 Ubuntu 20.04 的 matplotlib 的程式錯誤，先存成 png 檔之後再轉換成 jpg 檔
    # https://bugs.launchpad.net/ubuntu/+source/matplotlib/+bug/1897283?comments=all
    pngfilename = "sched-{}.png".format(concurrency)
    jpgfilename = "sched-{}.jpg".format(concurrency)
    fig.savefig(pngfilename)
```

```
    Image.open(pngfilename).convert("RGB").save(jpgfilename)
    os.remove(pngfilename)
```

```
$ ./sched-virt.py 2
估算處理結束了。請按下 ENTER 鍵： # 在 PCPU0 上執行 `taskset -c 0 inf-loop` 之後按下 Enter 鍵。
```


將這個結果以圖表呈現的話，便會如圖 10-19 所示。

圖 10-19 inf-loop.py 在 PCPU0 上運作中時在虛擬機器上運作 sched-virt.py 的結果

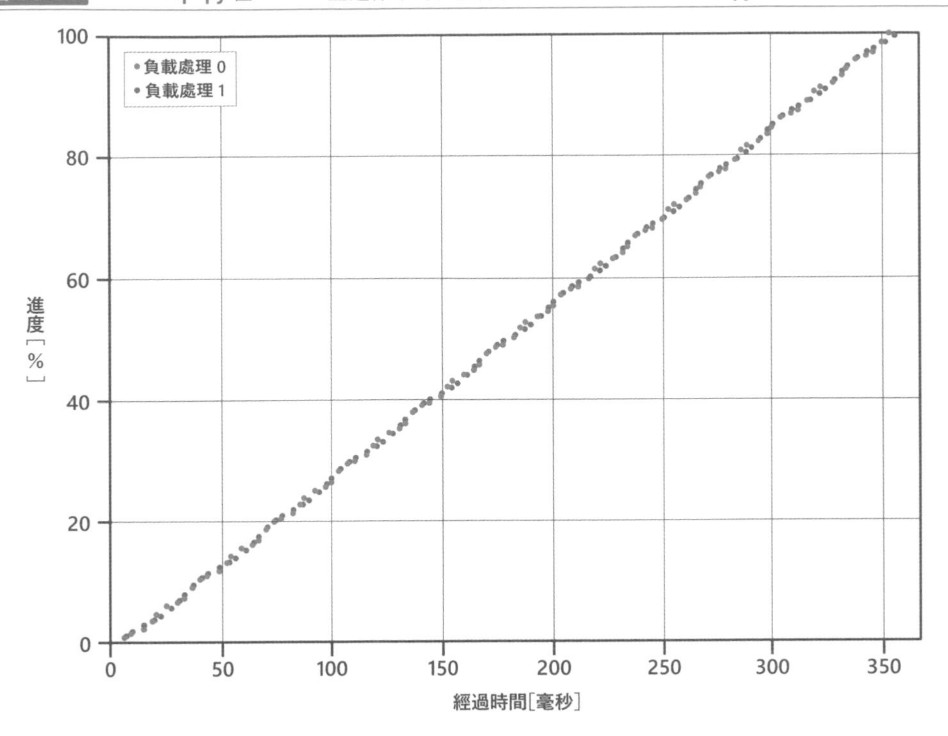

由於測量精準度的問題會難以觀察，不過我們還是可以從圖表得知，執行的所需時間，跟圖 10-17 相較之下拉長了一倍左右，以及行程 0 與行程 1 雙方都有段沒有進展的時間。

圖 10-20 所顯示的是這個時候的 PCPU0，以及位於上方的 VCPU0 的動作。

圖 10-20 VCPU0 與 PCPU0 的運作情形

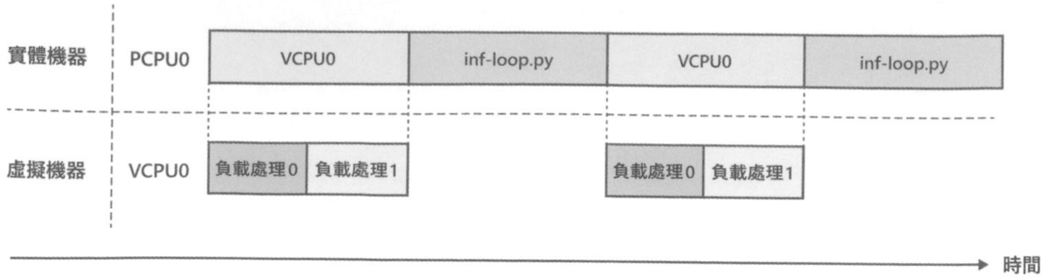

也就是說，就圖 10-20 來看，行程 0 與行程 1 之中不論哪一方會有段沒有進展的時間，就代表 inf-loop.py 程式曾經在主機作業系統上運作過了。

統計數據

讓我們來確認一下，當行程正在虛擬機器上運作的時候，在實體機器上以 sar 指令等顯示 CPU 的統計數據時，實體機器及虛擬機器上各發生了什麼事。

首先讓我們來針對下述情形做確認。

- VCPU0 上正在運作 inf-loop.py 程式。
- PCPU0 上，沒有其他處理在運作。

讓我們在這狀態下，將 sar 在實體機器上運作吧。

```
$ sar -P 0 1
...
09時09分28秒    CPU    %user    %nice   %system   %iowait    %steal     %idle
09時09分29秒      0   100.00     0.00      0.00      0.00      0.00      0.00
09時09分30秒      0   100.00     0.00      0.00      0.00      0.00      0.00
09時09分31秒      0   100.00     0.00      0.00      0.00      0.00      0.00
```

接著讓我們看到 top 指令的執行結果吧。

```
$ top
...
    PID USER      PR  NI    VIRT    RES    SHR S  %CPU  %MEM     TIME+ COMMAND
  22565 libvirt+  20   0 9854812 883472  22016 S 106.7   5.8   7:29.03 qemu-system-x86
...
```

如此一來，便可得知 CPU 所使用的是 qemu-system-x86（正確來說是其中的 VCPU0 執行緒）。

接著讓我們將 sar 在虛擬機器上運作吧。

```
$ sar -P 0 1
...
09:13:01        CPU     %user     %nice   %system   %iowait    %steal     %idle
09:13:02          0    100.00      0.00      0.00      0.00      0.00      0.00
09:13:03          0     98.02      0.00      0.99      0.00      0.99      0.00
09:13:04          0    100.00      0.00      0.00      0.00      0.00      0.00
```

從這邊我們可以得知，使用者程式幾乎用到了所有的 CPU 資源。09:13:03 的 %steal 這個未知欄位的值為「0.99」的原因，將在後續做說明。

接下來，讓我們以 top 指令來確認是哪個程式正在使用 CPU。

```
$ top
...
    PID USER      PR  NI    VIRT    RES    SHR S  %CPU  %MEM     TIME+ COMMAND
   2076 sat       20   0   18420   9092   5788 R  99.9   0.1   5:37.83 inf-loop.py
...
```

透過這個結果，我們可得知正在使用 CPU 的是 inf-loop.py 程式。這個結果與虛擬機器不存在的狀況下，在實體機器上運作 inf-loop.py 程式的時候是一樣的結果。

我們可從上述的結果得知，在虛擬機器處於運作中的狀態下實施效能測量時，需要注意到實體機器及虛擬機器的查看方式不同這點。即便我們可以得知相當於虛擬機器的 qemu-system-x86 行程的 CPU 使用率很高的情況，但是這個情況具體是由虛擬機器的哪個行程所引起的，就不得不對虛擬機器採集統計數據才可得知。

接下來，讓我們針對下述情況來做確認。

- inf-loop.py 程式正在 VCPU0 上運作。
- inf-loop.py 程式也正在 PCPU0 上運作（在主機作業系統上執行 `taskset -c 0 ./inf-loop.py &`）。

在實體機器上運作 sar 的話，便會得到下述結果。從此結果，可得知 PCPU0 完全地被充分地使用了。

```
$ sar -P 0 1 1
...
09時18分59秒     CPU     %user     %nice   %system   %iowait    %steal     %idle
09時19分00秒       0    100.00      0.00      0.00      0.00      0.00      0.00
...
```

也讓我們來執行 top 看看。

```
$ top
...
    PID USER      PR  NI    VIRT    RES    SHR S  %CPU  %MEM     TIME+ COMMAND
  22565 libvirt+  20   0 9854812 883344  22016 S  50.2   5.8  13:03.88 qemu-system-x86
  26719 sat       20   0   19256   9368   6000 R  50.2   0.1   2:06.19 inf-loop.py
...
```

從這邊我們可以得知虛擬機器（qemu-system-x86）與 inf-loop.py，各自大約分到一半的 CPU 時間。

接著讓我們在虛擬機器上運作 sar 看看吧。

```
$ sar -P 0 1
...
09:24:57        CPU     %user     %nice   %system   %iowait    %steal     %idle
09:24:58          0     50.50      0.00      0.00      0.00     49.50      0.00
09:24:59          0     49.00      0.00      0.00      0.00     51.00      0.00
...
```

VCPU0 正在運作中的 PCPU0 上，因為其他還有 inf-loop.py 也在運作中，所以 %user 會變成 50。在這邊要特別注意的是，%steal 這個欄位的值大約落在 50 左右的部分。這是一個唯有在虛擬機器上會具有意義的值，用以顯示 VCPU 正在運作的 PCPU 上，VCPU 以外的行程運作的比例。在這邊是因為在主機上運作中的 inf-loop.py 的運作，%steal 才會變成這個值。因為這次是由我們自行去執行 inf-loop.py 的，所以我們知道會這樣，通常 %steal 是由什麼所造成的，不去採集實體機器的統計數據的話是無法得知的。

在 PCPU0 上及 VCPU0 上運作中的處理與 %steal 之間的關係，如圖 10-21 所示。

圖 10-21 行程在實體機器運作中時 %steal 的意義

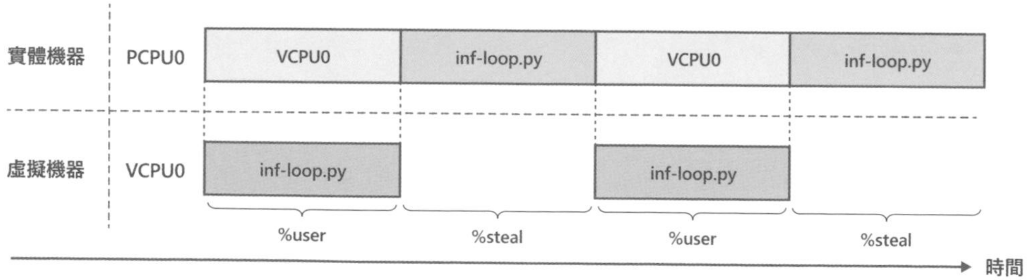

接下來執行 top。

```
$ top
...
  PID USER      PR  NI    VIRT    RES    SHR S  %CPU  %MEM     TIME+ COMMAND
 2076 sat       20   0   18420   9092   5788 R  83.3   0.1  22:36.24 inf-loop.py
```

有趣的是，在這邊CPU看起來是被inf-loop.py給佔用住。sar的可被視為%steal的值，在top上看起來像是虛擬機器上的inf-loop.py正在使用CPU。會這樣是有實作方面的原因在，不過細節部分在此省略。

最後，讓我們終止主機作業系統上與客戶機作業系統上的inf-loop.py吧。

虛擬機器與記憶體管理

實體機器的記憶體與虛擬機器的記憶體之間的對應方式，如圖10-22所示。

圖10-22 實體機器的記憶體與虛擬機器的記憶體對應方式

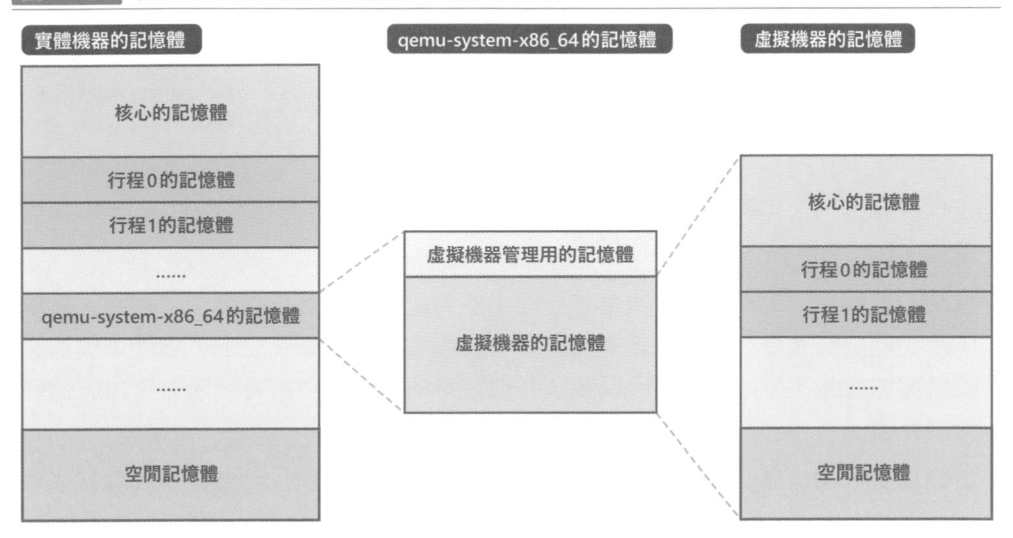

核心的記憶體與行程的記憶體共存於實體機器上的記憶體中。虛擬機器的記憶體也是其中的1種。

具體來說，這是為了作為qemu-system-x86_64行程的記憶體而存在的。這個行程的記憶體更進一步被分為兩個部分，一個是虛擬機器管理用記憶體、另一個是虛擬機器本身所被分配到的記憶體。前者為硬體模擬處理所需的程式碼或資料等。後者的內容為虛擬機器內的核心或行程的記憶體。

虛擬機器所使用的記憶體

將虛擬機器啟動前與啟動後的記憶體使用量的變化，簡化成圖示，便如圖 10-23 所示。

圖 10-23 虛擬機器啟動前後的記憶體量

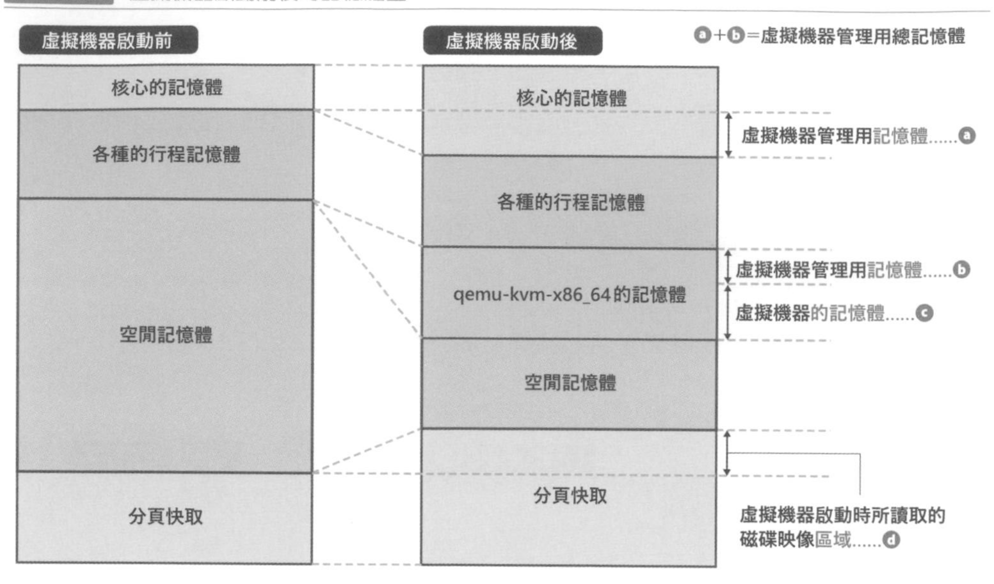

我們從圖 10-23 可得知，隨著虛擬機器的啟動而新耗費到ⓐ～ⓓ共 4 個種類的記憶體。

那麼，就讓我們透過實驗，具體來確認這些的記憶體耗費量有多少。然而，系統所使用到的記憶體量，被分散至主機作業系統或客戶機作業系統上，會隨著與這個實驗無關的負載不停地變化，所以要請各位注意的是，能夠由實驗所計算出來值僅是個概算值。

我們要做的事情是非常單純的，於虛擬機器處於停止狀態，並且在沒有分頁快取的狀態下（將 3 寫入至 `/proc/sys/vm/drop_caches` 之後的狀態），執行以下處理。

❶ 在主機作業系統上透過 `free` 指令查看主機作業系統的記憶體使用狀況。
❷ 啟動虛擬機器，等待客戶機作業系統的登入提示字元出現。
❸ 在主機作業系統上透過 `free` 指令查看客戶機作業系統的記憶體使用狀況。
❹ 在主機作業系統上透過 `ps` 指令查看對應至虛擬機器的 qemu-system-x86_64 行程的使用記憶體。

❺ 在客戶機作業系統上透過 free 指令查看客戶機作業系統的記憶體使用狀況。

首先，會顯示出在主機作業系統上執行 free 指令所得到的結果。

```
$ free
              total        used        free      shared  buff/cache   available
Mem:       15359360      395648    14725912        1628      237800    14690944
Swap:             0           0           0
```

在這之後，啟動虛擬機器。其後，顯示在主機作業系統上執行 free 指令的結果。

```
$ free
              total        used        free      shared  buff/cache   available
Mem:       15359360     1180680    13525156        1680      653524    13905104
Swap:             0           0           0
```

接著在主機作業系統上，透過 ps -eo pid,comm,rss 指令的執行，確認 qemusystem-x86_64 行程所使用的實體記憶體量。這個指令會將在系統上運作中的所有行程的 pid、指令名、使用實體記憶體量給顯示出來。

```
$ ps -eo pid,comm,rss
    PID COMMAND           RSS
...
   5439 qemu-system-x86 763312
...
```

最後，顯示在虛擬機器上執行 free 指令的結果。

```
$ free
              total        used        free      shared  buff/cache   available
Mem:        8153372      110056     7839124         768      204192     7805376
Swap:       1190340           0     1190340
```

那就讓我們根據上述的結果，確認對應到圖 10-23 的資料是什麼吧。

主機作業系統的 used 大約增加了 766MiB。這對應到圖 10-23 上的ⓐ+ⓑ+ⓒ。buff/cache 大約增加了 405MiB。這對應到圖 10-23 的ⓓ [*4]。qemu-system-x86_64 大約耗費了 745MiB 的實體記憶體。這對應到圖 10-23 的ⓑ+ⓒ。也就代表ⓐ大約是 21MiB。

＊4　正確來說，只要是啟動之後第一個 VM 啟動時，就會包含到 qemu-system-x86_64 的執行檔案，為了簡化說明而做省略。

客戶機作業系統大約使用了 110MiB 的記憶體（used+buff/cache）。從我們已經得知的 qemu-system-x86_64 行程的記憶體使用量 745MiBM，把這個值減掉後所得 635MiB，相當於圖 10-23 的ⓑ。

上述實驗結果中，還有一點很重要的部分。雖然虛擬機器會被分配到 8GiB 的記憶體，不過啟動後的 qemu-system-x86 並不會取得所有被分配到的記憶體。因為這是使用到先前於第 4 章所說明過的需求分頁法。客戶機作業系統上的實體記憶體在被分配完成時，對應到它的主機作業系統上的 qemu-system-x86 的記憶體使用量才會增加。

像虛擬機器的負載突然上升、qemu-system-x86 的記憶體使用量突然爆增這類的事情是很常發生的。這個時候，在客戶機作業系統中，到底記憶體是被誰、以什麼樣的方式使用，不去對客戶機作業系統進行調查的話是無從得知的。

虛擬機器與儲存裝置

虛擬機器上的儲存裝置，在實體機器上與檔案或儲存裝置之間有建立關聯性。在這邊我們將對前者來做說明。這個時候，虛擬機器的儲存裝置與物理裝置之間的關聯性，如圖 10-24 所示。

圖 10-24 虛擬機器的儲存裝置與實體機器的關聯性

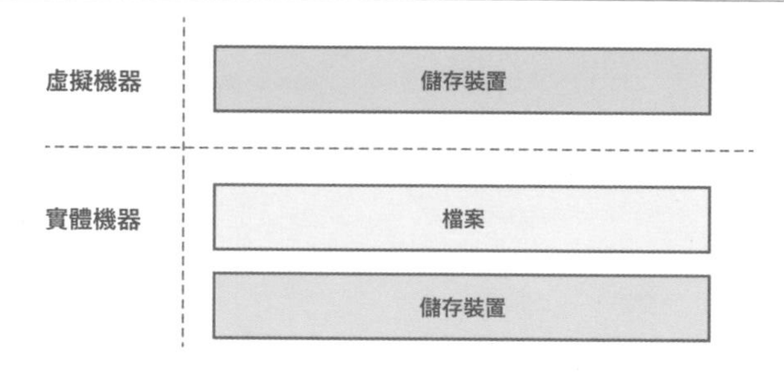

我們只需要看到 libvirt 的設定檔，就會一目了然。以下述筆者環境上的該檔案為例，來做說明。

```
$ virsh dumpxml ubuntu2004
...
    <disk type='file' device='disk'>
      <driver name='qemu' type='qcow2'/>
      <source file='/var/lib/libvirt/images/ubuntu2004.qcow2'/>
...
```

被寫在設定中的 /var/lib/libvirt/images/ubuntu2004.qcow2，是保存虛擬磁碟的檔案的名稱。這個檔案也被稱為磁碟映像（disk image）。

虛擬機器的儲存 I/O

實體機器的儲存 I/O 的流程，如圖 10-25 所示。

圖 10-25 實體機器寫入處理的流程

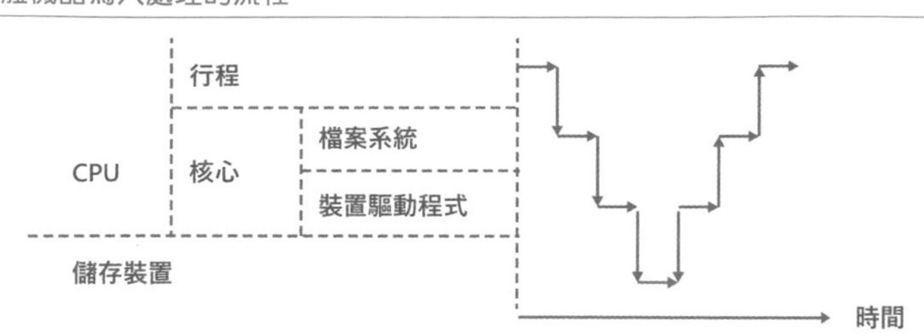

圖 10-25 是為了簡化，而刻意將分頁快取的存在給忽略的，並且假設資料是採同步地寫入方式。此外，在寫入儲存裝置的委託進行當中，CPU 看似什麼都沒在處理，但實際上在這段期間可以進行其他行程的處理等其他處理。

接下來讓我們看到虛擬機器的情形。為了實驗，讓我們新增磁碟映像以作為虛擬機器的新磁碟來使用。從 CUI 的話，可在透過 qemu-img 指令建立磁碟映像之後，將設定改寫為使用這個映像。設定請於虛擬機器處於停止的狀態下再進行改寫。

```
$ qemu-img create -f qcow2 scratch.img 5G
$ virsh edit ubuntu2004
```

在設定中加上如列表 10-04 所示項目。

列表 10-04 於 XML 檔案中增加的項目

```
<disk type='file' device='disk'>
  <driver name='qemu' type='qcow2'/>
  <source file='/home/sat/scratch.img'/>
  <target dev='sda' bus='scsi'/>
  <address type='drive' controller='0' bus='0' target='0' unit='0'/>
</disk>
```

在這之後，將停止的虛擬機器再次啟動，在主機作業系統上所建立的新增磁碟映像便會被辨識為 /dev/sda。

為了效能測量，讓我們在這個裝置上建立 ext4 檔案系統並加以掛載。

```
# mkfs.ext4 /dev/sda
# mount /dev/sda /mnt
```

對於所建立的檔案系統上的檔案，進行寫入的流程如圖 10-26 所示。相較於圖 10-25，還真是複雜了許多。

圖 10-26 虛擬機器上的寫入處理流程

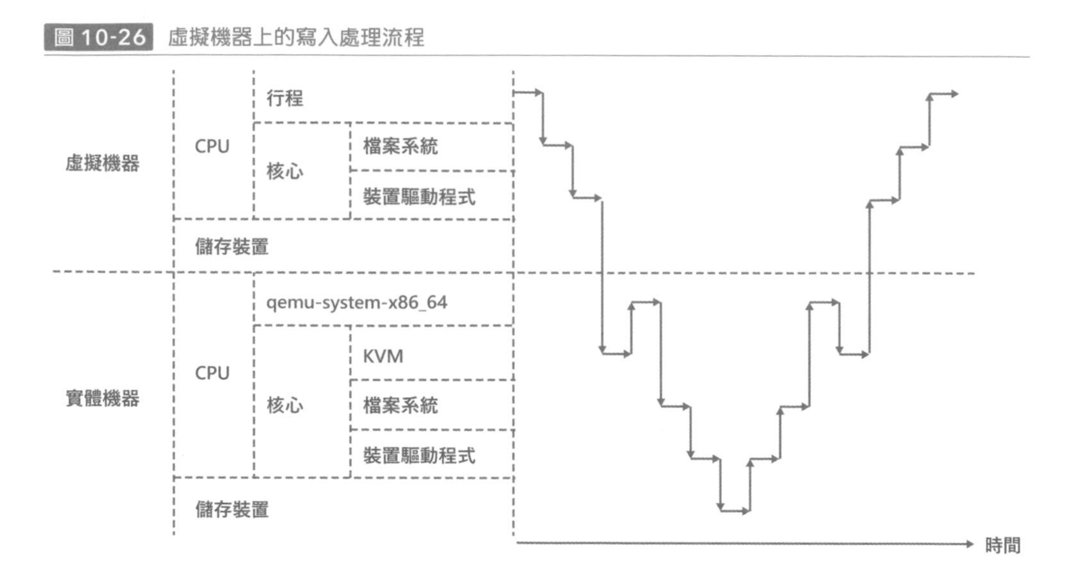

在將這些圖相互比較之後，有些敏銳的讀者可能會察覺：「如此一來跟實體機器的情形相較之下，儲存 I/O 效能會比較差吧？」。沒錯，效能會大幅地劣化。

那麼，就讓我們實際比較一下各個的效能吧。在這邊讓我們透過下述方式，

```
dd if=/dev/zero of=/mnt/<測試用檔案名稱> bs=1G count=1 oflag=direct,sync`
```

也就是測試在不使用到分頁快取的情況下，以同步的方式建立 1GiB 檔案時的吞吐量效能。在執行之前，請對主機作業系統、客戶機作業系統雙方以 root 權限執行 `echo 3 >/proc/sys/vm/drop_caches`。需要這麼做的原因，將於後續會說明到的「主機作業系統與客戶機作業系統的儲存 I/O 效能會發生逆轉現象？」這個專欄中做說明。

結果如表 10-04 所示。

表 10-04 主機作業系統與客戶機作業系統的儲存 I/O 效能比較

環境	吞吐量[MiB/s]
主機作業系統	1100
客戶機作業系統	350

如各位所見，有著數 10%的效能劣化存在。其他還有檔案的循序讀取、隨機讀取、隨機寫入等方式，這些方式都會有顯著的效能劣化存在，有興趣的讀者請參照第 9 章的 measure.sh 程式等，自行測量看看其他的效能。

由於這樣實在太可惜了，所以 KVM 還有一個藉由半虛擬化這個技術來提高儲存 I/O 速度的功能。這部分會在後續說明。

關於虛擬機器的 I/O 效能，還有 1 點需要特別提出來說明。那就是，在實體機器上的虛擬磁碟映像會與其他的檔案，共用檔案系統這件事（圖 10-27）。

圖 10-27 檔案系統與虛擬儲存裝置所對應的檔案的關聯性

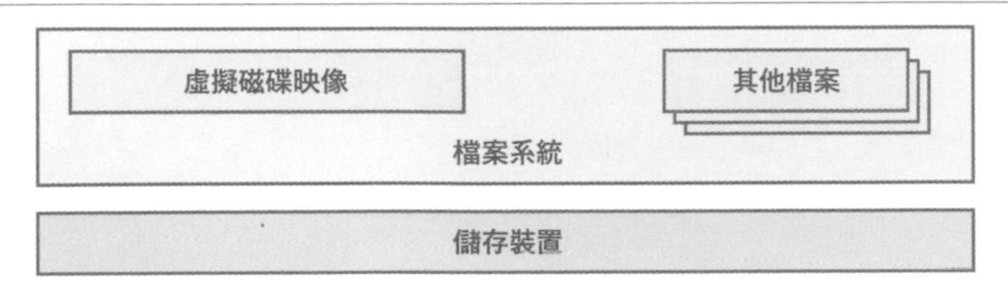

因此，客戶機作業系統的儲存 I/O 效能，會受到來自磁碟映像所存在的檔案系統的其他 I/O 的影響。此外，當實際受到影響的時候，為了找出原因，會需要對主機作業系統進行調查。為了避免這個問題發生，常見的作法是將整個儲存裝置視為虛擬磁碟映像，而不是檔案。

儲存裝置的寫入與分頁快取

到前章節為止，為了簡化說明，而在省略分頁快取的情況下進行了解說。如果考慮到分頁快取的話，就會浮現幾個疑問。在將資料寫入至虛擬機器的儲存裝置時，實體機器上的 qemu-system-x86_64 行程會如何去對虛擬磁碟映像進行寫入的呢？寫入方式是同步的嗎？該要使用分頁快取還是 direct I/O 呢？

其實，這會根據 libvirt 的設定而有所不同。這個設定是對應到存在各個裝置上的 <driver>tag 內的 cache 這個屬性。由於這個屬性很容易與分頁快取混淆，所以在這邊我們就姑且使用「I/O 快取選項」來稱呼它。

在筆者的環境上，所使用的是一個被稱為 `writeback` 的預設 I/O 快取選項。在這情況下，寫入是非同步的，而且會使用到分頁快取。換句話說，即便將虛擬機器的資料以同步的方式寫入到儲存裝置，是不會**同步地對實體機器上的儲存裝置進行寫入**的。有些人因為不喜歡這樣，而將設定改成寫入是同步並且會使用分頁快取的 `writethrough` 這個 I/O 快取選項。

半虛擬化裝置與 virtio-blk

為了克服來自客戶機作業系統的儲存 I/O 的遲緩問題，會使用到名為「半虛擬化」的技術。所謂半虛擬化，並非透過虛擬機器將硬體進行完全模擬，而是一種透過將虛擬化軟體與虛擬機器以特別的界面進行連接，以達到效能改善的技術。使用到這個技術的儲存裝置，稱為「半虛擬化裝置」，而這個裝置的驅動程式被稱為「半虛擬化驅動程式」。

使用到半虛擬化驅動程式的磁碟存取方式，跟到目前為止所說明過的主機作業系統與客戶機作業系統的區塊裝置操作，是完全不一樣的（圖 10-28）。

圖 10-28 完全虛擬化裝置與半虛擬化裝置的比較

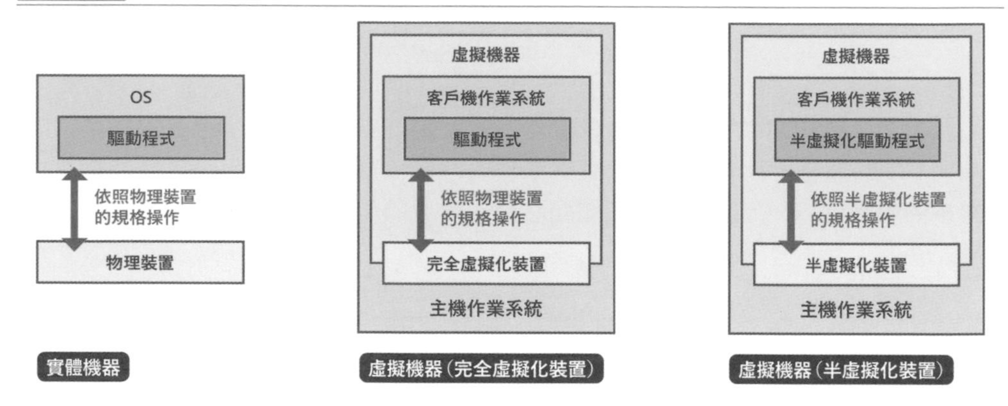

半虛擬化驅動程式有很多種類存在，不過在這邊我們將根據 virtio[*5] 這個構造，針對 virtio-blk 驅動程式做說明（圖 10-29）。

＊5　使用到 virtio 的半虛擬化裝置，其他還有 SCSI 裝置用 virtio-scsi、網路裝置用 virtio-net 等各種各樣的類型，在這邊省略。

主機作業系統與客戶機作業系統的儲存I/O效能會發生逆轉現象？ Column

如先前所說明過的，虛擬機器上的儲存 I/O 效能一般來說會比實體機器來要來得低下。不過，有時候卻會發生相反的狀況。這種狀況，大多都可透過 I/O 快取選項的作用來說明。讓我們以下述處理為範例來思考看看。

❶ 使用 direct I/O 建立 1GB 的檔案。

❷ 使用 direct I/O 讀取上述所有的檔案。

將這個於實體機器上執行後所得結果如下。

```
# dd if=/dev/zero of=testfile bs=1G count=1 oflag=direct,sync
...
1073741824 bytes (1.1 GB, 1.0 GiB) copied, 0.987409 s, 1.1 GB/s
# dd if=testfile of=/dev/null bs=1G count=1
...
1073741824 bytes (1.1 GB, 1.0 GiB) copied, 5.30275 s, 202 MB/s
```

將同樣內容於虛擬機器上執行，便會得到下述結果。

```
# dd if=/dev/zero of=testfile bs=1G count=1 oflag=direct,sync
...
1073741824 bytes (1.1 GB, 1.0 GiB) copied, 3.00345 s, 358 MB/s
# dd if=testfile of=/dev/null bs=1G count=1
...
1073741824 bytes (1.1 GB, 1.0 GiB) copied, 1.16457 s, 922 MB/s
```

關於處理❶的效能，如先前說明過的，實體機器上的效能會高 10% 左右。另一方面，關於處理❷的效能，虛擬機器會高好幾倍。這究竟時怎麼一回事呢？

在實體機器上，對於處理❷，需要從儲存裝置直接將資料給讀取出來。而相較於此，在筆者的虛擬機器上，也就是 I/O 快取選項處於 writeback 的狀態下，就並非如此。

關於處理❶中，對應到主機作業系統上檔案的資料，仍留在主機作業系統上的分頁快取中。因此，在處理❷中，無須對物理儲存裝置進行存取，只需要從主機作業系統的分頁快取中將資料給讀出即可。

為了避免這類的問題發生，才會在「虛擬機器的儲存 I/O」這章節的實驗中，讓主機作業系統、客戶機作業系統雙方都去執行 `echo 3 >/proc/sys/vm/drop_caches`。

圖 10-29 virtio 與 virtio-blk

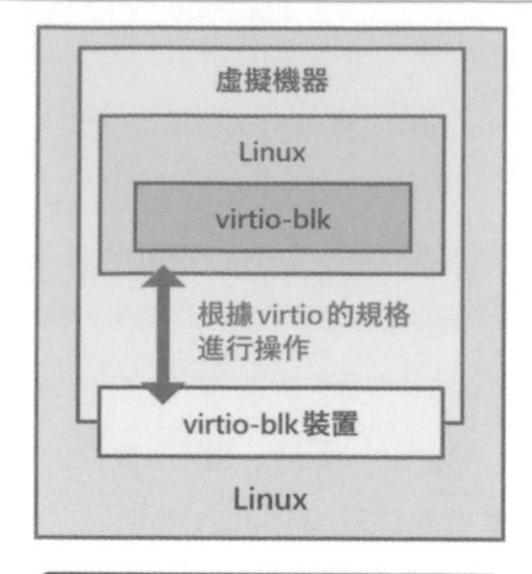

實體機器上的儲存裝置，以及完全虛擬化裝置，一般會是 /dev/sd<x> 這樣的名稱，而 virtio-blk 裝置則會是 /dev/vd<x> 這樣的名稱。

virtio-blk的機制

簡單來說，virtio-blk 會準備一個主機作業系統與客戶機作業系統共用的佇列，透過以下流程對 virtio 裝置進行存取，達到 I/O 的高速化。

❶ 將指令插入客戶機作業系統上的 virtio-blk 驅動程式上的佇列中。
❷ 把控制自 virtio-blk 驅動程式，移交至主機作業系統上。
❸ 主機作業系統上的虛擬化軟體，從佇列中將指令取出並進行處理。
❹ 虛擬化軟體將控制移交給虛擬機器。
❺ virtio-blk 裝置接收到指令執行的結果。

在乍看之下，這些步驟似乎與完全虛擬化裝置的情形沒有太大的差別，不過最大的差異就在於，在處理❶中可以插入複數的指令這點。藉著這個優點，virtio 裝置的速度可以比完全虛擬化裝置來得更快。

假設向儲存裝置，如實體機器上的裝置，以及完全虛擬化裝置等進行寫入時，需要向裝置進行下述 3 次的存取步驟。

❶ 向裝置指示要在記憶體上的哪個位置的寫入多大的資料。
❷ 向裝置指示要寫入到裝置上的哪個位置。
❸ 依照處理❶與處理❷中所指定的內容，向裝置指示從記憶體將資料寫入到裝置上。

這個時候，每當對裝置進行存取時，CPU 的模式會如此轉換：VMX-nonroot 模式 → VMX-root 模式→ VMX-nonroot 模式（圖 10-30）。

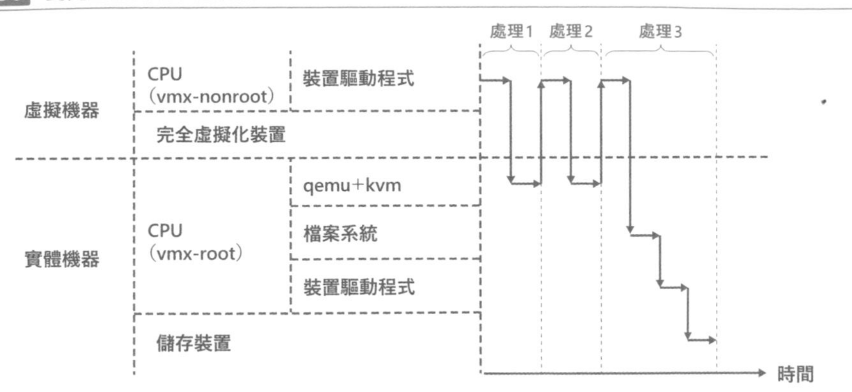

圖 10-30 對完全虛擬化裝置進行寫入

在這邊為求簡化，會將核心模式的使用者模式的部分予以省略來進行說明。

相較於此，virtio-blk 裝置的時候，因為可以一口氣發出複數個指令，所以對於裝置的存取次數及上述的一連串的模式轉換，可將次數降到 1 次（圖 10-31）。

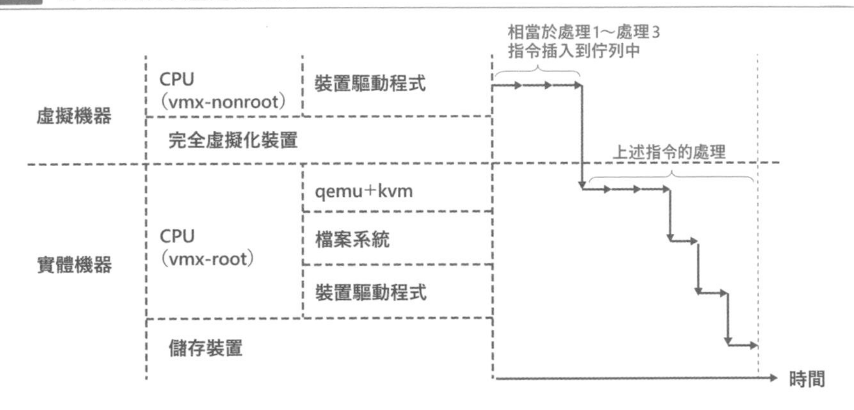

圖 10-31 對半虛擬化裝置進行寫入

雖然半虛擬化裝置需要對客戶機作業系統和主機作業系統增加額外的處理，但有許多好處可以彌補這一點。

讓我們針對在前面章節所測量過的下述的效能，

```
dd if=/dev/zero of=<測試用檔案名稱> bs=1G count=1 oflag=direct,sync
```

來對半虛擬化裝置進行測量吧。由於被掛載於客戶機作業系統的根目錄中的檔案系統，一開始就是 virtio-blk 裝置，讓我們在這邊執行指令吧。

結果彙整於表 10-05。

表 10-05 主機作業系統與客戶機作業系統的儲存 I/O 效能比較（半虛擬化的情形）

環境	吞吐量[MB/s]
主機作業系統	1100
客戶機作業系統（完全虛擬化裝置）	350
客戶機作業系統（virtio-blk 裝置）	663

雖然還不至於到「與主機作業系統差不多」這個程度，但效能還是要比客戶機作業系統上的完全虛擬化裝置要來高得很多。

PCI 直通（passthrough）

Column

在本章中，我們介紹了兩個用來增進虛擬機器儲存 I/O 效能的機制。1 個是將虛擬機器所使用的磁碟映像，配置於區塊裝置上而不是檔案上，使其不會受到其他 I/O 的影響。還有 1 個就是使用半虛擬化裝置 virtio-blk 的方法。除此之外，還有一個名為 PCI 直通的技術存在。

到目前為止所說明過的方法，最多就是從虛擬機器對虛擬裝置進行存取，之後透過虛擬化軟體去對實體機器上的實際裝置進行存取。不過，PCI 直通並非如此，而是讓 PCI 裝置可以直接看到虛擬機器（圖 10-32）。

圖 10-32 PCI 直通

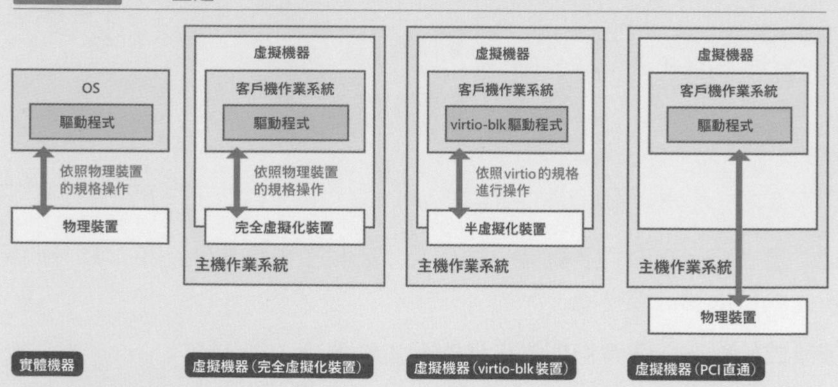

只要使用到 PCI 直通，我們便可以在客戶機作業系統上，得到與主機 I/O 差不多的 I/O 效能。有興趣的讀者不妨自行查找資料看看。

第 11 章

容器

我們將在本章，針對 Linux 的容器技術來做介紹。運用到容器技術的知名軟體，有管理容器應用程式的「Docker＊1」，以及應用到 Docker 等軟體的容器編排系統「Kubernetes＊2」。由於容器是一個在 Docker 問世之後而大幅流行的技術，相信有不少人都已經聽說過了。

所謂容器，用起來是很簡單的，但是一旦遇到了容器特有的故障發生時，調查起來是相當辛苦的，而且進行調查會需要對容器機制有所理解。至於這個辛苦的部分，各位只要能夠運用到本書到目前為止所解說過的所有知識，相信都能夠理解。

說到容器，最為有名的就是與虛擬機器做比較的概念圖（圖 11-01）。

圖 11-01　虛擬機器與容器

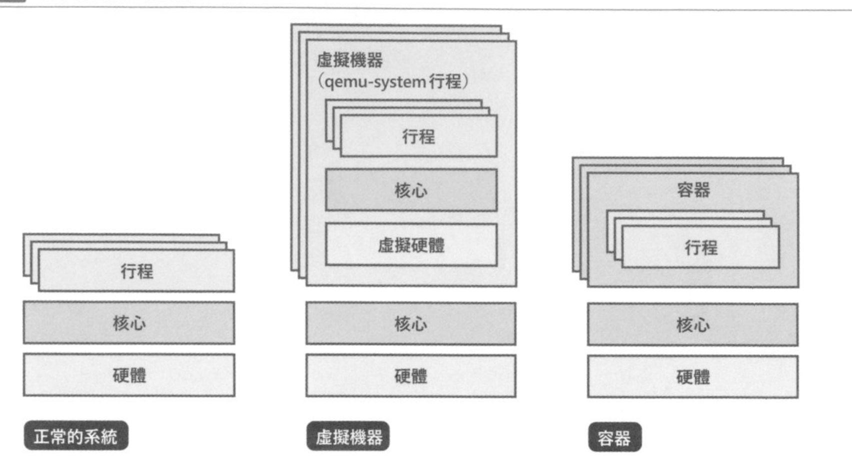

想必各位讀者當中應該有不少人，曾經在介紹容器的書或文章中，看過很多次類似這樣的圖示吧。然而，應該不少人會覺得：「我只知道虛擬機器相較之下軟體的階層較少而已，除此之外就不太清楚」。本節的目的，就在於為了讓這些人理解到圖 11-01 的真正意義。

＊1　https://github.com/docker

＊2　https://github.com/kubernetes/kubernetes

與虛擬機器之間的差異

本節將針對虛擬機器與容器之間的差異，透過個別地在它們上面運作 Ubuntu 20.04 的案例來進行說明。兩者之間的共通點，在於各自之中都有提供獨立的行程執行環境的這個部分。不過，位於行程之下的核心以下的階層的部分，有很大的差異在。

就虛擬機器來說，相較於各個虛擬機器是使用專用的虛擬硬體與核心，以容器來說，運作容器的主機作業系統是與所有容器共用 1 個核心。因此，虛擬機器可以運作像 Windows 這類與 Linux 完全不同的主機作業系統，而容器來說，就只能運作在 Linux 核心上運作的系統（Ubuntu 或 Red Hat Enterprise Linux 等）而已。

讓我們來看到虛擬機器與容器的啟動流程吧。在虛擬機器上將 Ubuntu 20.04 的各種服務予以啟動為止的流程，如下所示。

❶ 主機作業系統上的虛擬化軟體，將虛擬機器啟動。從❷開始，都是在虛擬機器上的處理。
❷ 啟動 GRUB 等開機啟動程式。
❸ 開機啟動程式將核心啟動。
❹ 核心將 init 程式啟動。
❺ init（systemd）行程將各種服務給啟動。

另一方面，在容器上建立 Ubuntu 20.04 環境的時候，被稱為容器執行階段（container runtime）的行程，會在建立容器之後啟動第一個行程。至於什麼行程會被選做第一個啟動的，請參照「容器的種類」這章節。

根據到目前為止所敘述到的差異，容器會比虛擬機器還要來得輕量的，有以下這幾點。

- 啟動速度：容器的話可以完全省略到虛擬機器的❶到❸的步驟。
- 對於硬體的存取速度：相較於虛擬機器如先前在第 10 章所說明過的，必須要透過硬體的存取來將控制轉移到實體機器上，容器的話就不用這樣。

讓我們比較看看虛擬機器與容器的，啟動所需時間吧。讓我們對它們測量下述的速度。

- 虛擬機器：從啟動 Ubuntu 20.04 的系統到主控台顯示出登入提示字元為止的速度。指令列的部分，會使用 `virsh start --console ubuntu2004`。
- 容器：將 Ubuntu 20.04 的容器（<https://hub.docker.com/_/ubuntu> 中的 ubuntu:20.04 映像）從啟動到結束[*3]。在指令列使用 `time docker run ubuntu:20.04`。

測量條件如下所示。

- 容器映像已經透過 `docker pull` 指令，而存在於系統上了。
- 為了避免受到分頁快取的影響，將虛擬機器與 4 容器各啟動 2 次，測量第 2 次的使用時間。

執行結果彙整於表 11-01。

表 11-01 虛擬機器與容器之間的啟動時間的比較

環境	啟動時間[秒]
虛擬機器	14.0
容器	0.670

藉由這結果，我們可以得知虛擬機器與容器之間的啟動時間差異很大。

容器的種類

容器有很多個種類存在。最具代表性的，就是「系統容器」與「應用程式容器」。在進行說明之前需要補充的是，這 2 個稱呼方式雖然具有某種程度的普及度，但也沒有普及到所有容器工程師都會使用這個稱呼的程度。不過，在這邊為了簡化說明與方便，我們會使用這些用語。

所謂的系統容器，就像普通的 Linux 環境那樣，是一個可以用來運作各種各樣應用程式的容器。一般來說，系統容器會將 init 行程[*4]作為第一個行程來運作，透過 init 去啟動各種服務，以建立一個能夠讓各種各樣的應用程式在上面運作的環境。在這之後，就可以像使用虛擬機器一樣使用它了。

＊3　從啟動到結束會在一瞬間結束，所以才將從啟動到結束為止的所需時間，視為啟動時間。

＊4　大多都會選擇比 systemd 還要低負載的 init 來使用。

在 Docker 問世之前，一般提到容器的時候，所指的是系統容器。可作為系統容器的執行環境來使用的，還有像「LXD *5」等工具。

所謂應用程式容器，在一般情況下是一個可在容器上只能運作 1 個應用程式的容器。由於這是一個只包含有可供 1 個應用程式運作的環境，使用上會比系統容器還要來得輕量。就應用程式容器來說，應用程式的行程通常會被作為第一個行程直接啟動。

應用程式容器，伴隨著 Docker 的問世而一口氣普及了。從這之後，就演變成當我們提到容器，一般是指應用程式容器這樣具代表性，可見 Docker 的問世所帶來的衝擊有多大。

我們將系統容器與應用程式容器之間的差異，彙整於圖 11-02。

圖 11-02 系統容器與應用程式容器

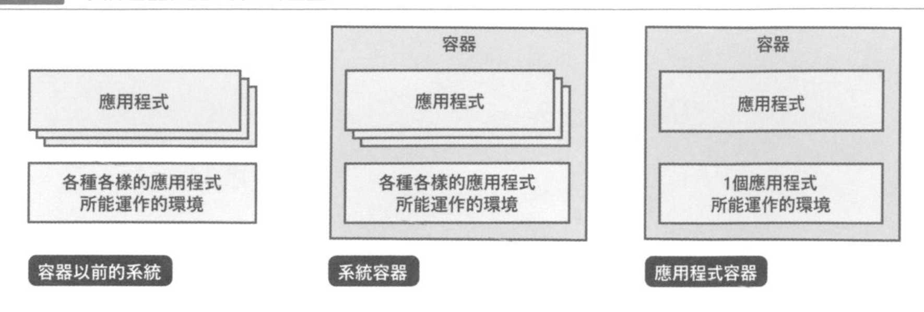

從這邊開始，我們將針對目前使用頻率相當高的，運用到 Docker 的應用程式容器為前提，來進行容器的說明。然而，由於本書基本上是一本以 Linux，特別是核心的部分為主題的書，所以會將有關 Docker 的詳細說明給省略。

namespace

在本節中，將針對用以實現容器的一個功能，也就是核心的「namespace」這個功能來做說明。可能會有讀者會浮出如此的疑問：「怎麼不是核心的容器功能呢？」，其實核心並沒有被稱為「容器」這個名稱的功能。反而，容器是透過有效運用 namespace 的功能來實現功能的。

namespace 是一個針對存於系統中的各個種類的資源而存在的，對所屬行程顯示成看似獨立資源的功能。舉例來說，namespace 中有包含下述項目。

*5 https://github.com/lxc/lxd

- pid namespace（pid ns）：顯示已獨立的 pid 名稱空間
- user namespace（user ns）：顯示已獨立的 uid、gid
- mount namespace（mount ns）：顯示已獨立的檔案系統掛載狀況

怕讀者們光看這些說明，因為太過抽象而難以理解，讓我們在下一章節以具體範例來做說明。

pid namespace

在本節中，我們將以 pid ns 為例，來針對 namespace 做具體的說明。當系統啟動時，有一個所有行程都所屬的「root pid ns」存在。當系統中有 A、B、C 這 3 個行程存在的時候，便會如圖 11-03 所示。

圖 11-03 root pid ns

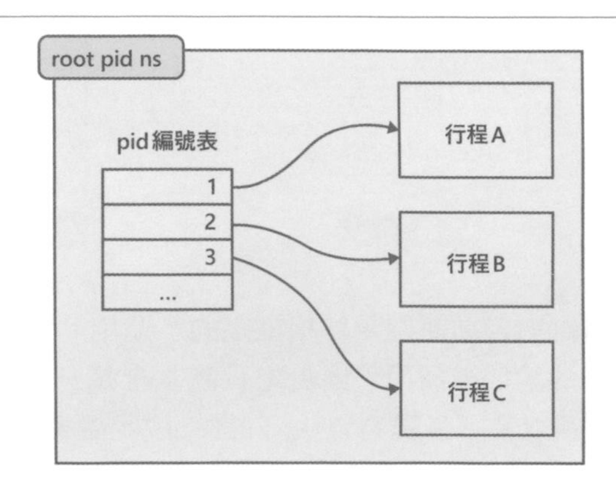

這個時候，從行程 A 來看的話，行程 B、C 被識別為 pid 2、3。到這邊為止很理所當然。在這邊讓我們建立一個與 root pid ns 不同的 pid ns 的 foo（建立方法會在後續說明），並讓行程 B、C 在那上面執行的話，便會如圖 11-04 所示。

圖 11-04 pid ns

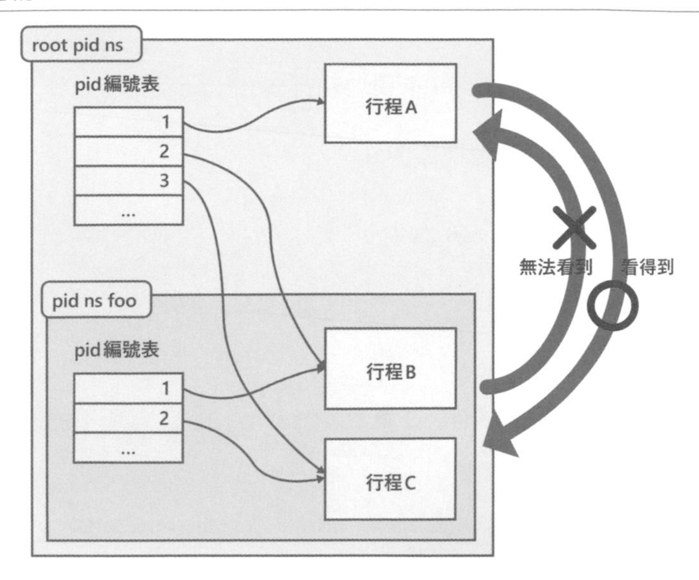

如各位所見，pid ns foo 存在於 root pid ns 之中。根據 Linux 核心的規格，某個 pid ns 是別的 pid ns（一般如圖 11-04 所示的 root pid ns）的子級。這個時候，能夠確定的有下述事項。

- 從 root pid ns 是看得到子 pid ns（在這邊為 foo）的行程的。
- 從子 pid ns（foo）是無法看到父 pid ns 的行程。

透過這個實驗，讓我們來進行確認吧。首先讓我們來介紹一下用以確認行程所屬的 pid ns 的方法。這只要藉由 `ls -l /proc/<pid>/ns/pid` 就可以得知。

```
$ ls -l /proc/$$/ns/pid
lrwxrwxrwx 1 sat sat 0  1月  3 10:30 /proc/7730/ns/pid -> 'pid:[4026531836]'
```

我們可以得知，執行這個指令的 bash 所屬於 ID 為 4026531836 的 pid ns。這就是 root pid ns。在沒有明確指定的情況下，像 init 等所有的行程都所屬於 root pid ns。

讓我們建立新的 pid ns，讓程式在上面執行看看吧。這時候，我們可以使用 `unshare` 這個指令。這個指令，可透過參數將指定的程式執行於新的 namespace 上。

指定 `--pid` 選項之後就可以建立新的 pid ns，將該行程在那個 pid ns 上執行。除此之外，還需要增加 `--fork` 選項與 `--mount-proc` 選項。關於這 2 個選項，請讀

者在這邊姑且視為「這是慣用的作法」即可。在意的讀者可以自行參照 unshare 指令的 man。

我們可以透過下個指令，讓 bash 單獨地執行於 pid ns 上。

```
$ sudo unshare --fork --pid --mount-proc bash
```

這個行程在新的 pid ns 上的 pid 為 1。

```
# echo $$
1
```

在確認 pid ns 之後，便可得知其 ID 與 root pid ns 的 ID 有所不同。

```
# ls -l /proc/1/ns/pid
lrwxrwxrwx 1 root root 0  1月  3 10:43 /proc/1/ns/pid -> 'pid:[4026532814]'
```

在這邊取得行程清單之後，便可得知只有 bash 與 ps 有出現。

```
# ps ax
    PID TTY      STAT   TIME COMMAND
      1 pts/1    S      0:00 bash
      9 pts/1    R+     0:00 ps ax
```

那麼，為什麼會這樣呢？這是因為從 bash 及 bash 執行的 ps，如前述所說明過的會與 root pid ns(ID=4026531836) 不同，單獨所屬於 pid ns(ID=4026532814) 所致。

讓我們確認一下，從 root pid ns 是否真的可以看得到上述的 bash。讓我們在主機作業系統上開啟別的終端，並將該 bash 給特定出來吧。在這邊會用到 `pstree -p` 指令。

```
$ pstree -p | grep unshare
           |           |-sshd(14126)---sshd(14192)---bash(14193)---sudo(14382)---unshare(14384)---
bash(14385)
```

屬於 unshare 的子級的 bash（pid=14385），就是以新的 pid ns 運作的 bash。讓我們對主機作業系統，確認這個行程所屬的 pid ns 吧。

```
$ sudo ls -l /proc/14385/ns/pid
lrwxrwxrwx 1 root root 0  1月  3 10:46 /proc/14385/ns/pid -> 'pid:[4026532814]'
```

由此可知，這的確是從 bash（PID=14385）看到的 pid ns 的 ID。要特別注意的是，從 root pid ns 所看到的 pid（PID=14385），與從新 pid ns 所看到的 pid（PID=1）是不同的。將到目前為止的部分彙整於圖 11-05。

圖 11-05 root 以外的 pid ns

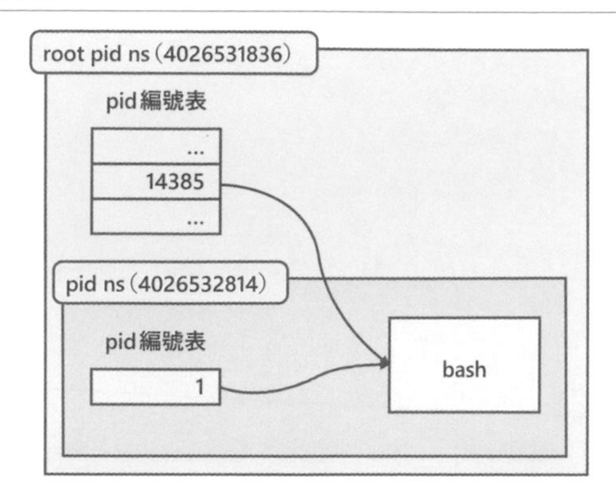

讓我們建立一個 bar 以作為別的 pid ns，並觀察在其上面運作行程 D、E 的情況。這個時候，pid ns foo、bar 是互相看不見彼此的（圖 11-06）。

圖 11-06 pid nses

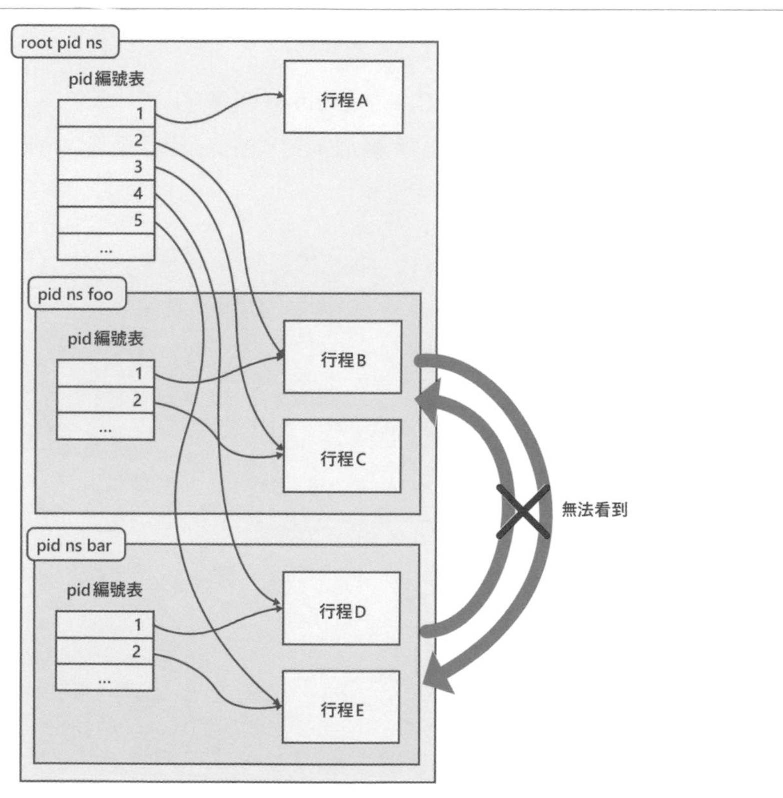

讓我們在這邊也透過實驗來進行確認吧。讓我們開啟另一個終端，並透過 unshare 指令，建立另一個別的 pid ns，以及在它上面運作的 bash 吧。

```
$ sudo unshare --fork --pid --mount-proc bash
# ls -l /proc/1/ns/pid
lrwxrwxrwx 1 root root 0  1月  3 10:44 /proc/1/ns/pid -> 'pid:[4026532816]'
# ps ax
    PID TTY      STAT   TIME COMMAND
      1 pts/2    S      0:00 bash
     11 pts/2    R+     0:00 ps ax
```

讓我們取得從主機作業系統上的別個終端、從 root pid ns 所看到的新 pid ns 內的 bash 資訊。

```
$ pstree -p | grep unshare
           |           |-sshd(14126)---sshd(14192)---bash(14193)---sudo(14382)---unshare(14384)---
bash(14385)
           |           |-sshd(14255)---sshd(14320)---bash(14321)---sudo(14396)---unshare(14398)---
bash(14399)
$ sudo ls -l /proc/14399/ns/pid
lrwxrwxrwx 1 root root 0  1月  3 10:46 /proc/14399/ns/pid -> 'pid:[4026532816]'
```

根據上述結果，可得知下述事項（圖 11-07）。

- 具有 4026532816 這個 ID 的 pid ns 被新增了。
- 從新 pid ns，是無法參照所屬於 root pid ns 以及剛才所建立的 pid ns 的行程。

圖 11-07 root 以外的複數的 pid ns

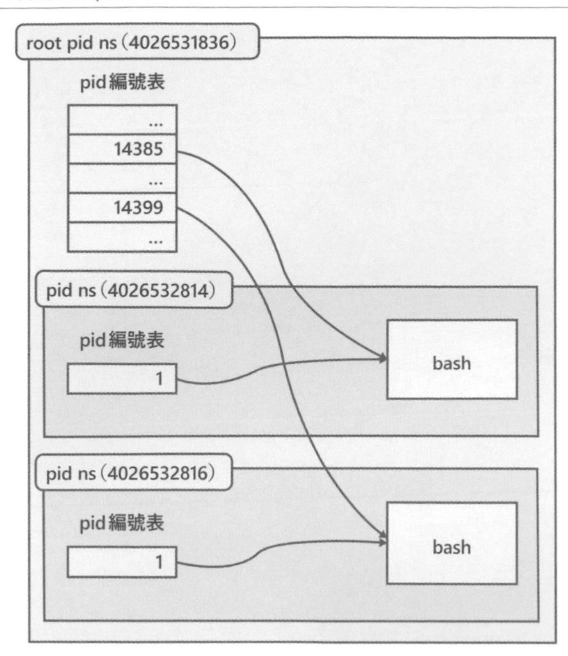

由於實驗已結束了，就讓我們終止這兩個從 unshare 內執行的 bash 吧。

```
# exit
```

容器的真實樣貌

那麼，差不多該讓我們揭開容器的真實樣貌吧。透過擁有獨立的 namespace，得以有別與其他行程的獨立執行環境上的 1 個或複數個行程，就是容器。舉例來說，於圖 11-08 中所顯示的，就是具有獨立的 pid ns、user ns、mount ns 的容器 A、B。

圖 11-08 容器與 namespace

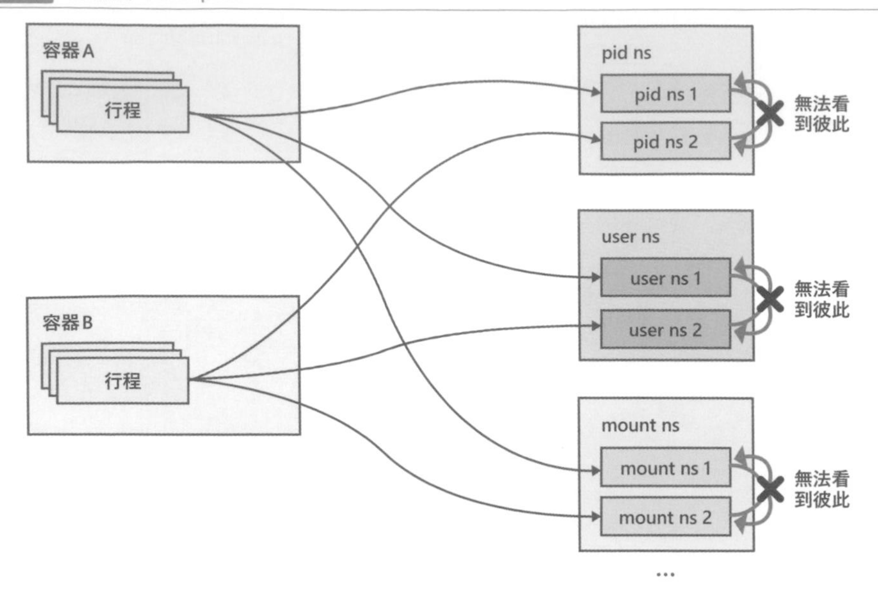

至於要分離哪個 namespace 才會是容器，是沒有明確地被制定的。這會依各個容器執行階段的作者，或者是使用者所想要實現的目的而異。而且，以 Linux 核心來說，在本書執筆時的 2022 年 1 月來看，也剛推出新的 namespace。所以容器的種類是會越來越多的。

當容器的真實樣貌被揭曉之後，我們還會發現另一個重要的事實。那就是，當我們遇到問題的起因是在於主機作業系統或其他容器的情形時，是無法從容器之中得知原因的。

舉例來說，從具有獨自的 pid ns 的容器內執行 top 等的時候，假設 CPU 的負載是很高的。這個時候，因為從這個容器只能看到相同容器內的行程，所以當 CPU 負載的原因是來自主機作業系統上或者是其他容器上行程的話，就會束手無策。

安全風險

當我們想在實體機器上運作複數個 Linux OS 的時候，是不是就不需要用到虛擬機器，而只要使用容器就好？但是，這不是個如此單純的問題。容器跟虛擬機器相較之下，也是有缺點的。最具代表性的，就是一般來說，容器與虛擬機器在相較之下，安全風險較高這點。

容器如先前所說明過的，成為主機的系統是與所有容器一起共用核心的。有鑑於此，萬一核心內有安全漏洞存在的話，就可能會有遭受到來自帶有惡意的容器使用者，對於主機作業系統或其他的容器資訊進行窺視等風險存在。相較於此，就虛擬機器來說，在大多的情況下＊6，影響僅限於虛擬機器的硬體而已（圖 11-09）。

圖 11-09　虛擬機器與容器的安全風險

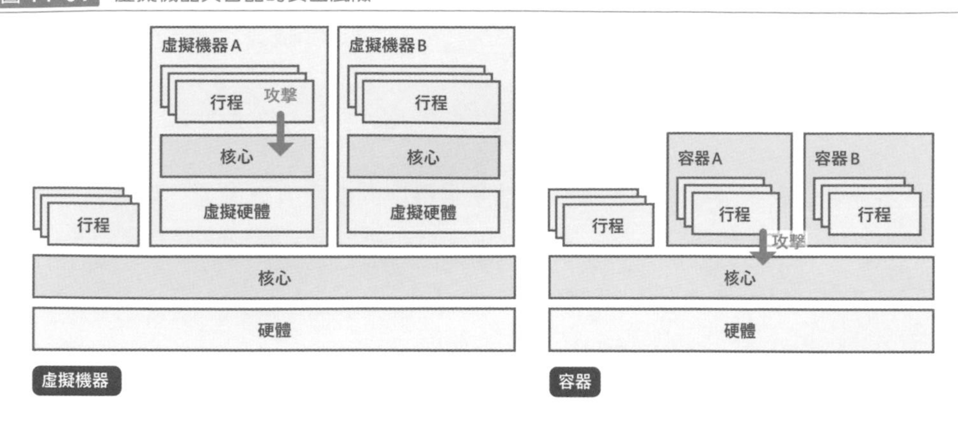

為了避免這類問題的發生，目前已有各種類型的容器執行階段可供使用。讓我們來介紹當中幾個簡單的吧（表 11-02）。

表 11-02　各式各樣的容器執行階段

名稱	特徵
Kata Container https://github.com/kata-containers	讓各個容器在輕量的 VM 上運作。
gVisor https://github.com/google/gvisor	從各個容器所發出的系統呼叫，透過在使用者空間中實現的核心來進行處理。

Docker 在預設狀態下所使用的容器執行階段「runC」，與這 2 個容器執行階段之間的差異，以系統呼叫發出流程的為重心進行彙整的結果，如圖 11-10 所示。

＊6　如果是使用到半虛擬化技術的情形時，會有幾個例外產生。

圖 11-10 各式各樣的容器執行階段

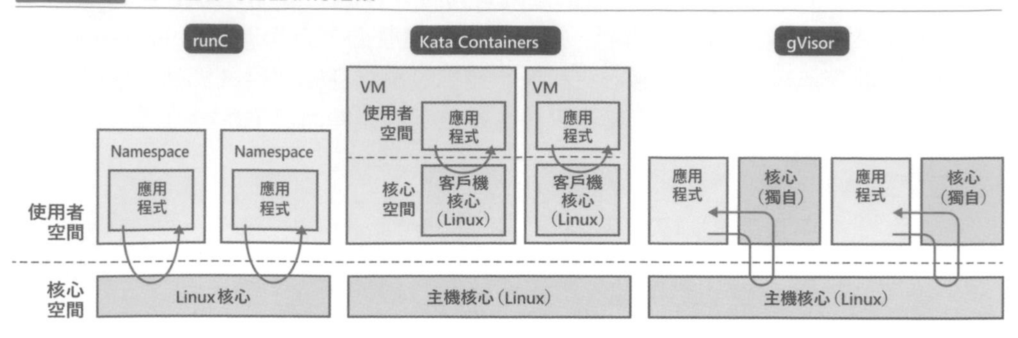

除此之外，仍有很多種類的容器執行階段可供我們使用。有興趣的讀者請自行查詢看看。

第 12 章

cgroup

cgroup 是一個用來細部控制要把系統的記憶體或 CPU 等資源，分配多少給哪個行程的功能＊1。cgroup 這個名稱，源自於「將行程分為群組（group）來控制（control）各種資源」。

在本文章中，將針對 cgroup 是為了什麼目的而誕生的、具體來說能對什麼樣的資源如何地進行控制來做說明。cgroup 共有「cgroup v1」、「cgroup v2」這 2 個版本，在這邊我們會針對現階段廣為被使用到的 cgroup v1 來進行說明。

為了維持系統的穩定運作，有時會針對特定的行程或使用者設下限制，以避免資源被獨占。特別對於系統由複數的使用者所共用的租借伺服器供應商、IaaS 這類的雲端服務供應商來說，這是個非常重要的功能。

舉例來說，假設各位讀者向 IaaS 供應商租借 1 個容器或虛擬機器。這個時候，因為其他的使用者大量地使用到系統的資源，而使得付出相同費用的各位讀者的權益受損，這實在是叫人難以接受（圖 12-01）。為了避免這種問題發生，不論如何都會希望 IaaS 供應商，能夠對提供給使用者的各種資源加以控制＊2。

圖 12-01　當遇到想要控制虛擬機器的記憶體使用量的時候

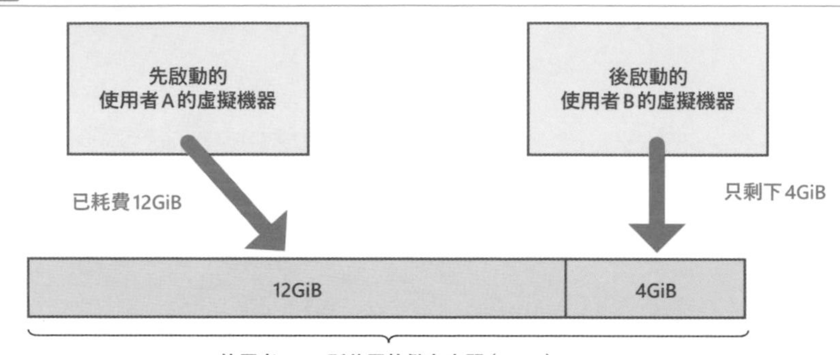

除了上述例子之外，還有用在避免在背景運作的資料備份處理，卻使得一般的商務資料庫的存取受到阻礙等，這類的使用案例存在（圖 12-02）。

＊1　包含 Linux 的 UNIX 系列 OS 之中，從以前就有提供的，藉由 `setrlimit()` 系統呼叫來對資源進行控制的機制，不過僅提供很原始的功能

＊2　有時候廉價的雲端服務中，完全沒有提供這類的控制功能。

圖 12-02 想對儲存 I/O 的頻寬進行控制的情況

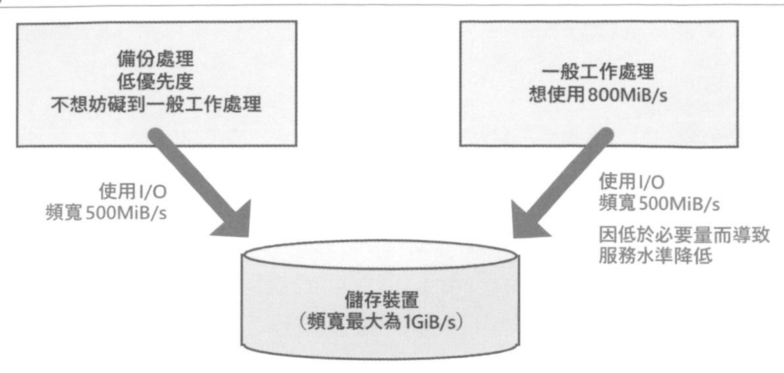

我們只需要使用到 cgroup，就可以實現這些事。

cgroup 可控制的資源

在 cgroup 中，每個資源都存在有一個被稱為控制器的核心內程式，用來控制各個資源（表 12-01）。

表 12-01 cgroup 的控制器

控制器名稱	控制的資源	說明
cpu 控制器	CPU	每單位時間的 CPU 使用時間等。
memory 控制器	記憶體	記憶體使用量或 OOM killer 的影響範圍等※a。
blkio 控制器	區塊 I/O	儲存 I/O 的頻寬等。就圖 12-02 的範例來說，可對備份處理給予僅 100MiB/s 的頻寬等。
網路控制器	網路 I/O	網路 I/O 的頻寬等※b。

※a 因為某個行程將記憶體耗盡，而啟動 OOM Killer（參照第 4 章），以避免與該行程無關的重要行程被強制終止這樣的事態發生。

※b 關於網路的控制，正確來說，是要透過與像 tc 這類的外部的指令搭配使用，以實現頻寬制限等。

各個資源能夠以行程的群組（以下以「群組」稱之）為單位來進行控制。在群組的底下，除了行程之外，還可以讓別的群組所屬於此以建構成階層結構，不過這不會在本書中做說明。

各個控制器是透過名為 cgroupfs 的特別檔案系統來使用的。每個控制器都存在有一個特有檔案系統，就 Ubuntu 20.04 來說，對應到各個控制器的 cgroup 檔案系統是被掛載於 /sys/fs/cgroup/ 目錄底下。檔案系統並非存在於儲存裝置上，而是一個僅存在於記憶體上，進行存取的話便可以使用核心的 cgroup 功能的機制。只有 root 使用者會具有存取權限。

```
$ ls /sys/fs/cgroup/
blkio  cpu  cpu,cpuacct  cpuacct  cpuset  devices  freezer  hugetlb  memory  net_cls  net_cls,n
et_prio  net_prio  perf_event  pids  rdma  systemd  unified
```

關於各個控制器，如果各位想更進一步理解的話，請執行 `man 7 cgroups` 指令，並參照「Cgroups version 1 controllers」這章節的說明。

使用案例：CPU 使用時間的控制

在本章節中，會透過使用 CPU 控制器來控制 CPU 使用時間為範例來做說明。透過 CPU 控制器來控制的 CPU 使用時間，有下述 2 種。

- 限制某群組在指定期間內可使用的 CPU 時間。
- 將某群組可使用的 CPU 時間百分比設定為比其他群組要來得高／低。

cgroup 功能是如何被納入 Linux 核心 Column

像大型主機或企業 UNIX 伺服器等，被用在所謂的關鍵任務（Mission critical）等用途的伺服器 OS 來說，與 cgroup 類似的資源控制功能，從以前就視為理所地進行實作與使用。而提供這些系統的供應商，為了以 Linux 取代它們，多年來致力於整合資源控制功能。然而，基於下述原因而使得這些努力難有成果。

- 就此功能的性質來說，需要對現存程式碼進行大幅度的變更。
- 多餘負載讓人擔憂。
- 這對當時大多數的 Linux 使用者來說，還不是多麼重要的功能。

也有一些公司，獨自地將資源管理功能實作於 Linux 核心，並納入到自家產品中。

而改變局勢的，就是在前面章節中所說明到的雲端服務供應商所代表的，較為新類型的使用者們。除了上述伺服器供應商之外，隨著雲端服務供應商的加入，資源管理功能終於以 cgroup 這個形式被納入到 Linux 核心中了。

在這邊，就讓我們來針對前者做說明。為了要能使用 cpu，需要操作 /sys/fs/cgroup/cpu/ 目錄底下的檔案。在這個目錄底下存在的多數檔案，是用來對所有行程所屬的預設群組來進行設定的。透過在預設群組的目錄底下，再建立一個目錄便可建立新的群組。那麼，就讓我們來嘗試透過 root 使用者來建立一個名為 test 的群組吧。

```
# mkdir /sys/fs/cgroup/cpu/test # 建立一個名為`test`的群組
```

如此一來，Linux 核心便會透過 cpu 控制器，將對 test 群組進行控制所需要的各種檔案，自動地建立在 test 目錄底下。

```
# ls /sys/fs/cgroup/cpu/test/
... cpu.cfs_period_us  cpu.cfs_quota_us ... tasks
```

將 pid 寫入到當中的 tasks 這個檔案中之後，對應的行程就會被加入 test 群組。

透過操作 cpu.cfs_period_us 檔案及 cpu.cfs_quota_us 檔案，我們可以對被賦予 test 群組的 CPU 時間進行控制。這個功能，被稱為「CPU bandwidth controller」。

各個檔案的意義，在於藉由前者所指定的微秒單位的期間中，對象群組的行程會依後者所指定的微秒單位的期間（quota）運作。

首先，讓我們看到預設值。

```
# cat /sys/fs/cgroup/cpu/test/cpu.cfs_period_us
100000
# cat /sys/fs/cgroup/cpu/test/cpu.cfs_quota_us
-1
```

根據上述的輸出，我們可得知所屬於 test 群組的行程，在 100,000 微秒，也就是 100 毫秒這段期間中，可在無限制（「-1」代表無限制）的狀態下使用 CPU 時間。也就是說，在預設的情況下是沒有設下任何的制限。

在這狀態下，執行 inf-loop.py 程式並讓它所屬於 test 群組的話，由於並沒有設下任何限制，所以可以使用到 100% 的 CPU。

```
# ./inf-loop.py &
[1] 14603
# echo 14603 >/sys/fs/cgroup/cpu/test/tasks
# cat /sys/fs/cgroup/cpu/test/tasks
14603
# top -b -n 1 | head
```

```
...
  PID USER      PR  NI    VIRT    RES    SHR S  %CPU  %MEM     TIME+ COMMAND
14603 root      20   0   19256   9380   6012 R 100.0   0.1   1:02.17 inf-loop.py
```

那麼，在終止 top 指令之後，讓我們來設下一個只能運作 100 毫秒的一半的時間，也就是只能運作 50 毫秒的限制吧。

```
# echo 50000 >/sys/fs/cgroup/cpu/test/cpu.cfs_quota_us
# top -b -n 1 | head
...
  PID USER      PR  NI    VIRT    RES    SHR S  %CPU  %MEM     TIME+ COMMAND
14603 root      20   0   19256   9380   6012 R  50.0   0.1   2:51.45 inf-loop.py
```

這次，看來無限迴圈行程就只能夠使用到 50% 的 CPU。這就是 CPU bandwidth controller 所帶來的功能（圖 12-03）。

圖 12-03 CPU bandwidth controller

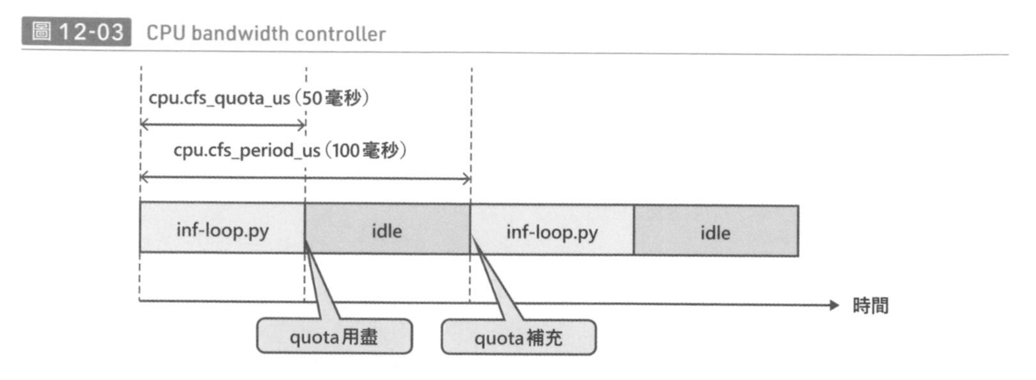

請各位讀者也自行在自己的環境上建立群組、變更檔案的內容並確認結果吧。

最後讓我們在終止 `inf-loop.py` 行程之後，透過刪除 `/sys/fs/cgroup/cpu/test/` 目錄，來將 test 群組給刪除吧。

```
# kill 14603
# rmdir /sys/fs/cgroup/cpu/test
[1]+  Terminated              ./inf-loop.py
```

應用案例

在前章節中，我們已經透過檔案系統進行 cgroup 的操作了，不過實際上鮮少會去直接使用到 cgroup，大多都是採取下述這些間接方式來使用。

- 使用到 systemd 的時候：自動依各個服務、各個使用者建立群組。它們的群組名稱為 system.slice、user.slice。
- 透過 Docker 或 Kubernetes 來管理容器的時候：將資源的資訊寫進 Kubernetes 的宣言中、將容器所被賦予的資源寫進 `docker` 指令的參數中。
- 利用 libvirt 來管理虛擬機器的時候：從 virt-manager 進行設定、進行虛擬機器設定檔案的改寫。

各位讀者，雖然我們可以藉由上述的服務來執行資源控制，但是相信仍有很多人並不知道這時候是在內部使用到核心的 cgroup 這點。核心功能，有很多是這種被使用者在無意之間使用到的幕後功臣。

cgroup v2

雖然 cgroup v1 的運用方式很靈活，不過各個控制器的實作幾乎都是各自獨立的，所以存在著彼此之間的協作等處理實在難以實作的問題。舉例來說，區塊 I/O 頻寬制限就具有一個，只有在使用到 direct I/O 的情況下才會有效果的大問題存在。

為了解決這個問題所誕生的，便是「cgroup v2」這個可讓各個控制器互相協作，並且具有一個所有控制器所共通的單一階層結構。只要使用 cgroup v2，就可以解決前述的區塊 I/O 問題。

但是，由於對應到 cgroup v2 的軟體，跟 cgroup v1 相較之下仍然很少，所以筆者的想法是，現階段暫時先採兩者並用方式，等待時機成熟後，使用的重心應該會移轉到 cgroup v2 上。

終章

本書所學到的內容與今後的應用方式

透過本書，各位讀者所學習到的內容彙整如下圖 13-01 所示。

圖 13-01　透過本書所學到的內容

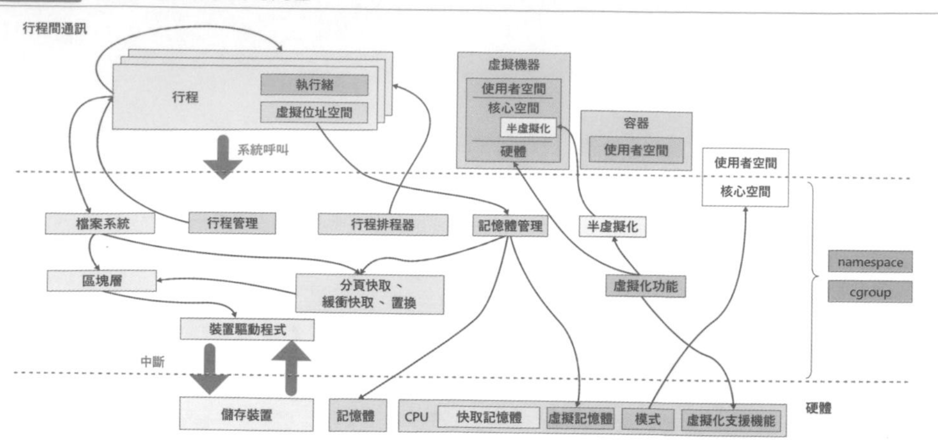

還真是壯觀呢。我們大致上都有對 Linux 核心中主要的子系統進行介紹了。想必幾乎所有的讀者，在閱讀本書之前，對於此圖示上所標示的名詞，處於即便是知道它們但卻不理解它們的狀態吧。雖就概觀層級而論，能夠吸收且理解這麼多有關核心或硬體知識的人，在現今這個軟體抽象化發達的時代，可說是很稀少的存在。

相信現在的各位讀者，跟以前相較之下已經具有更為寬廣的視野，以及對於電腦系統有著更深層的見解了吧。至少，遇到像「啊，這是核心的階層呀……還是裝作沒看到好了」這種情形的機率，應該會大幅減少才是。除此之外，以往因為不明究理而視而不見的問題，能夠發現到它們其實是由核心或硬體的階層所引起的機會，應該會增加不少吧。

對於想要更加深入去了解 Linux 核心的讀者，讓我們一同來窺視看看 Linux 核心的深淵。光就筆者馬上能夠回想出來的 Linux 核心的子系統，就多如圖 13-02 所示。

圖 13-02 寬廣又深奧的 Linux 核心的世界

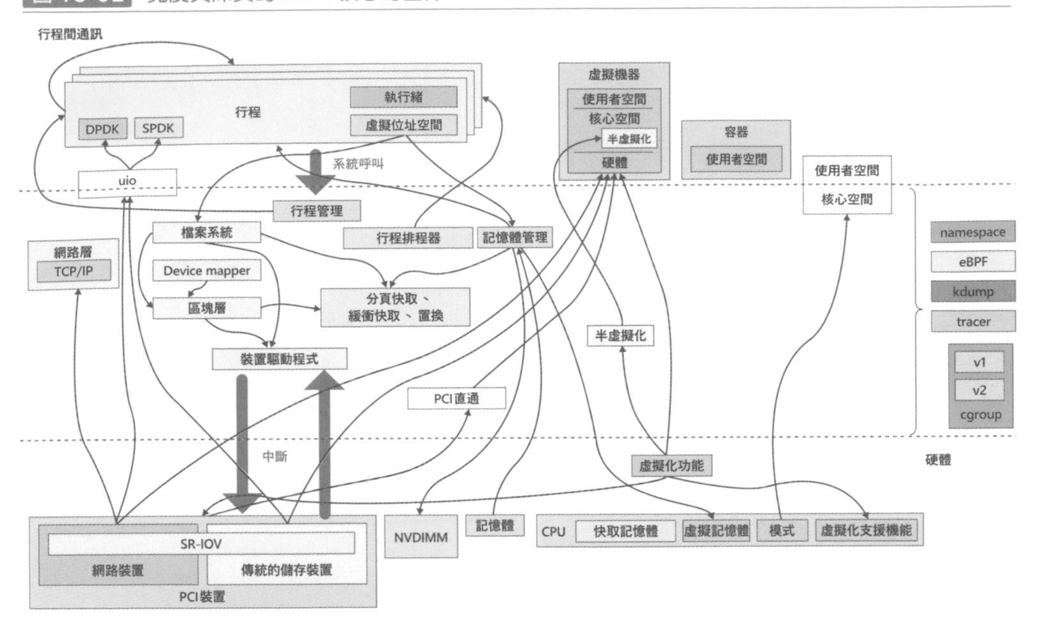

雖然光是看到這個圖表就足以讓人頭暈目眩，不過，我們是不需要對所有體系有通盤理解的。當有需要，或是感到有興趣的時候，再開始學習就可以了。譬如說，雖然筆者是以 Linux 核心專家的立場來撰寫本書，不過，就與網路相關的部分來說，筆者並不具備足以撰寫文章，以將資訊提供各位讀者的知識與見解。任何人都有擅長與不擅長的部分＊1。

各位還記得圖 13-03 這個曾在序章刊載過的圖示嗎？

圖 13-03 對核心熟悉的人與不熟悉的人之間的溝通不良

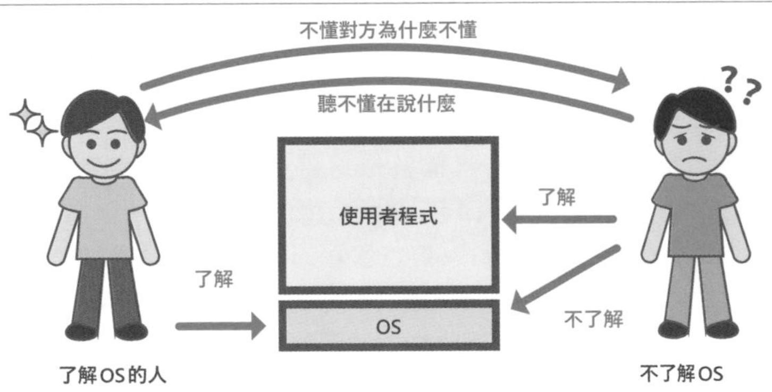

＊1　不能否認的是，偶而還是會遇到對全部都很熟悉如怪物般的人物。

筆者從以前就把這個狀況視為電腦業界的大問題，而把撰寫本書視為解決這個問題手段之一。如果各位在閱讀完本書之後，能夠與對 Linux 核心很了解的人們之間，像圖 13-04 那樣，在某種程度上溝通能夠成立的話，筆者就再開心不過了。

圖 13-04 對核心熟悉的人與現在各位讀者之間的圓滑溝通

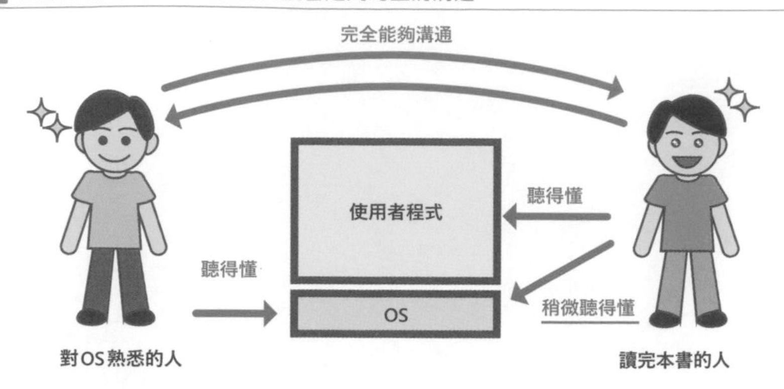

但是，對於核心很了解的人們，由於能討論的對象實在太少了，每當遇到「這個人好像很懂可以溝通」這種瞬間，多半都會變得語速飛快而話題艱深且滔滔不絕。當各位遇到這種情形時，請盡量半心半意地聽他們說話吧＊2。

筆者在考慮到各位透過本書所獲得的知識，今後應該如何運用時，覺得可以將其歸類 3 個主要的種類。

- 發揮於系統營運上。
- 發揮於更好的程式設計上。
- 開始進行核心開發。

讓我們根據以上的各個方向性，介紹可作為參考的書籍與網站。

為了要能執行系統的營運，像藉由 `sar` 等指標監控，並對其意義進行解讀，以進行故障的預防，或在故障發生時的進行處置等，都是不可或缺的。

為了具備這樣的知識與見聞，建議各位可參閱 Brendan Gregg 氏的「Systems Performance 2nd Edition」或「BPF Performance Tools」（皆為 Addison-Wesley Professional Computing Series）。這些書籍的內容撰寫得相當地詳盡，所以在閱讀時想必會需要用到不少的心思，不過在將本書閱讀完畢後，再嘗試實踐個幾次之後，想必各位讀者身為營運工程師的能力，絕對會有大幅度的提昇。

＊2　譬如說筆者就是這樣。

當我們想進行有考慮到核心及硬體行為的程式設計時，或者是在執行故障分析中有接觸到系統呼叫的階層時，可供參閱的推薦書籍有「一般的 Linux 程式設計 第 2 版」（青木峰郎，SB Creative Corp.）與「Go 的話就能理解的系統程式設計 第 2 版」（涉川 YOSHIKI、Lambda Note Ltd.）。

而想更進一步深入了解的人，可供參閱的書籍有「Advanced Programming in the Unix Environment」與「Linux 程式設計界面」。由於這兩本書籍都是輕而易舉地超過 100 頁的超級大作，讓人很容易在開始閱讀之前就感到卻步，不過與其依照順序從前面開始閱讀，不如在像編寫程式碼時，想針對某個特定的系統呼叫做查詢的時候，再挑選出書中在意的部分來進行閱讀的方式，會比較好。

至於在閱讀本書過程中而心生核心開發之意的讀者，首先會建議各位先將「Linux Kernel Newbies＊3」這個網站閱讀一遍。各位可以在這網站上，獲得相當多有關想要開始從事 Linux 核心開發的人需要從哪裡著手等豐富的資訊。各位還可以藉由電子郵件來提出疑問與進行議論。

想對 upstream 的 Linux 核心提供貢獻的人，只要去查看 Linux 核心原始碼內，名為「Documentation/SubmittingPatches」的檔案，便可得知修正方案從建立到提送的作法為何。

其他，也讓我們介紹幾本有助於核心開發的書籍吧（表 13-01）。

表 13-01 給想嘗試核心開發讀者的推薦書籍

書名	註解
作業系統設計與實作〔第 3 版〕	這本就是人稱「塔能鮑姆的書」。除了 Linux 核心之外，我們還可以獲得 OS 核心相關的一般知識。
Linux Kernel Development 3rd edition	可獲得 Linux 核心的基礎知識。
詳解 Linux 核心 第 3 版	本書針對 Linux 核心的過去版本有詳盡的解說。本書是以實作部分的詳盡敘述為主。

這兩本以 Linux 核心為主題的書籍，因為自出版迄今已經過了長年的歲月，所以書中有些部分會與現今的核心不盡相符。然而，閱讀這些書籍所能得到的知識，相信會成為對各位在閱讀新的核心的程式碼時的莫大助益。

對於想要獲得 Linux 核心底下的硬體層級相關知識的人，建議可參閱如表 13-02 所示書籍。

＊3　https://kernelnewbies.org/

表 13-02 推薦給想要獲得 Linux 核心底下的硬體層級相關知識的人的書籍

書名	註解
Computer Organization and Design	這是一本介紹組成電腦系統相關的硬體架構的古典名著。
What Every Programmer Should Know About Memory	這是一篇以硬體視點來闡述記憶體的論文。本書的概念：「將所學到的知識以實驗來做確認」的這個想法，就是受到這份資料的啟發。這份論文並沒有在販賣，不過我們可以在作者的網站免費下載 pdf 檔案。
Write Great Code vol. 1	透過此書，可獲得硬體與軟體之邊界部分的廣泛且初階的知識。

雖然不論哪本書都無法網羅到全部的知識，但只要活用從本書學到的知識，並且耐心地不斷嘗試，相信這些對目前的各位讀者來說，都是可充分理解的內容。與其硬是對本書全數閱讀，不如採取只對本書中自己有興趣的部分來做閱讀的方式，就是不容易感到厭煩的訣竅。在能夠理解到這些之後，相信能為各位開啟另一扇有關電腦系統的大門。至少，筆者就是如此開啟另一扇門。

目前為止所提及到的參考文獻或是網站，大多都是以英文撰寫的。不過，為了獲得高度的資訊、最新的資訊，以英文來進行資訊的蒐集是一件難以避免的事，我們也只能把這件事視為理所當然，然後繼續往前邁進。

本書的最後，要感謝參閱本書的各位讀者。真的是十分謝謝大家。

索　引

符號・數字

A

B

C

D

E

F

G

H

I

K

L

M

N

O

P

Q

R

S

T

U

V

W

中文依筆畫排序

圖解Linux核心工作原理｜透過實作與圖解學習 OS 與硬體的基礎知識【增訂版】

作　　者：武內覺
文字設計：風工舎
版面設計、插圖：技術評論社　酒徳葉子
譯　　者：楊季方
企劃編輯：江佳慧
文字編輯：王雅雯
設計裝幀：張寶莉
發 行 人：廖文良

發 行 所：碁峰資訊股份有限公司
地　　址：台北市南港區三重路 66 號 7 樓之 6
電　　話：(02)2788-2408
傳　　真：(02)8192-4433
網　　站：www.gotop.com.tw
書　　號：ACA027900
版　　次：2024 年 04 月二版
建議售價：NT$600

國家圖書館出版品預行編目資料

圖解 Linux 核心工作原理：透過實作與圖解學習 OS 與硬體的基礎知識 / 武內覺原著；楊季方譯. -- 二版. -- 臺北市：碁峰資訊, 2024.04
面；　公分
ISBN 978-626-324-767-3(平裝)
1.CST：作業系統
312.54　　113002335